"十四五"高等职业教育智能制造系列教材

机械零件
手动加工

吴爱华　何　英　邓湘滨◎主　编

杨益梅　向云南　田　猛◎副主编

中国铁道出版社有限公司

CHINA RAILWAY PUBLISHING HOUSE CO., LTD.

内 容 简 介

本书为贯彻国务院印发的《国家职业教育改革实施方案》(简称"职教 20 条")文件精神，采用基础知识+技能经验相结合的形式进行编写，使学生能将教材当作工作本进行学习、讨论、考核。本书充分考虑"理实一体化"的教学要求，坚持"立德树人"的根本原则，融专业教育、课程思政、创新教育于一体，是校企双元合作开发的理实一体化、工作手册式的本位教材。

全书共 10 个项目，包括课程学习准备、零件手动加工操作规范与安全、认知常用工量器具、零件的锯削、零件的锉削、零件的划线和冲眼、零件的孔类加工、螺纹的手动加工、典型镶配件的加工、"方头锤"零件的手动加工。内容采取分项目展示，以案例场景为导向，尽量做到实用、够用、简洁、易学。

本书适合作为高等职业院校和其他职业学校工科类相关专业的教材，也可作为有关人员的岗位培训教材。

图书在版编目(CIP)数据

机械零件手动加工/吴爱华,何瑛,邓湘滨主编.—北京：
中国铁道出版社有限公司,2022.12
"十四五"高等职业教育智能制造系列教材
ISBN 978-7-113-29751-0

Ⅰ.①机… Ⅱ.①吴… ②何… ③邓… Ⅲ.①机械元件-
加工-高等职业教育-教材 Ⅳ.①TH16

中国版本图书馆 CIP 数据核字(2022)第 193803 号

书　　名：**机械零件手动加工**
作　　者：吴爱华　何　瑛　邓湘滨

责任编辑：何红艳　徐盼欣	编辑部电话：(010)63560043
封面设计：刘　颖	
责任校对：焦桂荣	
责任印制：樊启鹏	

出版发行：中国铁道出版社有限公司(100054,北京市西城区右安门西街 8 号)
网　　址：http://www.tdpress.com/51eds/
印　　刷：三河市国英印务有限公司
版　　次：2022 年 12 月第 1 版　2022 年 12 月第 1 次印刷
开　　本：787 mm×1 092 mm　1/16　印张：13　字数：317 千
书　　号：ISBN 978-7-113-29751-0
定　　价：39.80 元

版权所有　侵权必究

凡购买铁道版图书，如有印制质量问题，请与本社教材图书营销部联系调换。电话：(010)63550836
打击盗版举报电话：(010)63549461

"零件手动加工"是高等职业院校机电一体化技术、机械设计与制造等工科专业岗位能力培养的必修专业基础课程，也是其他专业培养学生动手能力的选修课程。该课程主要教学内容即钳工工种的相关知识与操作技能，如錾削、锉削、锯削、划线、钻削、铰削、攻螺纹和套螺纹、测量等。钳工是零件加工制造中最古老的金属加工技术之一，较好地掌握本门课程能为后续专业知识的学习、操作技能的培养、职业素养的塑造打下坚实的基础。虽然钳工的分类越来越细，工作范围越来越广，新技术、新工艺层出不穷，但不管如何发展，都必须掌握好基本技能。为了适应职业院校学生的学习和培训需要，本书采用工作手册式编写方式，各项目通过任务针对性地进行相关知识学习，达到实用、够用、简洁、易学的标准。

本书根据国家人力资源和社会保障部制定的《钳工国家职业技能标准》（2020 年版）编写，并采用国家最新技术标准，突出理论与实践的结合，力求反映零件手动加工的知识与技能需求，尽可能地引入新技术、新方法、新材料，以使教材更加科学、规范。本书内容分项目进行展示，以任务为导向，将钳工知识的理论体系贯穿于实践教学中，使学生在分项目教学中培养动手能力。本书采用基础知识＋技能经验相结合的形式，介绍了零件手动加工所需的专业知识，并深度融入了劳动观念、工匠精神、7S 管理规范等内容，同时汲取了德国双元制的教学方法与教学过程，使每个学生在理论知识、动手能力、认识问题方面，有一个从浅至深、从单项练习到综合运用、从简单到复杂的逐步提高过程。

本书共 10 个项目，按照课程学习标准内容及学生认知规律，每个项目的内容均以职业素养、基础知识、技能训练和实际应用为主线，以总结与思考为考核点，力求做到内容精练、操作规范、知识范围适当、应用具可操作性。

本书的特点如下：

（1）贯彻新时代教学理念，以"思政、创新、劳动"等引领教材编写。在保证基础理论知识和实践技能要求上，融入思政元素，如吃苦耐劳、精益求精、锲而不舍、千锤百炼等。

（2）本书采用工作手册式编写方式，集教材与练习册于一体，可根据不同专业课程标准进行有针对性的项目学习训练，能使学生将教材当作工作本进行学习、讨论和考核，也利于教师在教材上批改考核。

I

（3）突出问题为导向，以"科学性、趣味性、实用性"推动教材的编写。 为方便不同专业的学习需求，编写各项目内容时尽可能使传统的钳工操作知识变得更加实用与易学。

（4）以"校企合作、产教融合"为契机，借鉴合作企业的德国职业教育"双元制"育人经验。 在项目内容中把理论与操作技能有机结合，并以"应用""实用"为主旨和特征，构建实践教学的内容体系。

（5）注重内容的实用、够用、简洁、易学、标准，图文并茂，文字精练，通俗易懂，采用任务驱动方式引导学生理论联系实际，由浅入深地掌握钳工基本操作技能及相关工艺知识，学会用举一反三的方法去分析问题、解决问题。

本书由湖南理工职业技术学院吴爱华、何瑛和德国舍弗勒公司湘潭培训中心的邓湘滨担任主编，由湖南理工职业技术学院杨益梅、向云南和德国舍弗勒公司湘潭培训中心的田猛担任副主编，湖南理工职业技术学院刘婵参与编写。

本书在编写过程中，得到了编者所在学校湖南理工职业技术学院的大力支持和经费资助，系湖南理工职业技术学院 2020 年校级教材资助项目研究成果（项目编号：2020JC005）。在本书的编写过程中，编者借鉴了国内外同行与网络上的相关资料及文献，并得到了兄弟院校的大力支持，在此一并致以衷心的感谢！

由于编者水平有限，书中不妥及疏漏之处在所难免，敬请广大读者批评指正。

编　者
2022 年 6 月

目录

项目一 课程学习准备 ··· 1

任务一 了解我国制造业概况 ··· 3

任务二 认识本门课程 ··· 9

任务三 熟知教学纪律及规范 ··· 12

任务四 清点所用器具并填写记录单 ··· 13

总结与思考 ··· 14

项目二 零件手动加工操作规范与安全 ··· 16

任务一 坚持安全文明生产 ··· 18

任务二 认知常见安全标志 ··· 19

任务三 掌握环保与消防安全常识 ··· 24

任务四 遵守教学场所 7S 管理规范 ··· 26

总结与思考 ··· 28

项目三 认知常用工量器具 ··· 30

任务一 认识常用工具及熟练运用 ··· 31

任务二 认识常用量具及熟练运用 ··· 41

总结与思考 ··· 66

项目四 零件的锯削 ··· 71

任务一 掌握锯削基本知识及运用 ··· 72

任务二 分析与改进零件锯削质量 ··· 78

任务三 动手练一练——零件的锯削 ··· 80

总结与思考 ··· 83

项目五 零件的锉削 ··· 87

任务一 认知锉削基本知识 ··· 89

任务二 零件的平面锉削 ··· 93

任务三 掌握曲面的锉削方法及检测 ··· 98

I

任务四 动手练一练——零件的锉削	100
总结与思考	104

项目六 零件的划线和冲眼 106

任务一 认识划线工具及熟练运用	107
任务二 掌握划线基准的选择方法	115
任务三 动手练一练——零件的划线与冲眼	119
总结与思考	122

项目七 零件的孔类加工 125

任务一 认知孔加工基本知识	126
任务二 掌握麻花钻的基本知识及刃磨方法	130
任务三 掌握台钻的基本知识并熟练运用	136
任务四 动手练一练——零件的孔加工	146
总结与思考	150

项目八 螺纹的手动加工 154

任务一 认知螺纹的基本知识	155
任务二 掌握内螺纹加工知识及应用	158
任务三 掌握外螺纹加工知识及应用	165
任务四 动手练一练——攻螺纹	167
总结与思考	171

项目九 典型镶配件的加工 174

任务一 认知锉配的基本知识	176
任务二 了解錾削的基本知识	178
任务三 动手练一练——燕尾锉配件的手动加工	183
总结与思考	192

项目十 "方头锤"零件的手动加工 193

任务一 拟定零件加工步骤	194
任务二 拟定工量器具所需清单	196
任务三 加工零件并检测	197
任务四 书写实践总结报告	198

参考文献 201

项目一 课程学习准备

项目描述

了解当前我国机械制造业的发展概况,清晰认知本门课程的主要学习内容及相关规范要求,通过"大国重器"提升国家自豪感,通过"大国工匠"汲取其优秀品质,促使自己在学习中脚踏实地,努力学习专业知识技能,全面提升个人综合素养,为投身"制造强国"而积蓄力量。

学习目标

(1)培养学生具备"遵章守法、忠于祖国"的优秀品质。

(2)了解当前机械制造业的发展概况,通过"大国重器"认识机械制造业的发展对国家强盛的重要性。

(3)认知本门课程的主要学习内容,掌握钳工工种的特点及应用,通过"大国工匠"认识钳工在机械制造业中的重要地位。

(4)熟知并严格遵守教学场所行为规范与教学纪律。

(5)初步认识常用工量器具,对所用物品进行认真清点与登记。

1

机械零件手动加工

工作任务

任务一:了解我国制造业概况

任务二:认识本门课程

任务三:熟知教学纪律及规范

任务四:清点所用器具并填写记录单

总结与思考:总结本项目所学知识,并完成相关问题的作答

课前通过自主学习,收集相关信息资料:

案例场景

新学期伊始,新的课程教学刚刚进行,同学们开始上"零件手动加工"课程了。课间休息时,同学们都在讨论关于这门课程的话题。小王同学调侃说:"都什么年代了,还需要用这些小工具进行手动加工吗? 难道现在的飞机轮船还用得上我们用手工去制作吗?"小明同学听到这些议论,表达了不同的意见,说道:"万丈高楼平地起,基础很重要,我们现在作为新手,自然要掌握基本工量器具的使用方法与操作技巧。我在电视上看到介绍'大国重器'和'大国工匠'的节目,也看到里面很多技术人员用我们在实训室里见到的器具进行操作,说明零件手动加工方法没有被时代所淘汰,也证明了这些方法技巧在制造业现代化的今天还大有用武之地。"听到这两位同学的争论,同学们也纷纷发表了自己的想法。

讨论问题

1. 你认为零件手动加工在如今制造业高速发展的今天还有用武之地吗? 说说你在生活中遇到过或见到过使用实训室相关设备操作的场景。

2. 查阅资料,写出关于我国"大国重器"的两个案例。

3. 查阅资料,写出关于我国"大国工匠"的两个优秀事迹。

4. 根据你的所见所闻,说说你对我国机械制造业发展的了解或建议。

任务一　了解我国制造业概况

在人类进化的长河中,漫长的工具制造史推动了人类文明的进步。从蛮荒时代的生存需求,到战争年代的称雄争霸,再到和平时期的繁荣发展,工具制造对于人类生活的重要意义从未改变。当今,国家之间的竞争是实体经济的竞争,强大的装备制造业是实体经济的根基。机械制造业的发展对增强一个国家的综合实力、建设强大国防、改善国计民生和发展高科技具有举足轻重的作用。自第一次工业革命以来,大批量制造过程已逐步实现了机械化、电气化、自动化,并向多品种小批量制造需求的多样化、柔性自动化和智能化方向发展。

一、机械制造业的地位及发展

制造业的内容十分广泛,包括衣食住行的各种产品、各行各业的生产设备、军事装备等,涉及机械、电子、轻工、冶金、石化、纺织、医药、食品、军工行业。制造业在国家的国民经济中占有十分重要的位置,也是国民经济的支柱产业。机械制造业发展水平是衡量一个国家经济实力和科学技术水平的重要标志之一。机械制造是各种机械、机床、工具、仪器、仪表制造过程的总称。

1. 装备制造业

装备制造从来就和人们的生活息息相关,充足的天然气、灯火辉煌的城市、不再遥远的旅行,都让人们的生活变得舒适和方便。这一切,有的来源于造船领域中的那颗明珠;有的得益于水电、火电、核电等国际领先的成套设备;有的来自速度,高速铁路让人们实现了一日千里的飞驰梦想……中国装备制造的发展之路,就是中国人民日益追求美好生活的必经之路。装备制造业方面有重大基础机械、重要机械电子基础件、科技与国防重大成套技术装备的制造企业。

2. 高端数控技术

数控机床作为现代制造业的关键设备,其产量和技术水平在某种程度上代表了这个国家制造业技术水平和竞争力,如图1-1所示。高档数控装备的高速化、复合化、精密化、多轴化和绿色化等特性使得其在装备制造业中具有重要意义。为了打造制造强国,国家出台了相关装备制造业调整和振兴规划,启动实施了"高档数控机床与基础制造装备"科技重大专项,聚焦航空航天、汽车以及船舶、发电领域对高档数控机床与基础制造装备的需求,取得了相关技术成果,使我国的高端数控技术具备了一定的国际竞争实力。

图1-1 高档数控机床及其加工

3. 中国制造的重大装备

我国装备制造业总量规模位居世界前列,重大技术装备自主化水平有了显著提高。通过以下所列典型案例可见我国在重大装备制造方面的显著成就。

(1)神舟载人飞船。神舟飞船是中国自行研制、具有完全自主知识产权、达到或优于国际第三代载人飞船技术的空间载人飞船。2003年10月15日9时,我国自行研制的神舟五号载人飞船在中国酒泉卫星发射中心发射升空,实现了中国首次载人航天飞行。从此,中国成为第三个掌握载人航天技术的国家。北京时间2021年10月16日0时23分,搭载神舟十三号载人飞船的长征二号F遥十三运载火箭点火发射,神舟十三号载人飞船与火箭成功分离,进入预定轨道,顺利将翟志刚、王亚平、叶光富3名航天员送入太空,开始了为期半年的太空生活。按照载人航天工程规划,以2022年4月16日神舟十三号载人飞船成功返回为标志,中国空间站已圆满完成关键技术验证阶段任务,转入全面建造阶段。2022年6月5日上午,搭载神舟十四号载人飞船的长征二号F遥十四运载火箭,在酒泉卫星发射中心点火升空,成功将航天员陈冬、刘洋、蔡旭哲顺利送入太空,中国空间站建造阶段首次载人飞行任务发射告捷。

(2)航空母舰。航空母舰是以舰载机为主要战斗装备,并为其提供海上活动基地的大型水面战斗舰艇,简称"航母"。2011年8月10日,中国航母平台进行出海航行试航。2012年9月25日,中国第一艘航空母舰001型航母正式交付中国海军,命名为"中国人民解放军海军辽宁舰",舷号为"16",从这一天开始,中国有了自己的航母。2019年12月17日,经中央军委批准,中国第一艘国产航母命名为"中国人民解放军海军山东舰",舷号为"17"。山东舰在海南三亚某军港交付海军,与辽宁舰相比,新型航母的滑跃坡度为12°以缩短滑跃起飞距离,节省了飞机燃料。通过免除一些设备、缩小舰岛等,可多搭载6~8架歼15战机。这不仅标志着中国军事实力的重大进步,也彰显了中国制造业的强势崛起。2022年6月17日,经中央军委批准,中国第三艘航空母舰命名为"中国人民解放军海军福建舰",舷号为"18"。福建舰是中国完全自主设计建造的首艘弹射型航空母舰,采用平直通长飞行甲板,配置电磁弹射和阻拦装置,满载排水量8万余吨。

(3)C919飞机。C919飞机是我国首款完全按照国际先进适航标准研制的单通道大型干线客机,具有我国完全的自主知识产权。最大航程超过5 500 km,性能相当于国际新一代的主流单通道客机,于2017年5月5日成功首飞。C919飞机属中短途商用机,实际总长38 m,翼展35.8 m,高度12 m,其基本型布局为168座。标准航程为4 075 km,最大航程5 555 km,经济寿命达9万飞行小时。在使用材料上,C919采用大量的先进复合材料、先进的铝锂合金等,其中复合材料使用量达到20%。另外,C919飞机使用占全机结构质量20%~30%的国产铝合金、钛合金及钢等材料,充分体现了C919飞机带动国内基础工业的能力与未来趋势。

(4)高速列车。高速列车是指设计开行时速250 km以上(含预留)、初期运营时速200 km以上的铁路列车。2008年8月1日,我国第一条具有自主知识产权、国际一流水平的高速城际铁路——京津城际铁路正式通车运营。这标志着我国高速铁路技术进入世界先进行列。根据国家交通运输部发布的2021年交通运输行业发展统计公报,2021年末全国铁路营业里程突破15.0万km,其中高铁营业里程超过4万km。中国高铁经过多年的发展,已经拥有自主知识产权。新一代标准动车组"复兴号"是中国自主研发、具有完全知识产权的新一代高速列车,它集成了大量现代国产高新技术,牵引、制动、网络、转向架、轮轴等关键技术实现重要突破,是中国科技创新的又一重大成果。如今,它正成为代表中国走向世界的高科技产品之一。

(5)载人潜水器。载人潜水器是指具有水下观察和作业能力的潜水装置,主要用来执行水下考察、海底勘探、海底开发和打捞、救生等任务,并可以作为潜水人员水下活动的作业基地。我国研究的"蛟龙号"载人深潜器在2009年至2012年连续取得1 000 m级、3 000 m级、5 000 m级和7 000 m级海试成功。在此基础上,我国又研制了"奋斗者号"载人潜水器,并在2020年11月10日取得了在世界上最深的马里亚纳海沟成功下潜突破10 000 m,实现在马里亚纳海沟成功坐底,深度为10 909 m,并在海底进行了6 h的巡航作业。

(6)超级计算机。超级计算机是计算机中功能最强、运算速度最快、存储容量最大的一类计算机,多用于国家高科技领域和尖端技术研究,是一个国家科研实力的体现,它对国家安全、经济和社会发展具有举足轻重的意义。党的十八大以来,我国计算产业创新能力不断增强,关键软硬件取得突破,高性能通用计算芯片、加速计算芯片性能持续提升;2020年、2021年计算机产量和出口保持良好增长势头,服务器销售额持续领涨全球;算力供给能力显著增强,我国超级计算机数量在全球TOP500中蝉联第一,全国一体化大数据中心体系逐步构建;计算赋能千行百业的动能加速释放,云服务、车联网、工业互联网、能源电子、智慧城市等新业态蓬勃发展,对产业数字化的支撑作用日益凸显。

(7)重型自航绞吸船。我国的"天鲲号"是亚洲最大的重型自航绞吸船,也是中国首艘从设计到建造拥有完全自主知识产权的重型自航绞吸船。全船长140 m,宽27.8 m,最大挖深35 m,总装机功率25 843 kW,设计每小时挖泥6 000 m³,绞刀额定功率6 600 kW,为亚洲最大、最先进的绞吸挖泥船。"天鲲号"配置了通用、黏土、挖岩和重型挖岩等四种类型的绞刀,适用于挖掘淤泥、黏土、密实砂质土、砾石、强风化岩以及单侧抗压强度 45 MPa 的中弱风化岩,标准疏浚能力 6 000 m³/h。

(8)盾构机。盾构机是一种隧道掘进的专用工程机械。现代盾构机集光、机、电、液、传感、信息技术于一体,具有开挖切削土体、输送土渣、拼装隧道衬砌、测量导向纠偏等功能,涉及地质、土木、机械、力学、液压、电气、控制、测量等多门学科技术,而且要按照不同的地质进行"量体裁衣"式的设计制造,可靠性要求极高,以前国际上只有欧美和日本的几家企业能够研制生产。2015 年 11 月 14 日,由中国铁建重工集团和中铁十六局集团合作研发的中国国产首台铁路大直径盾构机在长沙下线,拥有完全自主知识产权,打破了国外近一个世纪的技术垄断,加速了中国快速城市化和大铁路网建设的步伐。2021 年 12 月 22 日,由中铁十五局集团和铁建重工集团联合研制的直径为 15.01 m 超大直径、国内首台适用于超浅覆土、超软地层施工的盾构机"振兴号"顺利下线。

部分大国重器展示如图 1-2 所示。

图1-2 部分大国重器展示

项目一　课程学习准备

图 1-2　部分大国重器展示(续)

二、机械制造相关概述

1. 新的主流制造模式

新的主流制造模式包括多品种小批量生产模式、柔性自动化制造、网络化异地制造、智能制造等。世界各国先后发布的先进制造计划,如美国的《先进制造业国家战略计划》(2012年)、德国的《保障德国制造业的未来——关于实施工业4.0战略的建议》(2013年)、中国的《智能制造试点示范行动实施方案》(2021年)等。

2. 新工科建设

新工科建设,是一项持续深化工程教育改革的重大行动计划。主要是为了主动应对新一轮科技革命和产业变革,加快培养新兴领域工程科技人才,改造升级传统工科专业,主动布局未来战略必争领域人才培养,教育部2018年首次认定一批工科研究与实践项目,以进行"新工科"建设探索。

3. 新工科的"五新"特点

新工科的"五新"特点是指工程教育的新理念、学科专业的新结构、人才培养的新模式、教育教学的新质量、分类发展的新体系。

4. 新的课程体系

以机械制造工艺与装备为主线,以质量、效率、成本、敏捷和绿色为目标,以可制造性和设计要求协同优化为方法,从系统工程的角度,根据学以致用的教学质量标准构建新的课程体系。

7

5. 碳达峰与碳中和

2020 年我国明确提出 2030 年"碳达峰"与 2060 年"碳中和"目标。"双碳"战略倡导绿色、环保、低碳的生活方式,加快降低碳排放步伐,有利于引导绿色技术创新,提高产业和经济的全球竞争力。

6. 绿色制造

绿色制造技术是指在保证产品的功能、质量、成本的前提下,综合考虑环境影响和资源效率的现代制造模式。它使产品从设计、制造、使用到报废整个产品生命周期中不产生环境污染或环境污染最小化,符合环境保护要求,对生态环境无害或危害极少,节约资源和能源,使资源利用率最高,能源消耗最低。

三、零件加工成型方法的分类

1. 传统的分类方法

传统的零件加工成型方法可分为热加工和冷加工两大类。在金属学中,把高于金属再结晶温度的加工称为热加工。热加工可分为金属铸造、热轧、锻造、焊接和金属热处理等工艺。冷加工为金属的切削加工,即采用刀具、磨具和磨料等工具去除毛坯或工件上多余的材料,使工件获得规定的几何形状、尺寸和表面质量的加工方法,如图 1-3 所示。任何切削加工都具备切削工具、工件和切削运动三个基本条件。

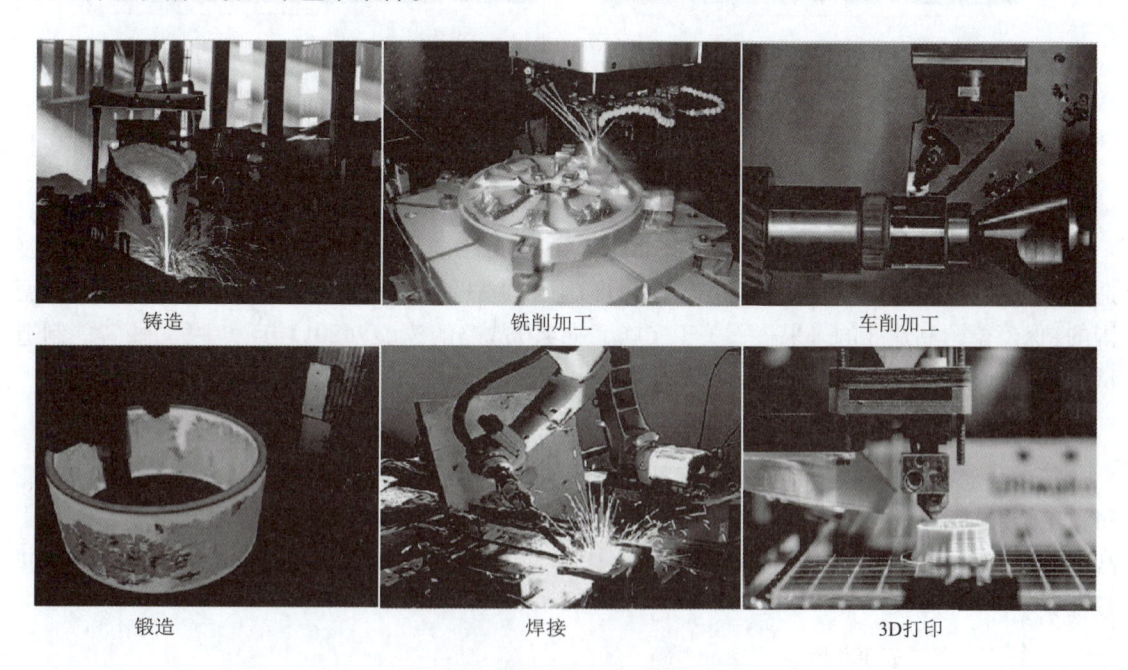

图 1-3 部分零件加工成型方法

2. 新的分类方法

基于材料成型前后的材料变化规律而进行分类的方法。定义 ΔM 为成型后的零件材料总量减零件成型前的材料总量的差值,称 $\Delta M = 0$ 的为热加工,$\Delta M < 0$ 的为冷加工,$\Delta M > 0$ 的为快速成型(3D 打印等快速成型技术)。切削加工的适应范围很广,且能达到很高的加工精度和表

项目一　课程学习准备

面完整性,因此切削加工是机械制造中最主要的加工方法,在机械制造工艺中占有重要地位。

任务二　认识本门课程

一、何为零件手动加工

切削加工、机械装配和修理作业中的手工作业统称零件的手动加工,因其常在钳台上用虎钳夹持工件进行操作,故而又得名钳工。我们将从事机械设备装调、维修及相关零件加工和工装夹具制作的人员都称为钳工。图1-4所示为同学们正在钳工工位上进行零件的手动加工作业。

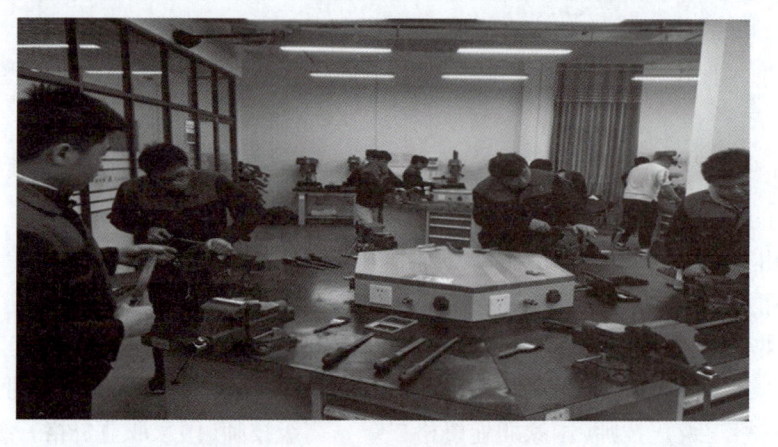

图1-4　学生在进行零件的手动加工

钳工作业主要包括划线、錾削、锯削、锉削、钻孔、扩孔、锪孔、铰孔、攻螺纹、套螺纹、矫正和弯形、铆接、刮削、研磨、机器装配调试、设备维修,测量和简单的热处理。钳工是机械制造中最古老的金属加工技术之一,在本课程中主要学习钳工基础知识,并掌握其常用加工方法的操作技巧。图1-5所示为部分钳工加工方法。

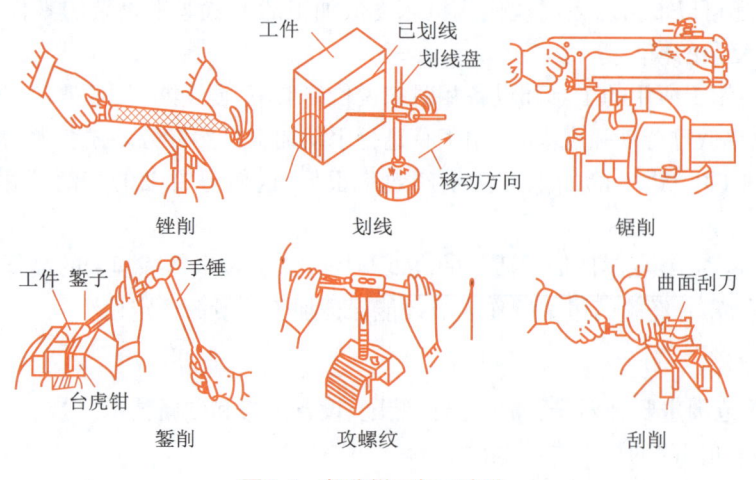

图1-5　部分钳工加工方法

9

二、钳工的特点及其应用范围

1. 钳工概述

很多同学在学习本课程前都有疑惑:在现代机械制造技术高速发展的今天,为何钳工这一古老的工种没有被淘汰? 我们要通过学习与思考,深刻认识到钳工不是一项简单的体力劳动,而是需要很高的专业理论知识与实践操作技能,并且还要具有一定创造能力的"高级劳动"。如今随着各种先进机床设备的发展和普及,虽然大部分钳工作业逐步实现了机械化和自动化,但在现代机械生产制造中钳工仍有着广泛的应用,如:

(1)划线、刮削、研磨和机械装配等钳工作业,至今尚无适当的机械化设备可以全部替代。

(2)精密的样板、模具、量具和配合表面(如导轨面和轴瓦等),仍需要依靠优秀工人的手艺进行精密加工。

(3)在单件小批生产、修配工作或缺乏设备条件的情况下,采用钳工制造某些零件仍是一种经济实用的方法。

2. 钳工的种类及特点

钳工工种的职业种类通常分为机修钳工、装配钳工、工具钳工。

(1)机修钳工:主要从事各种机械设备的维护修理工作。

(2)装配钳工:主要对机械设备进行装配、修整工作。

(3)工具钳工:主要对工具、模具、刀具进行设计制造和修理工作。

钳工职业共设五个等级,分别为:初级(国家职业资格五级)、中级(国家职业资格四级)、高级(国家职业资格三级)、技师(国家职业资格二级)、高级技师(国家职业资格一级)。

钳工有三大优点:加工灵活、可加工形状复杂和高精度的零件、投资小;两大缺点:生产效率低且劳动强度大、加工质量不稳定。具体表现如下:

(1)加工灵活:在不适合利用专用设备进行加工的场合,尤其是在机械设备的维修工作中,钳工的灵活性可以达到满意的效果。

(2)可加工形状复杂和高精度的零件:技术熟练的钳工可加工出比现代化机床加工精度要求更高的零件,还可以加工出运用现代化机床无法加工的形状非常复杂的零件,如高精度的量具、样板及形状复杂的模具等。

(3)投资小:钳工所用的工具和设备相对来说价格低廉、便于购置,且携带方便。

(4)生产效率低且劳动强度大:运用工具进行手动加工自然有劳动强度大的缺点,特别是在进行大余量的加工中,钳工的加工方法生产效率很低,这使得钳工的广泛应用具有一定的局限性。

(5)加工质量不稳定:零件加工质量的高低与操作人员技术熟练程度的高低成正比关系,只有通过勤学苦练、富有经验的钳工操作人员才能保证加工质量的稳定性。

3. 钳工的应用范围

钳工的应用范围主要有划线、加工零件、装配、设备维修和创新技术。

(1)划线:对加工前的零件进行划线。

(2)加工零件:对采用机械方法不太适宜或不能解决的零件以及各种工、夹、量具以及各种专用设备的制造,要通过钳工来完成。

(3)装配:将机械加工好的零件按机械的各项技术精度要求进行组件、部件装配和总装配,使之成为一台完整的机械。

(4)设备维修:对机械设备在使用过程中出现损坏、产生故障或长期使用后失去使用精度的零件要通过钳工进行维护和修理。

(5)创新技术:为了提高劳动生产率和产品质量,不断进行技术革新,改进工具和工艺,也是钳工的重要任务。

总之,钳工是机械制造工业中不可缺少的工种。

三、钳工工种的"大国工匠"

为了大力弘扬劳模精神、劳动精神、工匠精神,掀起全民学习大国工匠、争当工匠人才的热潮,由中华全国总工会、中央广播电视总台联合举办评选出"大国工匠年度人物"。以下介绍几位典型的钳工工种"大国工匠年度人物",他们刻苦钻研和勇于创新的工匠精神值得我们学习。

(1)夏立,中国电子科技集团公司第五十四研究所钳工,他作为通信天线装配责任人,先后承担了"天马"射电望远镜、远望号、索马里护航军舰、"9·3"阅兵参阅方阵上通信设施等的卫星天线预研与装配、校准任务,装配的齿轮间隙仅有 0.004 mm,相当于一根头发丝的 1/20 粗细。在生产、组装工艺方面,夏立攻克了一个又一个难关,创造了一个又一个奇迹。

(2)王树军,潍柴动力股份有限公司一号工厂机修钳工,他致力于中国高端装备研制,坚守打造重型发动机"中国心"。他攻克的进口高精加工中心光栅尺气密保护设计缺陷,填补了国内技术空白,成为中国工匠勇于挑战进口设备的经典案例。他独创的"垂直投影逆向复原法",解决了进口加工中心定位精度为千分之一度的 NC 转台锁紧故障,打破了国外技术封锁和垄断。

(3)戴振涛,大连船舶重工集团有限公司船坞总装三部舾装车间钳工四班班长。他从事船舶钳工的工作现场在船舶的"心脏"——机舱,其中舵机位于船舶艉部舵机舱内,关系到船舶航行安全。为担起这份沉甸甸的责任,学习各种设备性能成为他的工作日常。无论是检修设备还是运行新设备,他都在现场认真观看学习,并积极查阅安装施工图样,刻苦研读设备产品说明书。

(4)周建民,中国兵器工业集团淮海工业集团有限公司十四分厂钳工。他参加工作 30 年,解决国家重点项目量具难题 50 余项,创新成果达 1 000 项,累计创造价值达 3 000 多万元,创造了全省同行业多个"第一"。他主持的降低专用量规制造成本,提高专用量规耐用度,获得国家专利,可将专用量规的耐用度提高 30 倍以上,每年为企业节约制造费用 300 多万元。

四、以大国工匠为榜样学习本门课程

本门课程我们重在掌握机械零件手动加工的基本操作技能,并具备良好的职业素养,为学习后续专业知识和职业技能打下坚实的基础。

作为具有创新型与传统性的钳工,在基本技能的练习中由于较苦较累、枯燥乏味、机械单调,从而影响了学生实践操作的积极性。因此,我们要在苦不言苦,认真掌握钳工操作方法的特点与技巧,以便提高学习效率和学习质量。要学好这门课程,必须做到以下四点:一要提高认识,端正态度;二要吃苦耐劳,勤学苦练;三要乐于学习,善于总结;四要遵守规程,精益求精。

图1-6所示为学生在校企合作技能培训中心进行零件手动加工训练。

图1-6 学生在校企合作技能培训中心进行零件手动加工训练

任务三 熟知教学纪律及规范

一、填写"零件手动加工"学习纪律及安全规范须知(见表1-1)

表1-1 "零件手动加工"学习纪律及安全规范须知

学生进入零件手动加工实训室进行学习必须培养自己良好纪律性和自觉性,严格遵守下列各项规章制度及安全文明规程:

1. 学生进入实训室时应按照规定整齐穿戴工作服、工作鞋,女生应戴工作帽,不得戴项链、手链等有可能危害安全的配饰。

2. 上课时间内不得随意离开实训场所,不得随意窜岗,更不准追逐打闹,以防发生人身和设备事故。不得迟到、早退,不得无故旷课,如有请假的必须以辅导员的假条为准。

3. 上课时间内不得玩手机及其他游戏物品。除了需要喝水外不得进行其他饮食。需要休息时应在指定的区域内休息,不得随意跑到实训场所外的其他地方。

4. 操作机床时应佩戴防护眼镜,不得戴手套并严格执行安全操作规程。清理铁屑时应用专用工具,不得用手拉,不得用嘴吹,使用气枪操作时枪口不得对准人的头部,且使用时特别要注意防止将铁屑吹入其他同学的眼睛里。工件装夹必须规范牢固,不得用手代替制动,不得在机床未完全停止时测量或触摸工件,不准两人或多人同时操作一台机床,以确保安全。

5. 工作时必须精力集中,不允许擅自离开工作岗位和做任何与工作无关的事情。实训室内不得大声喧哗。

6. 工作时如发现机床设备及所用的各种工具出现损坏和不安全因素时必须立即报告教师进行修理或更换,在没有得到解决时不得带"病"继续工作,不得擅自拆卸机械、电器及其他各类工作设备。

7. 必须时刻保持工位的整洁,每天清点自己的器具并将器具按规定摆放整齐,铁屑及各种废物应按规定倒入不同的容器中,做到安全生产和文明生产。

项目一　课程学习准备

续表

8.同学之间互相提醒、互相监督各项违反规定的不安全、不文明行为。每一个同学都有义务制止违反纪律和安全规范的行为。

为确保安全、有效、顺利地完成课程教学，请同学们务必严格执行以上规章制度，如有违反将视情节轻重严肃处理，直至取消实践操作资格。

学习者签名：＿＿＿＿＿＿＿＿＿＿＿＿

＿＿＿＿＿年＿＿＿＿＿月＿＿＿＿＿日

二、填写"零件手动加工实训室"实践操作行为准则（见表1-2）

表1-2　"零件手动加工实训室"实践操作行为准则

1.学习者必须认真参加相关项目教学，弄清教学目的、意义、要求和安全注意事项，完成教学计划中规定的内容，做好学习知识点及任务总结，按要求完成实践总结报告的书写。

2.注意保持实训室的环境卫生，不随意进出实训室，禁止携带易燃、易爆、易碎、易污染和强磁性物品进入实训室，严禁将食物和饮料带进实训室，不准随地吐痰和乱扔杂物，禁止在实训室吸烟。

3.实训中服从指导教师的安排与管理，不迟到、不早退、不大声喧哗、嬉笑吵闹，不擅自调换工位，不睡觉，不玩手机，不做与教学不相关的事情。

4.严格遵守实践项目安全操作规程，遵守学校的各项规章制度，按要求穿戴安全防护用品，按要求进行操作，特别要注意安全，避免事故的发生。

5.珍惜实践操作机会，注重培养个人职业素养，在实践现场要讲文明讲礼貌，虚心求教，勤奋钻研，厉行节约，杜绝浪费，努力掌握实践技能。

6.离开实训室前必须清点整理好设备及工量器具，并按时归还借用物品，违章操作或人为造成设备损坏及丢失的，除须照价赔偿外，还将按《学生违纪处分条例》有关条款进行处罚。

7.当天教学结束，应将本人工位整理干净，做到座椅摆放整齐，地面、桌内无垃圾异物，养成遵守7S管理规范的好习惯。

8.教学结束后，由值日生检查实训室的卫生，按要求填写《实训室使用情况登记表》并签字。最后将实训室关灯、关窗、关电、关门后才能离开。

学习者签名：＿＿＿＿＿＿＿＿＿＿＿＿

＿＿＿＿＿年＿＿＿＿＿月＿＿＿＿＿日

注意：为保证课程教学的有序、有效开展，请每位同学认真阅读"零件手动加工"学习纪律及安全规范须知、"零件手动加工实训室"实践操作行为准则，严格遵守相关条款，并签名确认。

任务四　清点所用器具并填写记录单

认真观察手动加工实训教学场所相关设施，自行查阅资料，初步了解相关设备及实训室布局，重点对自己所属工位的工量器具进行逐一认识，并细致清点工位的所有物品，最后认真填写"零件手动加工"工位器材清点记录表，见表1-3。物品借用人进行签字确认，并在接下来的教学中妥善保管，做好维护保养工作。

13

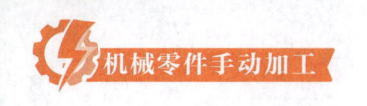

表1-3 _____班"零件手动加工"工位器材清点记录表

注意:各工位所属工具柜器材将在本班级教学开始时自行根据本单清点签字确认,教学结束时将逐一清点归还到位并签字确认,请各位同学细致清点器材并妥善保管,请大家认真对待,凡遗失或无故损坏者将根据相关管理制度进行处理!	
第一层左抽屉(或分类)	第一层右抽屉(或分类)
第二层左抽屉(或分类)	第二层右抽屉(或分类)
第三层左抽屉(或分类)	第三层右抽屉(或分类)
第四层左抽屉(或分类)	第四层右抽屉(或分类)
借用时本人签名:_____ 工位号:_____ 时间:_____	
归还时本人签名:_____ 工位号:_____ 时间:_____	

总结与思考

通过学习与思考,完成以下问题。

1. 在你的心目中钳工是怎样的一个工种？你将如何去进行学习？

_____

_____

_____

项目一　课程学习准备

2.查阅资料,找出更多的现代制造行业中涌现出的"大国工匠"事例,你从中感受到了什么?

3.我们应该从"大国工匠""大国重器"等案例中学习什么样的精神?在今后的专业学习过程中我们要如何去发扬这种精神?

4.通过实践场所相关规章制度的学习,根据你自身的情况及感受写出自己在接下来的学习过程中应特别注意的事项。

5.通过清点相关器具,分别写出你熟悉的器具以及陌生的器具。

6.请写出本课程学习过程中小组成员名单。

项目二
零件手动加工操作规范与安全

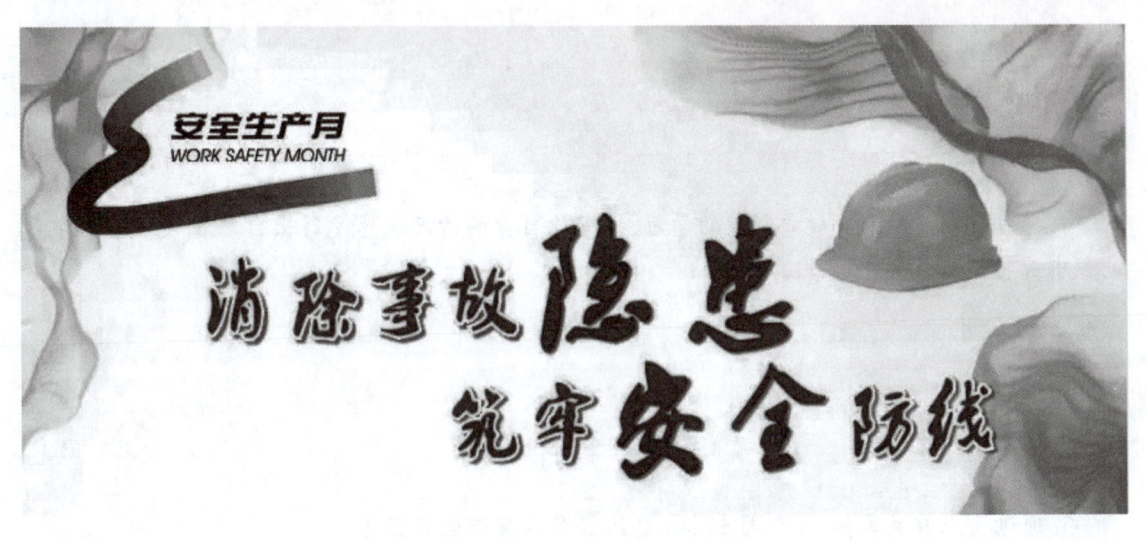

项目描述

在课程教学中,需要使用相关工量器具及加工设备,我们要熟知其应用范围与安全操作规程,掌握其使用技巧,在操作过程中要严谨细致。在教学过程中严格遵守7S管理规范知识,养成良好的安全文明生产素养。

学习目标

(1)培养学生具备"严守规程,安全操作"的优秀品质。

(2)认识钳工常用工量器具及设备,并熟悉其安全操作规范及维护保养知识。

(3)认识生产加工车间常见的安全防护标志。

(4)了解教学场所及生产车间的消防常识。

(5)熟知并践行教学场所7S管理规范。

工作任务

任务一:坚持安全文明生产

任务二:认知常见安全标志

项目二　零件手动加工操作规范与安全

任务三：掌握环保与消防安全常识

任务四：遵守教学场所7S管理规范

总结与思考：总结本项目所学知识，并完成相关问题的作答

课前通过自主学习，收集相关信息资料：

案例场景

　　同学们在零件手工制作实训室中进行学习，对教学场所的相关设备设施及其摆放有点好奇，这里面有大家很熟悉的，如灭火器、手锤、钢锯、货架、直尺、划规、台虎钳等，也有大家比较陌生的，如砂轮机、台钻、锉刀、刀口尺、万能角度尺等，同学们也对实训室墙上张贴的安全操作规程和安全警示标志进行了了解。教师要求同学们认真观察，对实训室的设备设施进行自我了解，以便上课时各小组进行相关问题的讨论。

讨论问题

1. 查阅资料，写出砂轮机的安全操作规程。

2. 查阅资料，写出台式钻床的安全操作规程。

3. 查看实践教学现场，说出有哪些安全问题需要大家时刻注意。

4.查看实践教学现场有哪些安全警示标志,请写出来,并说明其警示内容。

5.你在生活中用过灭火器吗?请说明灭火器的使用方法。

任务一　坚持安全文明生产

在教学现场要认真观察零件手动加工实训室的相关设施,如熟悉安全设施、熟知管理条例等。特别对于钳工常用设备,不仅要掌握使用方法,还要做好定期检查与维护保养工作。

特别提醒:机床设备操作有一定的危险性,没有教师的指导和允许,任何人不得私自盲目操作。在学习过程中要特别注意做好防机械撞击、防电、防滑的安全预防措施。

"安全第一、预防为主"是组织实训和生产的主导方针。如果违背这个方针,就会导致工伤事故发生,使人员和财产造成严重的损失。"安全第一"是指在对待和处理安全与实训、安全与生产以及其他工作的关系时,要把安全工作放在首位。当实训、生产或其他工作与安全问题发生矛盾时,实训、生产等工作都要服从安全。特别是各级领导和实习指导教师在规划、布置、实施各项实训教学工作时,要首先想到安全,采取必要和有效的防范措施,防止发生工伤事故。"预防为主"是指在实现"安全第一"的工作中,做好预防工作是最主要的。它要求大家防微杜渐,防患于未然,把事故消灭在萌芽状态。请同学们认真阅读钳工安全技术和文明生产知识并签字确认,见表2-1。

表2-1　钳工安全技术和文明生产知识

安全为了实训,实训必须安全。在现代工业生产中,人人都必须提高安全意识,养成安全文明生产的良好习惯,请遵守以下操作规程:

1.工作前必须按规定穿戴防护用品,否则不准上岗。

2.多人使用的钳工工作台,各工位中间必须安装安全网,实训操作时要相互照顾,防止意外发生。

3.不准擅自使用或开动不熟悉的机器和工具。使用设备前,必须认真检查,发现故障应停止使用。

4.使用电动工具时,应注意外壳接地,并应穿戴绝缘手套、胶鞋等,防止触电。

5.使用起重设备时,应遵守起重工安全操作规程。

6.高空作业时,必须配戴安全帽,系安全带。注意不许上下投递工具或零件。

项目二　零件手动加工操作规范与安全

续表

7. 在钳工操作时,如錾削、锉削、锯削、钻孔、攻螺纹等,都会产生很多切屑。清除切屑应用毛刷,不可用手抹,更不准用嘴吹,以免伤手或伤眼睛。

8. 所有器具应分类摆放整齐,常用的放在工作位置附近,注意不要伸出钳桌的边缘之外。精密量具要轻取轻放。工、夹、量具在工具柜内应有固定位置,排列应整齐划一。

9. 机器产品试运行前要检查电源连接是否正确,手柄、撞块、行程开关等是否灵敏可靠,传动系统的安全防护装置是否齐全,确认无误后方可运行。

10. 工作场地要保持整齐清洁,做好环境卫生。使用的工具、加工的零件、毛坯等,要放置得整齐稳当,特别注意易翻的工件应垫放牢靠。

学习者签名:_____

_____年_____月_____日

任务二　认知常见安全标志

安全标志是警示每一个进入其区域的人要注意工作场所或周围环境的危险状况,指导大家采取合理行为的标志。安全标志能够提醒我们预防危险,从而避免事故发生。当危险发生时,能够指示大家尽快逃离,或者指示大家采取正确、有效、得力的措施,对危害加以遏制。

安全标志不仅类型要与所警示的内容相吻合,而且设置的位置要正确合理,否则就难以真正充分发挥其警示作用。生产现场有许多安全标志和危险信号,工作者必须能够准确识别。

一、安全标志的含义

1. 红色禁止标志

红色禁止标志表示不准或制止人们的某些行动。用红框黑图来表示工作现场禁止的行为,如图 2-1 所示。

2. 黄色警告标志

黄色警告标志警告人们可能发生的危险。用黄底黑图表示工作现场可能发生的危险,如图 2-2所示。

图 2-1　红色禁止标志示例

图 2-2　黄色警告标志示例

3. 蓝色指令标志

蓝色指令标志表示人们必须遵守的行为。用蓝底白图来表示常用的劳动防护服务器具在生产现场的使用,如图 2-3 所示。

4. 绿色救护标志

绿色救护标志表示紧急情况下的救护指示。用绿底白图来表示危险时的救护信号,如图 2-4 所示。

图 2-3　蓝色指令标志示例　　　　图 2-4　绿色救护标志示例

在日常生活中,经常可以看见许多安全提醒标志,在机械加工场所内,各类提示操作人员注意的安全标志牌更是频繁可见,因此,必须熟知相关安全标志牌的含义,这样才能保证人员安全与设备安全。常用安全标示如图 2-5 所示。

图 2-5　常用安全标志

项目二 零件手动加工操作规范与安全

图 2-5 常用安全标志（续）

必须戴防尘口罩 Must wear dustproof mask	必须戴防护眼镜 Must wear safety glasses	注意通风 Caution, to ventilates
必须戴防护手套 Must wear protective gloves	必须穿防护鞋 Must Wear Protective Shoes	安全规程 必须按规程操作 Must Operate as Procedured
上下班请打卡 Please Clock in and Out	保持通道畅通 Keep Access Clear	必须戴防护帽 Must Wear Protective Cap
安全出口 EXIT	紧急医疗站 DOCTOR	可动火区 Flare up Region
急救点 First Aid	击碎板面 Break to Obtain Access	饮用水 Drinking Water

图 2-5 常用安全标志(续)

二、安全事故发生的原因

事故一般是指造成死亡、疾病、伤害、损坏或者其他损失的意外情况。发生意外事故的原因可能是：

1. 操作人员的问题

例如,个人违反安全操作规程、没有按要求佩戴安全防护用品或使用安全防护用品不当、缺乏安全文明生产的相关知识等。

2. 环境设备的问题

例如,工作环境不符合安全生产要求、设备的损坏或安全装置防护不足、安全生产培训不到位等。

三、安全防护措施

要加强生产工作的劳动保护、改善劳动条件,保护劳动者在生产过程中的安全和健康,以便促进制造强国事业的发展。安全生产工作必须贯彻"安全第一,预防为主,综合治理"的方针,生产车间安全防护措施,可归纳为对"人、机、料、法、环"五大要素的管理和规范,如图2-6所示。五大要素的具体含义如下:

(1)"人",即人的管理。安全管理归根结底是对人的管理。生产车间岗位的人员在工作过程中应该是非常规范的。因此,要通过培训、继续教育等途径来提升操作人员的综合能力,以达到安全生产的目的。

(2)"机",即机器设备的管理。机器设备是企业进行生产活动的物质条件,是进行安全生产的首要保障。应对每台设备定制"设备责任牌",落实专人负责。还应定期组织安排机器设备操作培训或理论培训,以达到安全操作的目的。

(3)"料",即物料的管理。物料管理是安全生产中的基本因素,由于化学物料的特殊性,物料性能的转换相当快,应对工作人员进行专业的培训,还应建立专门的考核制度,培养员工认真、仔细的工作作风。

(4)"法",即操作法。操作法是引导操作的路线,在操作过程中路线不能变。针对不同岗位,应制定各岗位的职能考核细则,奖罚根据考核细则所规定的条例进行,进一步提高操作人员在操作工序中的细心程度。

(5)"环",即环境的管理。环境可直接影响到安全生产,也是创造优质产品的前提。要以现场管理为出发点,通过开展自查与互查的方式,结合车间实际制定相应细则,并严格执行到位。

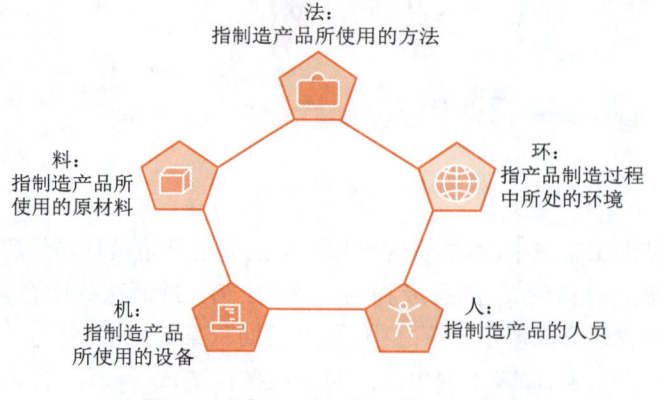

图2-6 "人、机、料、境、法"五大要素

任务三　掌握环保与消防安全常识

一、环境保护

机械加工构成了制造业领域的核心部分,机械加工行业在本质上推进了经济繁荣与社会发展,但也导致了环境污染,且浪费了宝贵的能源。因此,对于机械加工有必要全面限制污染与能耗,加强创造绿色的机械制造与加工模式。机械加工不能缺少先期的规划,而绿色制造规划在根本上符合了新时代的绿色机械加工思路,开启了从面向规划的角度入手来控制污染,并积极倡导绿色制造体系,如图2-7所示。

图2-7　积极倡导绿色制造体系

绿色制造也称环境意识制造、面向环境的制造等,物质的丰富与生活节奏的加快使得人们对生活的理解与认知发生了改变,全社会都对可持续发展保持了高度关注。机械制造行业是社会发展的基石与支柱,同时也是能源与资源消耗大户,因此绿色机械制造理念逐渐深入人心,机械设计制造行业通过加大节能、减排和可回收利用等途径,能够有效实现本行业的健康可持续发展,如图2-8所示。

图2-8　倡导节能减排的绿色机械制造理念

在现阶段的机械加工制造中,通常表现出较严重的周边环境破坏与污染问题。一般情况下机械加工很难从根源上避免废气、固态废物与废液的产生,进而这些废弃物很容易破坏环境。在情况严重时固态废物还会深埋于土壤之中,导致长期积累的土壤污染。同时,机械加工所需的某些固态金属腐蚀性很强,渗入土壤内部后对于酸碱性造成了破坏,打破了地下水与土壤的整体平衡。机械加工的各环节都会伴有噪声,影响周边群众生活并且损伤健康。通常来看,机械零部件或者机床在运转时都会带来噪声,附近居民若长期遭受噪声困扰则很易损伤听觉。在"绿水青山就是金山银山"的发展理念引领下,以上问题使得绿色制造理念的提倡与实施显得更为迫切。因此,在零件的手动加工中也要特别注意环保,如在教学过程中要做好垃圾分类处理,加工废料要及时、分类地放入指定的容器中存放,油类及切削液等易污染环境的液体在使用时要严格遵守相关制度条例。

二、消防安全

消防工作贯彻"预防为主、防消结合"的方针,按照政府统一领导、部门依法监管、单位全面负责、公民积极参与的原则,实行消防安全责任制,建立健全社会化的消防工作网络。在日常生活与学习工作中,要熟知消防安全知识,提升消防安全意识,掌握消防设施的使用方法。在机械制造生产车间中,各类电器设备、油类资料、仓库物资等都存在较大的消防安全隐患,因此必须加强消防知识的学习与掌握。

1. 拨打 119 火警电话报警常识

(1)报警时要讲清着火单位所在区县、街道门牌号。

(2)要说清是什么东西着火和火势大小,以便消防部门调出相应的消防车辆。

(3)要说清楚报警人的姓名和使用的电话号码。

(4)要注意听清消防队的询问,正确简洁地予以回答,待对方明确说明可以挂断电话时,方可挂断电话。

(5)报警后要到路口等候消防车,指示引导消防车去火场的道路。

2. 发生火灾后的处置措施

(1)切忌慌乱,判断火势来源,采取与火源相反方向逃生。

(2)切勿使用升降设备(电梯)逃生。

(3)切勿返入屋内取贵重物品。

(4)夜间发生火灾时,应先叫醒熟睡的人,不要只顾自己逃生,并且尽量大声喊叫,以提醒其他人逃生。

3. 消防栓的使用方法

(1)打开消防栓门,同时按下内部火警按钮(可报警和启动消防泵)。

(2)将原本折叠好的消防水带展开。

(3)将消防水带的一头接到消防栓接口上。

(4)将消防水带的另外一端接上消防水枪。

(5)打开阀门水喷出,对准火源根部,进行灭火。

4. 干粉灭火器的使用方法

灭火器的种类很多,按其移动方式可分为手提式和推车式;按驱动灭火剂的动力来源可分为储气瓶式、储压式、化学反应式;按所充装的灭火剂可分为泡沫、干粉、卤代烷、二氧化碳、清水等。其中干粉灭火器是工作生活中最常见的一种便携式消防设施。干粉灭火器内充装的是干粉灭火剂,是利用压缩的二氧化碳吹出干粉(主要含有碳酸氢钠)来灭火。其具体使用方法如下:

（1）首先要检查灭火器是否在正常的工作压力范围，灭火器压力表分为三个颜色区域：黄色表示压力充足，绿色表示压力正常，红色表示欠压。一般选用灭火器指针至少要在绿色区域，否则就需要到安监部门充压。

（2）将灭火器上下颠倒几次，使里面的干粉松动。

（3）拔掉保险销，一般为铅封或者塑料保险销，直接用手拉住拉环，使劲向外拉就可以将保险销拉掉。

（4）拉掉保险销后，一只手握住压把，另一只手抓好喷管，将灭火器竖直放置。当用力按下压把时，干粉便会从喷管里面喷出。

（5）喷射时，要对准火焰根部，站在上风向离火焰根部距离 3 m 左右。

常见消防设施及器材如图 2-9 所示。

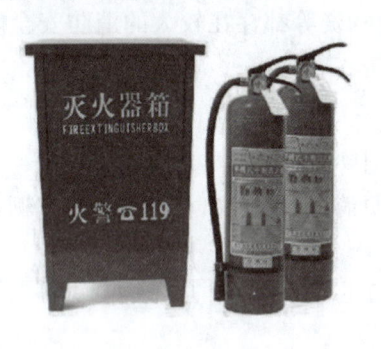

图 2-9　常见消防设施及器材

任务四　遵守教学场所 7S 管理规范

针对零件手工制作实训室实训设备的多样性、复杂性、危险性等特点，为了给实训学员营造一个安全、规范、舒适、严谨、整洁的教学环境，并有效提高教学效率和教学质量，特根据实际情况制订了教学场所 7S 管理规范，供每一个培训学员学习和遵守，见表 2-2。

表 2-2　教学场所 7S 管理规范

一、整理（Seiri）
定义：区分要与不要的东西，教学场所除了要用的东西以外，一切都不放置。
目的：将"空间"腾出来灵活运用。
1.时刻保证设备旁边过道畅通、整洁，桌椅摆放整齐，不放置不必要的东西。
2.工具柜上按序摆放配套工具、实训材料、刀具及量具，不得随意放置私人物品。
3.废品、废料、纸屑及时清理到指定地点，不得随意丢弃。
4.机器设备上，如主轴箱上、移动护架上不得放置任何物品，以防卷入旋转的主轴上或砸在导轨上。
二、整顿（Seiton）
定义：要用的东西依规定定位、定方法摆放整齐，明确位置。
目的：不浪费"时间"找实训要用的东西。
1.实训场所内各实践区域划分应明确，各区域指定 7S 管理责任人。

续表

2. 机器设备要加强运行状态监管,将设备使用状况每天记录在实训日志中。

3. 须使用的工量器具定位摆放在工具柜上,要求摆放有序,使用方便快捷。

4. 工具柜、课桌椅、工件毛坯等实物按指定位置有序摆放。

5. 实训期间工具、刀具、量具等器材应按规定位置摆放,当天实训结束后及时放进工具柜内。

6. 实训车间管理制度上墙,并严格遵照执行。

7. 实训日志、机器设备使用登记表应每天及时填写。

三、清扫(Seiso)

定义:清除实训室内的脏污,并防止污染的发生。

目的:消除"脏污",保持实训场所干干净净、明明亮亮。

1. 地面、工作台面、划线平台、黑板、课桌椅,每天都要清洁到位。

2. 机床工作台面、导轨面应及时清扫,不得留置切屑,每天对导轨面要加油润滑,每次下班前要认真擦拭设备表面。

3. 切屑、废料每天及时清扫归位,并及时清理废料箱中的加工废料。

4. 每天教学结束后,要对实训室整体环境、设备器具均进行彻底清扫,地面须用水拖干净。

四、清洁(Seiketsu)

定义:将上面3S实施的做法制度化、规范化,维持其成果。

目的:通过制度化维持实训室的管理成果。

1. 每天上、下班前5 min进行7S工作。

2. 保持地面、墙面、门窗、柜面整洁。

3. 机器导轨面及时加油润滑,防止生锈。

4. 保持工具、量具、刀具、夹具等表面清洁,桌面、机床表面无灰尘、油污。

5. 保持整理、整顿、清扫成果并不断改进。

五、素养(Shitsuke)

定义:人人依规定行事,养成良好的习惯。

目的:提升"人的品质",成为对任何工作都持认真态度的人。

1. 遵守实训室管理制度,按时上、下班,不迟到、不早退、不旷工,时间观念强。

2. 严格遵守实训各项安全条例,不损坏设备、工具、刀具和量具等。

3. 教学期间统一着装,女生注意发型,服从安排,认真完成教学任务。

4. 节约材料,节约用电,爱护设备,妥善保管教学实践所用器材。

5. 不在实训室内打闹、嬉戏、大声喧哗,不从事与专业实践教学无关的事,保证站有站相、坐有坐相、行有行相。

6. 个人学习态度端正,焕发活力,团队通力协作,其效无穷。

六、安全(Safety)

定义:人人依规程行事,安全就有保障。

目的:保障全体学习人员和设备器具的安全,最大的浪费是事故,最大的节约是安全。

1. 建立实训室管理条例制度及设备安全操作规程,并严格执行。

2. 保持设备完好状态,保证机器设备的安全可靠运行。

3. 操作设备时严格按照安全操作规程进行,发现故障及时向指导教师或设备管理人员报告,故障排除后方可开机操作。

4. 离开实训室时要及时关闭电源,关好门窗,做到不留任何安全隐患。

5. 保管好个人物品,保证个人生命、财产安全。

七、节约(Save)

定义:对时间、资源等方面合理利用,减少浪费,降低成本,以发挥其最大效能,从而创造一个高效率的、物尽其用的实践教学场所。

目的:养成降低成本习惯,培养学生"节约型"意识。

续表

> 1. 爱护公共财产,节约公共资源,以主人翁心态对待实践中的资源节约。
> 2. 能用的东西尽可能利用,对实训器材养成爱护、循环使用的习惯。
> 3. 对实践设备及各类器材切勿随意丢弃,处理前要思考其剩余使用价值。
> 4. 杜绝实践教学浪费,提高实践教学效率。
> 5. 加强时间管理意识,珍惜每一分每一秒学习时间。

总结与思考

通过学习与思考,完成以下问题。

1. 发生火灾后,你会采取哪些措施去处理?

2. 根据教学场所 7S 管理规范,谈谈在学习过程中应具体做好哪些工作?

整理:

整顿:

清扫:

清洁:

素养:

安全:

节约:

3. 请写出教学场所中有哪些安全标志?

项目二 零件手动加工操作规范与安全

4.请写出在课程学习实践过程中可能会发生的危险,并说明应采取的措施。

5.请完成表 2-3 中安全标志的认知填写。

表 2-3 根据安全标志填写其含义

标 志	含 义

项目三
认知常用工量器具

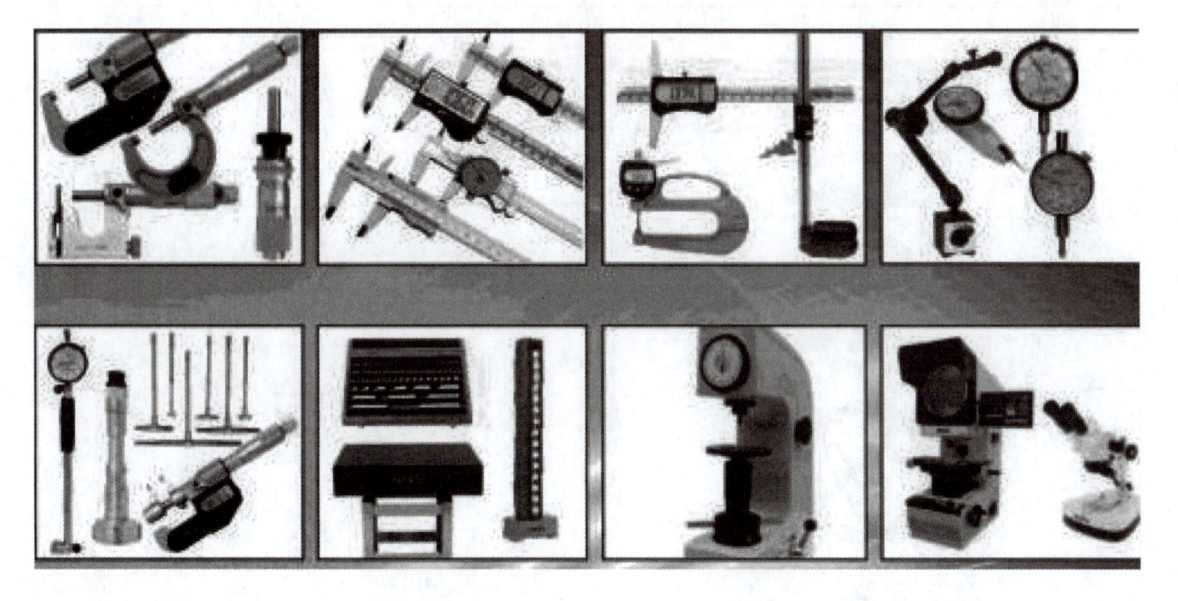

项目描述

认识钳工操作中常用的工量器具,学习其基本知识,掌握其操作方法,并能正确地进行维护保养工作。在熟练掌握课程教学中所用的工量器具外,要学会举一反三、触类旁通,进而掌握更多的关于工量器具的知识与操作方法。

学习目标

(1)培养学生具备"爱护设备,文明生产"的优秀品质。
(2)认识零件手动加工所用的工具,并掌握其正确使用方法。
(3)认识零件手动加工所用的量具,并掌握其正确使用方法。
(4)能触类旁通地自主学习更多的工量器具相关知识。
(5)能对常用工量器具进行正确的维护保养工作。

工作任务

任务一:认识常用工具及熟练运用

项目三 认知常用工量器具

任务二:认识常用量具及熟练运用

总结与思考:总结本项目所学知识,并完成相关问题的作答

课前通过自主学习,收集相关信息资料完成以下案例讨论:

案例场景

在实践操作现场,同学们正在进行平面锉削加工的尺寸控制练习,在此之前老师已经给同学们培训过游标卡尺的使用方法及使用中的注意事项。

A 同学:"我已经把老师教给我的练习工件全部做完了,我用我的游标卡尺来帮你检测一下你加工的工件吧!"

B 同学:"好的,我还有最后 1 件也就全部完成了。"

A 同学:"嘿!你的工件尺寸全部超差了!"

B 同学:"不可能吧?!我当时测量的时候都是合格的。"

A 同学拿自己的游标卡尺把工件测了一下,说:"你不会测量,我测下来都合格的。"B 同学也又测了一下,说:"你才不会测量呢。"于是两位同学找到了老师,将发生的情况告诉了老师。老师没有多说,叫他们把游标卡尺与工件都拿过来。过了会儿,老师将两把游标卡尺及工件交还给两个学生,说:"你们俩拿这两把游标卡尺再去测量一下工件,然后告诉我结果。"过了一会儿,两位同学都来了。A 说:"我测下来还是都尺寸超差。"B 同学说:"我测下来也都尺寸超差。"

讨论问题

你认为影响测量的准确性有哪些?

_____

_____

_____

_____

_____

任务一 认识常用工具及熟练运用

一、常用工具分类

钳工常用的工具种类较多。依据工具的动力源不同,可分为手工工具、电动工具和气动工具。恰当地选择和运用工具可使工作事半功倍,掌握各种工具的功能、用法是一项持久的学习与实践内容。

视频 •

钳工常用工具
的认知

31

1. 手工工具

常用手工工具有划线工具,如平台、方箱、直尺、划规、划针及划线盘等;切削工具,如锉刀、手锯、麻花钻、錾子、刮刀、丝锥及板牙等;装卸、夹持、打击工具,如扳手、螺钉旋具、手钳、手锤及拉马等。

2. 电动、气动工具

钳工常用的电动、气动工具有电钻、电磨头、磨光机、切割机、电剪刀、电动曲线剪、风动砂轮、电动扳手及气动扳手等。电动或气动工具有外部动力源,因此,较手工工具有更高的工作效率,可减轻劳动强度,在批量生产的钳工操作中广泛应用。电动、气动工具一般不受作业场所和工件形状的限制,因此,还适用于不便采用大、中型机械的作业。

二、常用工具介绍

1. 手电钻

手电钻就是以交流电源或直流电池为动力的钻孔工具,是手持式电动工具的一种。手电钻是电动工具行业销量最大的产品,广泛用于建筑、装修、家具等行业。在装配工作中,当受工件形状或加工部位的限制,不能用钻床进行钻孔时,则可使用手电钻进行钻孔。图3-1(a)(b)所示分别为手提式电钻和手枪式电钻。

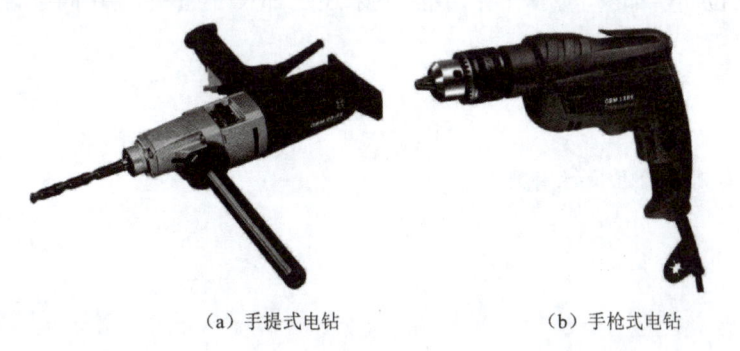

(a)手提式电钻　　　　　　　　(b)手枪式电钻

图3-1　常用手电钻

手电钻的主要由钻夹头、输出轴、齿轮、转子、定子、机壳、开关和电缆线等构成。电钻的电源电压分单相和三相两种。采用单相电压的电钻规格有6 mm、10 mm、13 mm、19 mm、23 mm这五种;采用三相电压的电钻规格有13 mm、19 mm、23 mm这三种。在使用时,可根据不同情况进行选择。

使用电钻时,必须遵守以下安全操作规程:

(1)手电钻使用前,须开空转1 min以检查传动部分是否正常。如有异常,则不能使用。

(2)根据加工材料选择合适的钻头,钻头必须锋利,钻孔时不要用力过猛。当孔即将钻穿时,应适当减轻压力,以防卡钻。

(3)电源电压不得超过电钻铭牌上所规定电压的10%,否则会损坏电钻或影响使用效果。

(4)电钻使用时,应戴橡胶手套,穿胶鞋或站在绝缘板上,以防漏电而造成事故。

(5)电钻不用时,应存放于干燥、清洁和没有腐蚀性气体的环境中。

2. 字形螺丝刀

字形螺丝刀主要有一字(负号)和十字(正号)两种,如图 3-2 所示。

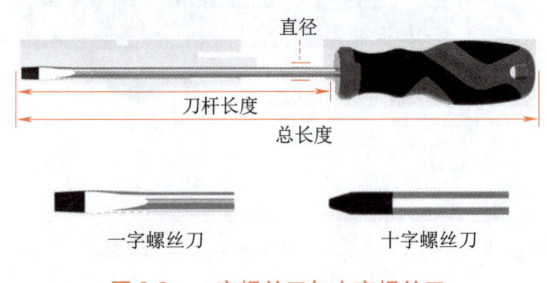

图 3-2　一字螺丝刀与十字螺丝刀

一字螺丝刀主要用来旋转一字槽形的螺钉、木螺钉和自攻螺钉等,它有多种规格,通常说的大、小螺丝刀是用手柄以外的刀体长度来表示的,常用的有 100 mm、150 mm、200 mm、300 mm 和 400 mm 等几种。要根据螺钉的大小来选择不同规格的螺丝刀,若用型号较小的螺丝刀来旋拧大号的螺钉很容易损坏螺丝刀,在使用时应格外注意。

十字螺丝刀主要用来旋转十字槽形的螺钉、木螺钉和自攻螺钉等。使用十字形螺丝刀时,应注意使旋杆端部与螺钉槽相吻合,否则容易损坏螺钉的十字槽。十字螺丝刀的规格和一字螺丝刀相同。

螺丝刀是用来拆卸和装配螺钉必不可少的工具,在使用螺丝刀拆装螺钉时,应将螺丝刀垂直地顶在螺钉头部,一边用力顶压,一边转动螺丝刀。根据旋紧或松开螺钉的头部槽宽和槽形选用适当的螺丝刀,不能用较小的螺丝刀去旋拧较大的螺钉。弯头螺丝刀用于空间受到限制的螺钉头。螺丝刀的刀口如有损坏、变钝时,应及时修磨,用砂轮磨时要用水进行冷却,无法修复的螺丝刀应报废。不要用螺丝刀旋紧或松开握在手中的工件,应将工件夹固在夹具内,以防伤人。不可用锤击螺丝刀手柄端部的方法撬开缝隙或剔除金属毛刺。螺丝刀不能当撬棍使用,不能用锤子打击螺丝刀柄,也不可在螺丝刀柄与起子口处使用扳手或钳子来增加扭力,以防起子弯曲损坏。另外,不得斜拧螺钉,以免把螺钉的头部拧坏。

3. 活动扳手

活动扳手由扳手体、固定钳口、活动钳口及蜗杆等组成。扳手的加力方向是固定的,所以加力时须确认扳手的加力方向,以固定钳口为主要支撑,加力方向由上而下,如图 3-3 所示。活动扳手主要用于旋紧六角形、正方形螺钉和各种螺母。采用工具钢、合金钢或可锻铸铁制成,一般分为通用、专用和特殊三大类。使用时应根据螺钉螺母的形状、规格及工作条件选用规格相适应的活动扳手操作。活动扳手的开口宽度可在一定尺寸范围内进行调节,能拧转不同规格的螺栓或螺母,适用于不同大小螺栓螺母的拆卸和安装。活动扳手的缺点是使用不方便、费力、空间较小,工作时扳手不易打开并且容易伤人,还容易使螺栓角磨损。活动扳手多适用于户外携带,以防止所带工具不齐全而使用,它可以方便地调整扳手使用角度。

注意事项:可使用其他扳手时,最好不要使用活动扳手紧固螺栓,避免伤人和损坏螺栓。使用活动扳手时不能相互敲打。

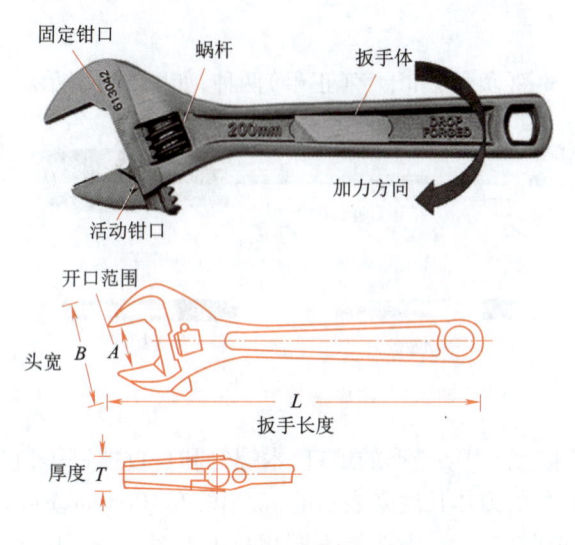

图 3-3　活动扳手

4. 开口扳手

开口扳手也称呆扳手,其一端或两端带有固定尺寸的开口,其开口尺寸与螺钉头、螺母的尺寸相适应,并根据标准尺寸制作而成。开口扳手主要分为双头开口扳手和单头开口扳手。双头开口扳手是一种通用工具,是装配机床或备件及交通运输、农用机械维修必需的手工具,如图 3-4 所示。双头开口扳手的型号规格以开口宽度尺寸表示,以 mm 为单位。在使用时要注意以下事项:

(1)扳手应与螺栓或螺母的平面保持水平,以免用力时扳手滑出伤人。

(2)不能在扳手尾端加接套管延长力臂,以防损坏扳手。

(3)不能用钢锤敲击扳手,扳手在冲击载荷下极易变形或损坏。

(4)不能将公制扳手与英制扳手混用,以免造成打滑而伤及使用者。

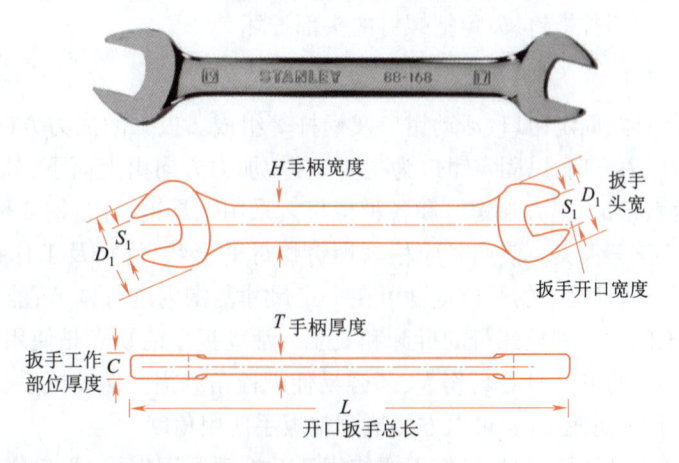

图 3-4　双头开口扳手

项目三　认知常用工量器具

5. 梅花扳手

梅花扳手两端呈花环状,其内孔是由两个正六边形相互同心错开 30° 而成,如图 3-5 所示。很多梅花扳手都有弯头,常见的弯头角度在 10°~45° 之间,从侧面看旋转螺栓部分和手柄部分是错开的。这种结构方便于拆卸装配在凹陷空间的螺栓、螺母,并可以为手指提供操作间隙,以防止擦伤。由于接触面大,无受力方向,可用于强力拧紧。在使用梅花扳手时,左手推住梅花扳手与螺栓连接处,保持梅花扳手与螺栓完全配合,防止滑脱,右手握住梅花扳手另一端并加力。梅花扳手可将螺栓、螺母的头部全部围住,因此不会损坏螺栓角,可以施加大力矩。

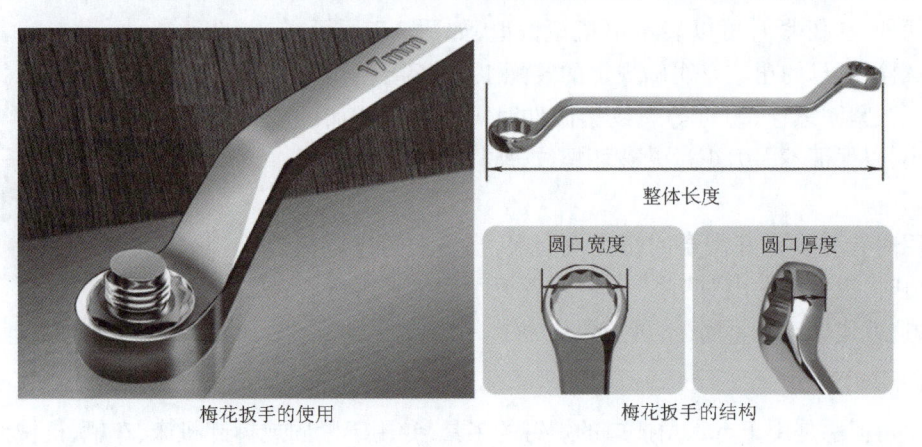

梅花扳手的使用　　　　　　　　梅花扳手的结构

图 3-5　梅花扳手

注意事项:扳转时,严禁将加长的管子套在扳手上以延伸扳手的长度增加力矩,严禁敲击扳手以增加力矩,否则会造成工具的损坏,严禁使用带有裂纹和内孔已严重磨损的梅花扳手。

6. 套筒扳手

套筒扳手的使用非常广泛,它由棘轮扳手、长接杆、短接杆、万向节头和各种规格型号的套筒组成,如图 3-6 所示,特别适用于拧转位置十分狭小或凹陷很深的螺栓或螺母,套筒有公制和英制之分。棘轮套筒扳手是一种手动式松紧螺钉(有固定孔)的工具。它是根据特殊要求制成的特种扳手,应根据要求正确使用。不同规格尺寸的主梅花套和从梅花套通过铰接键的阴键和阳键咬合的方式连接,由于一个梅花套具有两个规格的梅花形通孔,使它可以用于两种规格螺钉的松紧,扩大了使用范围,节省了工作时间。套筒扳手在使用时也需接触好后再用力,如发现梅花套筒及扳手手柄变形或有裂纹时,应停止使用。要注

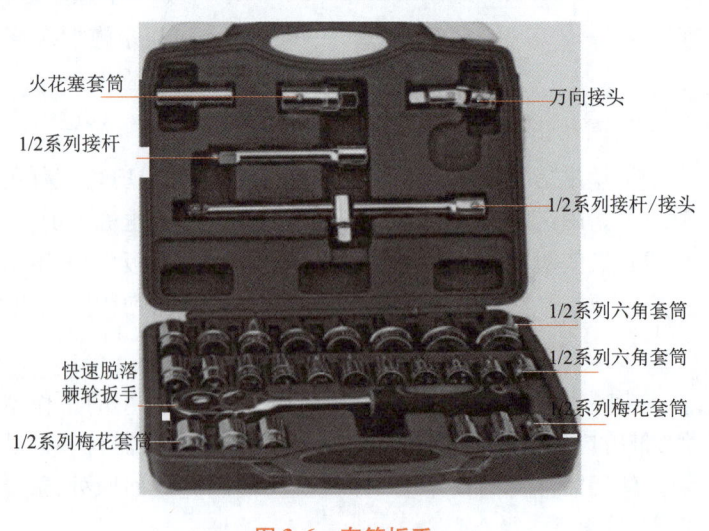

图 3-6　套筒扳手

35

意随时清除套筒内的尘垢和油污。使用时要注意选择合适的规格、型号,以防滑脱伤手。

注意事项:有足够的使用空间时,能用套筒扳手的地方就不用梅花扳手。能套进螺钉的情况下,能用梅花扳手的地方不用开口扳手,尽量不用活动扳手。套筒扳手防滑性能好,力矩较大,虽然其他扳手比较灵活,但不能用在特别重要的场合,如缸盖螺钉等(拆卸缸盖螺钉必须用套筒扳手)。

7. 扭力扳手

扭力扳手也称扭矩扳手或力矩扳手,力矩就是力和距离的乘积。扭力扳手有普通表盘式和预调式两种,在扭紧时可以表示出扭矩数值,如图 3-7 所示。凡是对螺栓、螺母的扭矩有明确规定的装配工作,都要使用扭力扳手。在紧固螺栓、螺母等螺纹紧固件时需要控制施加的力矩大小,以保证不因力矩过大破坏螺纹,所以应使用扭矩扳手操作。

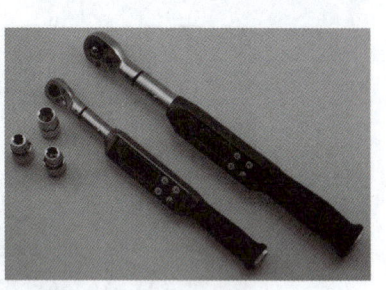

图 3-7　扭力扳手

使用时首先设定好需要的扭矩值上限,当施加的扭矩达到设定值时,扳手会发出"咔嗒"声响或者扳手连接处折弯一定角度,这就代表已经紧固,不再需要加力了。

8. 内六角扳手

内六角扳手是用于有六角插口的螺钉的工具,专用于紧固或拆卸机床、车辆、机械设备上的六角插口螺钉。

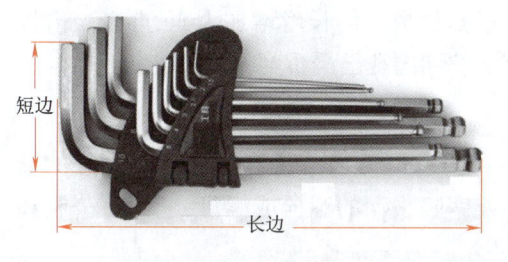

图 3-8　内六角扳手

内六角扳手的型号是按照六方的对边尺寸国家标准确定的。该扳手成 L 形,一端是一个球头,邻接于球头部内侧面形成一个环形颈部,其中球头部外周环设置形成六角面,并在六角面中间设有一个容置槽,如图 3-8 所示。内六角扳手和其他常见工具(如一字螺丝刀和十字螺丝刀)最重要的差别是它通过扭矩施加对螺钉的作用力,大大降低了使用者的用力强度。

9. 钢丝钳

钢丝钳是一种五金工具,是用来夹住工件或剪切工件的专用工具,如图 3-9(a)所示。它的钳口不是固定的,钳口表面有锯齿和剪切刃口,也称夹剪。另一种称为电工用手钳,主要用于剪切线材。使用手钳时应注意不要将钢丝钳当成扳手使用,在剪切线材断头时,为防止飞出的断头伤人,断头应朝地下,操作者应戴上护目镜,电工用手钳把柄必须加绝缘套。

10. 尖嘴钳

尖嘴钳由尖头、刀口和钳柄组成,能在较狭小的工作空间操作,不带刃口的只能做夹捏工作,带刃口的能剪切细小零件,常用于仪表、电信器材等领域的装配和修理作业,如图 3-9(b)所示。使用时注意刀口不要对向自己,使用完放回原处,放置在儿童不易接触的地方,以免受到伤害。

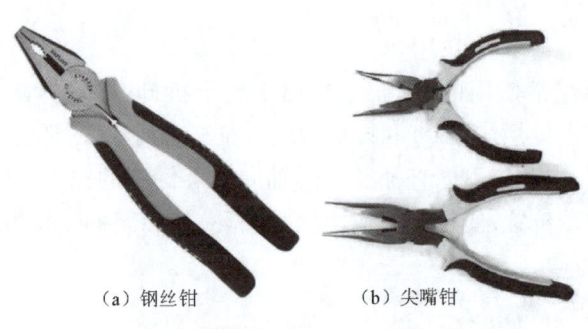

（a）钢丝钳 　　　　（b）尖嘴钳

图 3-9　钢丝钳与尖嘴钳

11. 卡簧钳

卡簧钳分为内卡簧钳和外卡簧钳，是主要用于工业生产中内、外弹性卡环安装和拆卸的一种专用工具，如图 3-10 所示。卡簧钳两钳腿一端铰接在一起，另一头可实现张开或合拢的功能。钳腿上设有调节机构，带动钳腿张开合拢，完成内外弹性卡环的安装拆卸工作。

12. 管子钳

管子钳适合夹持和旋转钢管类工件，其按照承载能力、质量、款式等可分为多种，根据不同的管子大小选择不同大小的管子钳。管子钳只能按顺时针紧固或逆时针拆卸，其活动头的功能是卡紧管子，如果反转拆卸和安装则会打滑，甚至打到工作人员，管子钳的活动行程代表它的工作范围，如图 3-11 所示。

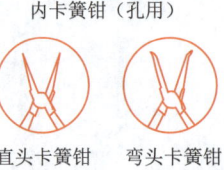

内卡簧钳（孔用）

直头卡簧钳　　弯头卡簧钳

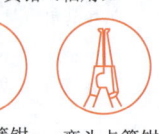

外卡簧钳（轴用）

直头卡簧钳　　弯头卡簧钳

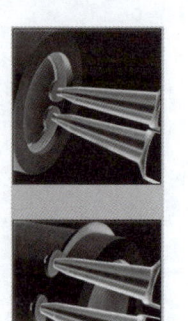

图 3-10　卡簧钳的种类及应用

13. 锤子

锤子主要是击打工具，由锤头和锤柄组成，锤头材质多为 45 钢。根据被击打工件的不同，锤头也有用铅、铜、橡皮、塑料或木材等制成的软锤头，如图 3-12 所示。锤子的质量应与工件、材料和作用相适应，过重和过轻都不安全。使用锤子前应该检查手柄是否松动，以免头部滑脱而造成事故。清除锤面和手柄上的油污，以防敲击时锤面从工作面上滑下造成伤人和机件损坏，使用锤子时严禁戴手套。

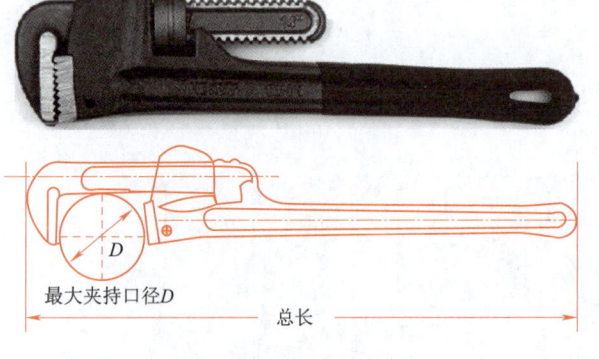

最大夹持口径 D

总长

图 3-11　管子钳

橡胶锤　　　　　　　　钢锤

图 3-12　锤子

37

14. 拉马

拉马是机械维修中经常使用的工具,主要用于轮子拆卸、轴承拆卸、齿轮拆卸等用途,如图3-13所示。拉马主要由旋柄、螺旋杆和拉爪构成。拉马有两爪、三爪之分,主要尺寸为拉爪长度、拉爪间距、螺杆长度,以适应不同直径及不同轴向安装深度的轴承。使用时,将螺杆顶尖定位于轴端顶尖孔调整拉爪位置,使拉爪挂钩于轴承外环,旋转旋柄使拉爪带动轴承沿轴向向外移动拆除。

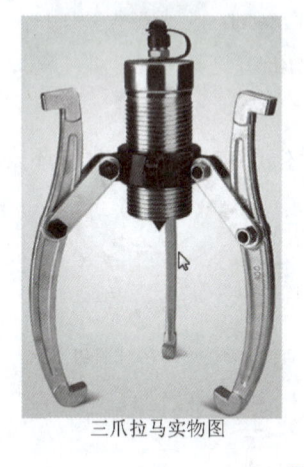 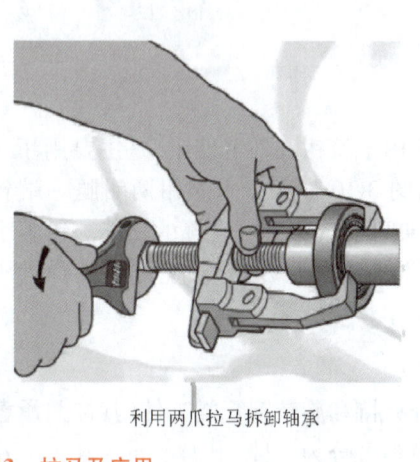

三爪拉马实物图　　　　　　　　利用两爪拉马拆卸轴承

图3-13　拉马及应用

15. 拉铆枪

拉铆枪适用于各类金属板材、管材等方面的紧固铆接,广泛运用于电梯、开关、仪器、家具、装饰等机电和轻工产品的铆接上。拉铆枪为解决金属薄板、薄管焊接螺母易熔、攻内螺纹易滑牙等缺点而开发,它可铆接不需要攻内螺纹和焊接螺母的拉铆产品,如图3-14所示。

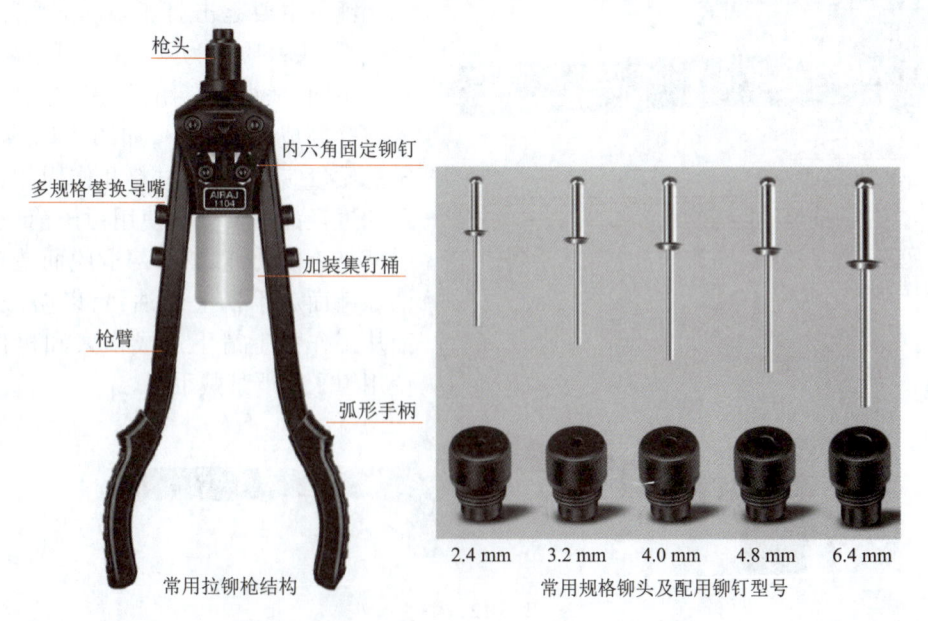

常用拉铆枪结构　　　　　常用规格铆头及配用铆钉型号

图3-14　拉铆枪

项目三 认知常用工量器具

拉铆枪的种类主要有:根据动力类型拉铆枪分为电动、手动和气动等,其中手动拉铆枪使用最广泛,其价格低且操作方便,配合相应的电动工具(如手电钻、冲击钻等)使用。拉铆枪操作方便简单,图3-15 所示为常用拉铆枪的铆接使用方法及拆钉方法。

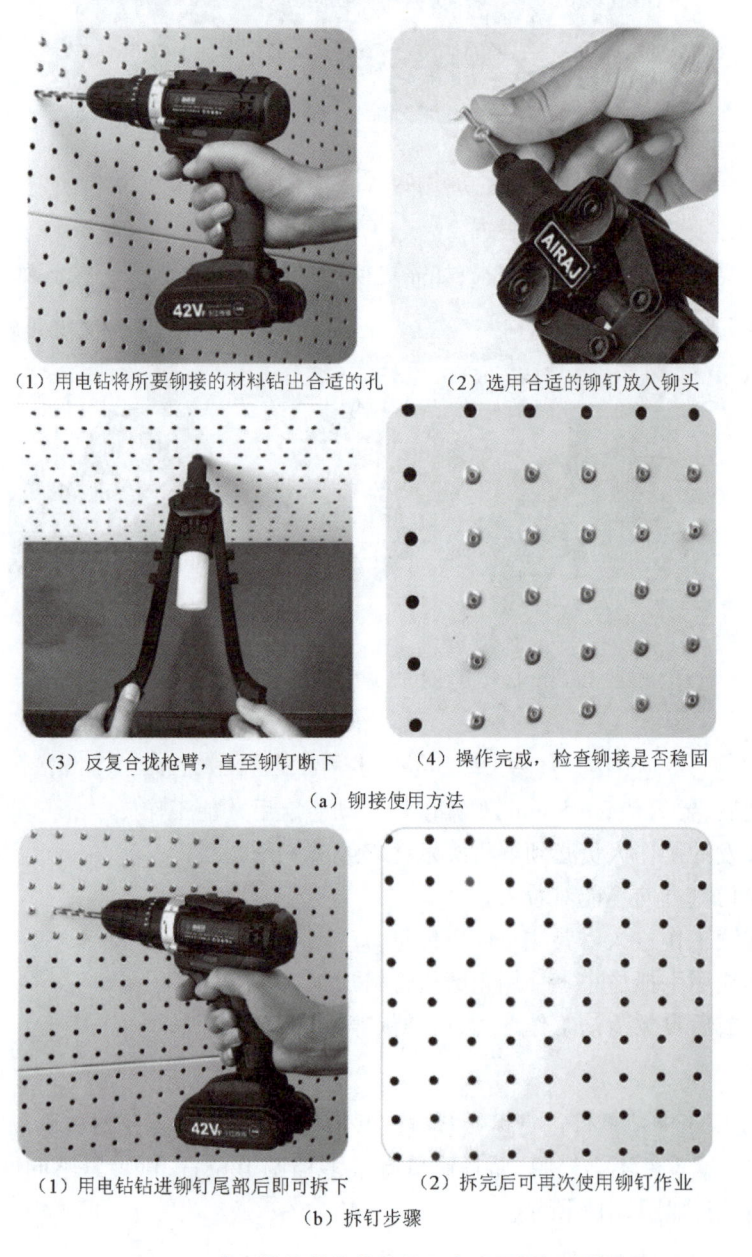

(1)用电钻将所要铆接的材料钻出合适的孔　　(2)选用合适的铆钉放入铆头

(3)反复合拢枪臂,直至铆钉断下　　(4)操作完成,检查铆接是否稳固

(a)铆接使用方法

(1)用电钻钻进铆钉尾部后即可拆下　　(2)拆完后可再次使用铆钉作业

(b)拆钉步骤

图3-15　常用拉铆枪的铆接使用方法及拆钉步骤

16. 角磨机

角磨机又称研磨机或盘磨机,是用于切削和打磨的一种磨具。角磨机利用高速旋转的薄片砂轮以及橡胶砂轮、钢丝轮等对金属构件进行磨削、切削、除锈、磨光加工,如图3-16所示。

在使用角磨机时要遵守产品使用规程,一般要遵守以下要求:

39

金属切割　　　　金属打磨　　　　金属除锈

图 3-16　角磨机在金属加工方面的应用

（1）操作者必须要佩戴好防护眼罩。

（2）使用前要观察砂轮片是否磨损，如需更换要严格按照操作步骤进行，如图 3-17 所示。

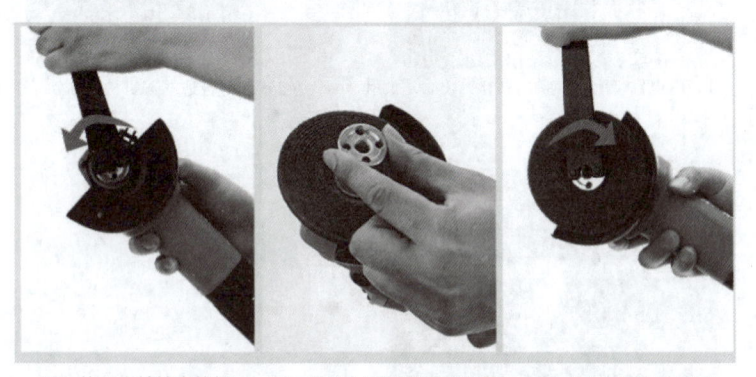

（1）按下主轴锁定按钮，　（2）选用合适砂轮进行安装，　（3）使用扳手按正确方
将上压片用专用扳手旋出　　并放好压片　　　　　　　　向旋紧

图 3-17　角磨机砂轮片安装步骤

（3）开机之后，要等待 3～5 min，观察砂轮转动稳定后才能工作。

（4）有长头发的操作人员必须要将头发扎起或戴工作帽。

（5）操作时切割方向不能对着人。

（6）机器连续工作过久后要注意停机休息。

（7）切记不能用手抓住小零件用角磨机进行加工。

（8）工作完成后自觉清洁工作环境，机器保养维护工作。

17. 大力钳

大力钳主要用于夹持零件进行铆接、焊接、磨削等加工，其特点是钳口可以锁紧并产生很大的夹紧力，使被夹紧零件不会松脱，而且钳口有很多档调节位置，供夹紧不同厚度零件使用，另外也可作扳手使用，如图 3-18 所示。

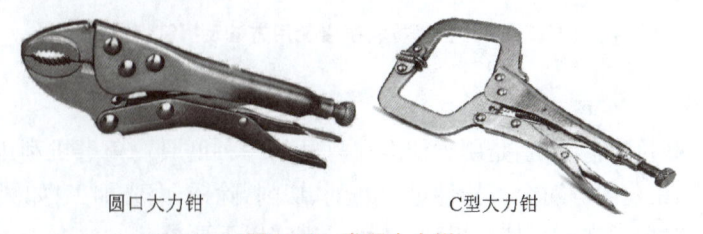

圆口大力钳　　　　　　　　　C型大力钳

图 3-18　常用大力钳

项目三　认知常用工量器具

大力钳的钳口常用铬钒钢或碳钢整体锻造,韧性好;其手柄用冲压钢板制成,夹持物体不变形;其调节杆通过热处理,容易调整最佳尺寸且不变形;锯齿形钳口,夹持有力。大力钳使用方法方便,夹持力可靠,且可方便调节夹持尺寸。图3-19所示为C型大力钳的使用方法。

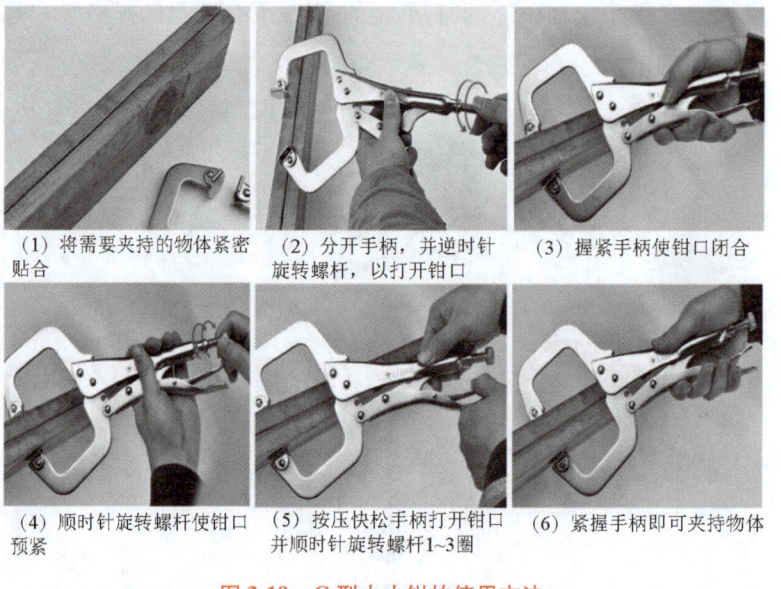

(1) 将需要夹持的物体紧密贴合
(2) 分开手柄,并逆时针旋转螺杆,以打开钳口
(3) 握紧手柄使钳口闭合
(4) 顺时针旋转螺杆使钳口预紧
(5) 按压快松手柄打开钳口并顺时针旋转螺杆1~3圈
(6) 紧握手柄即可夹持物体

图3-19　C型大力钳的使用方法

任务二　认识常用量具及熟练运用

一、常用量具的分类

量具是实物量具的简称,它是一种在使用时具有固定形态,用以复现或提供定量的一个或多个已知量值的器具。在学习和工作中经常遇到和使用的量具如图3-20所示。

量具按其用途可分为三大类:

(1)标准量具。一般指用作测量或检定标准的量具,如量块、多面棱体、表面粗糙度比较样块等。

(2)通用量具(或称万能量具)。一般指由量具厂统一制造的通用性量具,如直尺、平板、角度块、卡尺等。

(3)专用量具(或称非标量具)。一般指专门为检测工件的某一技术参数而设计制造的量具,如内外沟槽卡尺、钢丝绳卡尺、步距规等。

在机械装配与调试过程中,需要使用量具对工件的尺寸、形状、位置等进行检测,其中经常使用的量具以通用量具为主,如塞尺、游标卡尺、千分尺、百分表、水平仪等。

二、常用量具的使用

1. 塞尺

塞尺又称测微条或厚薄规,是具有准确厚度尺寸的单片或成组的薄片,用于检验间隙的实

41

物量具。在检验被测尺寸是否合格时,可由检验者根据塞尺与被测表面配合的松紧程度来判断。塞尺一般用不锈钢制造,最薄的可达 0.02 mm,最厚的可达 3 mm。自 0.02 ~ 0.1 mm 间,各钢条厚度级差为 0.01 mm;0.1 ~ 1 mm 间,各钢条的厚度级差一般为 0.05 mm;自 1 mm 以上,钢条的厚度级差为 1 mm。除了公制以外,也有英制的塞尺,常用塞尺的规格型号见表 3-1。

图 3-20　部分常用量具

表 3-1　常用塞尺的规格型号

A 型	B 型	塞尺片长度/mm	片数	塞尺的厚度/mm
组别标记				
75A13	75B13	75	13	0.05、0.10、0.15、0.20、0.25、0.30、0.40、0.50、0.60、0.70、0.80、0.90、1.0
100A13	100B13	100		
150A13	150B13	150		
200A13	200B13	200		
300A13	300B13	300		
75A14	75B14	75	14	0.05、0.06、0.07、0.08、0.09、0.10、0.15、0.20、0.25、0.30、0.40、0.50、0.80、1.00
100A14	100B14	100		
150A14	150B14	150		
200A14	200B14	200		
300A14	300B14	300		

项目三 认知常用工量器具

续表

A 型	B 型	塞尺片长度/mm	片数	塞尺的厚度/mm
组别标记				
75A17	75B17	75		0.02、0.03、0.04、0.05、
100A17	100B17	100		0.06、0.07、0.08、0.09、
150A17	150B17	150	17	0.10、0.15、0.20、0.25、
200A17	200B17	200		0.30、0.40、0.50、0.80、
300A17	300B17	300		1.00

（1）塞尺的使用方法。塞尺由于其结构的特殊性,在使用过程中要严格遵守相关使用方法,如图 3-21 所示,方能保证测量准确可靠:

① 用干净软布将塞尺测量表面擦拭干净,根据被测间隙的大小选择适当厚度的塞尺。为保证测量的准确性,应使用尽量少的塞尺数量,一般不超过三条。如果超过三条,通常要加测量修正值,一般每增加一条要加 0.01 mm 的修正值。

② 将塞尺插入被测间隙中,在塞入一定深度后来回拉动塞尺,此时应感到稍有阻力,这说明该间隙值接近塞尺上所标出的数值。如果拉动时阻力过大或过小,则说明该间隙值小于或大于塞尺上所标出的数值,测量时以手感有一定阻力又不至于卡死为宜。

③ 进行间隙的测量和调整时,先选择符合间隙规定的塞尺插入被测间隙中,然后一边调整一边拉动塞尺,直到感觉稍有阻力时拧紧锁紧螺母,此时塞尺所标出的数值即为被测间隙值。在组合使用时,应将薄的塞尺条夹在厚的中间,以保护薄条。当塞尺条上的刻值看不清或塞尺条数较多时,可用千分尺测量塞尺厚度。塞尺用完后应擦干净,并抹上机油进行防锈保养。

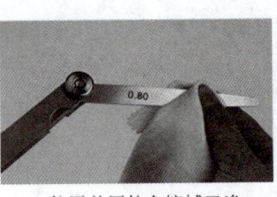  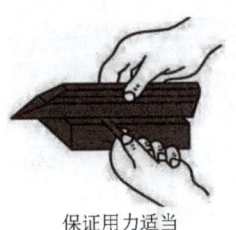 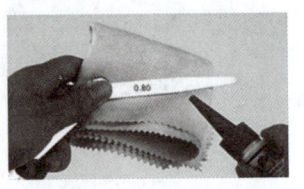

使用前用软布擦拭干净　　使用时要正确操作　　保证用力适当　　使用后擦拭干净并涂上防锈油

图 3-21 塞尺的使用

（2）塞尺使用注意事项:使用塞尺时必须要根据情况选用塞尺条数,条数越少越好。测量时不能用力太大,以免塞尺弯曲和折断,也不能测量温度较高的工件。

2. 游标卡尺

游标卡尺是利用游标原理对两测量面相对移动分隔的距离进行读数的测量器具。游标卡尺适用于中等精度尺寸的测量与检验,可以直接测量出工件的内径、外径、长度、宽度、深度等尺寸,具有结构简单、使用方便、应用范围广泛等特点,是现代制造业中最常用的量具之一,如图 3-22所示。

（1）游标卡尺的分类。游标卡尺根据结构与用途的不同,分为外径游标卡尺、齿厚游标卡尺、高度游标卡尺、深度游标卡尺、沟槽游标卡尺等,如图 3-23 所示。

视频

游标卡尺的应用

43

机械零件手动加工

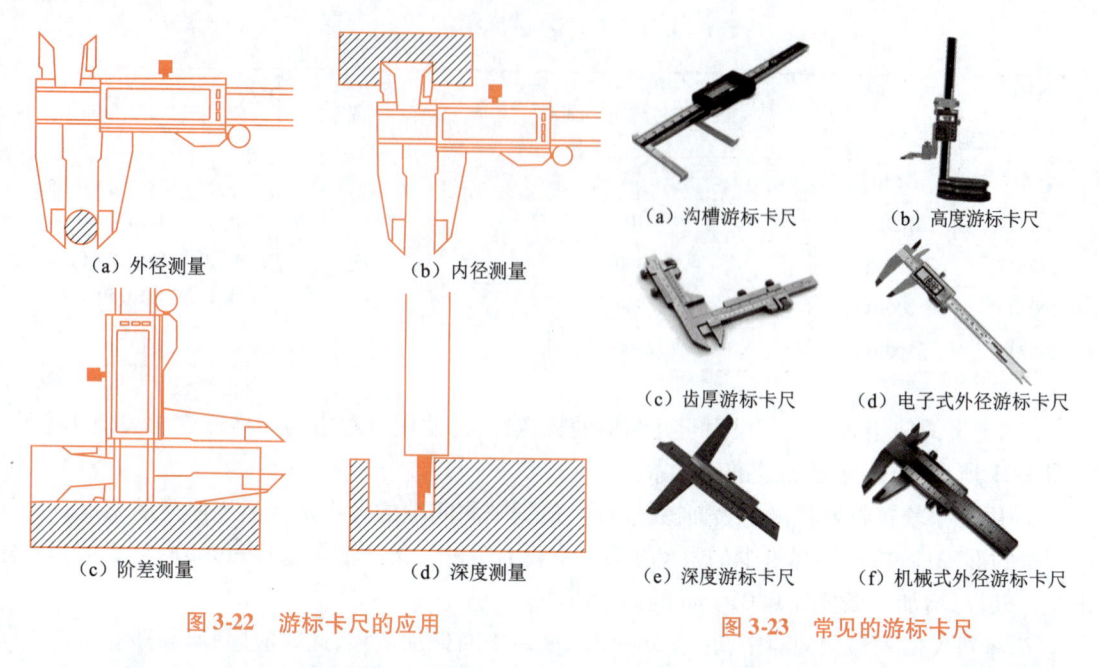

图 3-22 游标卡尺的应用

图 3-23 常见的游标卡尺

(2)常用外径游标卡尺的结构。常用外径游标卡尺由主尺和附在主尺上能滑动的游标两部分构成。主尺一般以毫米为单位,而游标上则有 10、20 或 50 个分格,根据分格的不同,游标卡尺可分为 10 分度游标卡尺、20 分度游标卡尺和 50 分度格游标卡尺等。游标为 10 分度的游标卡尺精确度为 0.1 mm,20 分度的游标卡尺精确度为 0.05 mm,50 分度的游标卡尺精确度为 0.02 mm,如图 3-24 所示。

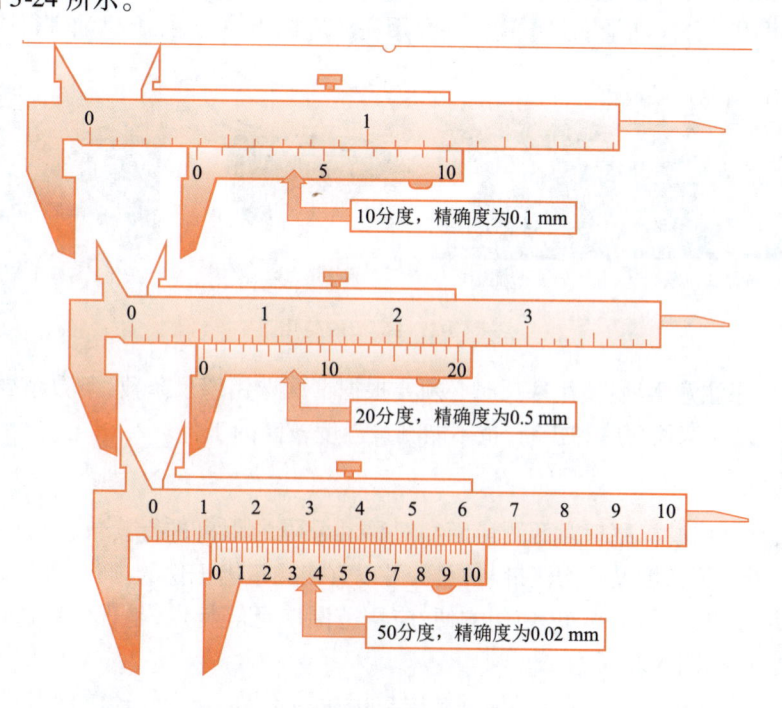

图 3-24 外径游标卡尺的分类

44

项目三　认知常用工量器具

外径游标卡尺的主尺和游标上有两副活动量爪,分别是内测量爪和外测量爪,内测量爪通常用来测量内径,外测量爪通常用来测量长度和外径。图3-25所示为外径游标卡尺的结构。游标卡尺的主尺上刻线最小格间距为1 mm,其总长度决定游标卡尺的测量范围。其游标尺上的刻线每小格间距由其精确度决定,游标卡尺的游标精确度一般为0.1 mm、0.02 mm和0.05 mm几种。游标尺上的精确度是指使用这种游标卡尺测量零件尺寸时游标卡尺上能够读出的最小数值。

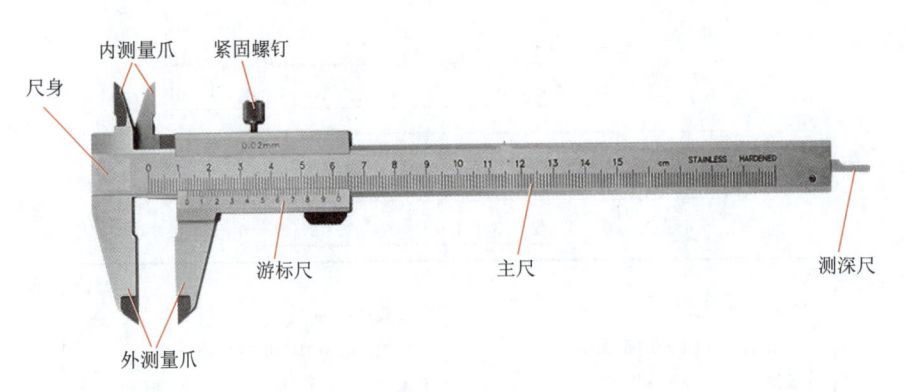

图3-25　普通游标卡尺的结构

在0~125 mm和0~150 mm的游标卡尺上,还带有测量深度的深度尺。深度尺固定在副尺的背面,能随着副尺在尺身的导向凹槽中移动。测量深度时,应把尺身尾部的端面靠紧在零件的测量基准平面上。我国常见游标卡尺的测量范围及其游标读数值见表3-2。

表3-2　我国常见游标卡尺的测量范围及其游标读数值　　　　　（单位:mm）

测量范围	游标读数值	测量范围	游标读数值
0~25	0.02、0.05、0.10	300~800	0.05、0.10
0~200	0.02、0.05、0.10	400~1 000	0.05、0.10
0~300	0.02、0.05、0.10	600~1 500	0.05、0.10
0~500	0.05、0.10	800~2 000	0.10

（3）游标卡尺的应用。读数时首先以游标零刻度线为准在尺身上读取毫米整数,即以毫米为单位的整数部分。然后读游标上的小数,看游标上第几条刻度线与尺身的刻度线对齐,具体步骤如下:

①读整数:视线与卡尺刻线表面垂直对齐,游标尺的零刻度线对准的主尺位置,读出主尺毫米刻度值(取整毫米为整数 X)。

②读小数:找出游标尺上的第 n 条刻度线和主尺上某一刻度线对齐,游标读数为: $n×$ 精度(精度由游标尺的分度决定,在游标卡尺上有标识,以一般使用的0.02 mm普通游标卡尺为例)读被测尺寸。

③将上述两项尺寸相加,即被测尺寸 $L = X + n × 0.02$ mm。

例题:读出游标卡尺的读数,如图3-26所示。

45

（4）注意事项。

①测量时要保证卡爪正确的测量状态，且读数时视线应与对齐刻线垂直。测量外径和宽度时，外测量爪卡脚张开的尺寸应大于工件的尺寸（量爪应过工件中心）。测量内孔时，内测量爪卡脚张开的尺寸应小于工件的尺寸（量爪应过工件中心）。测量深度时，尺身端面紧贴于被测零件的表面，如图 3-27 所示。

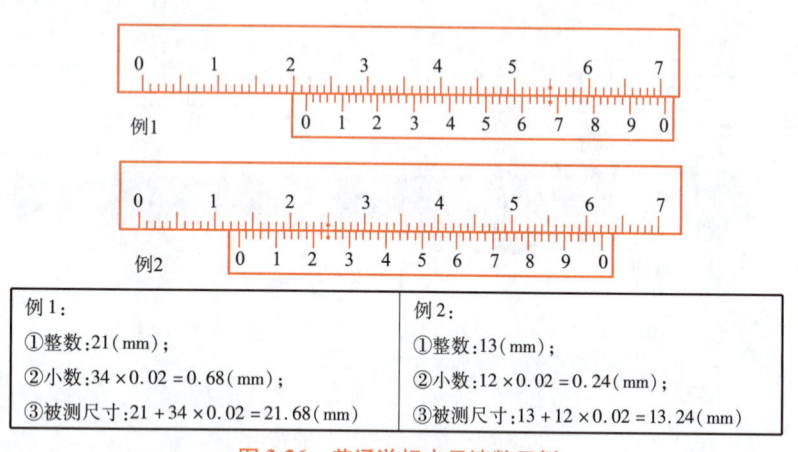

例1：	例2：
①整数：21(mm)；	①整数：13(mm)；
②小数：$34 \times 0.02 = 0.68$(mm)；	②小数：$12 \times 0.02 = 0.24$(mm)；
③被测尺寸：$21 + 34 \times 0.02 = 21.68$(mm)	③被测尺寸：$13 + 12 \times 0.02 = 13.24$(mm)

图 3-26　普通游标卡尺读数示例

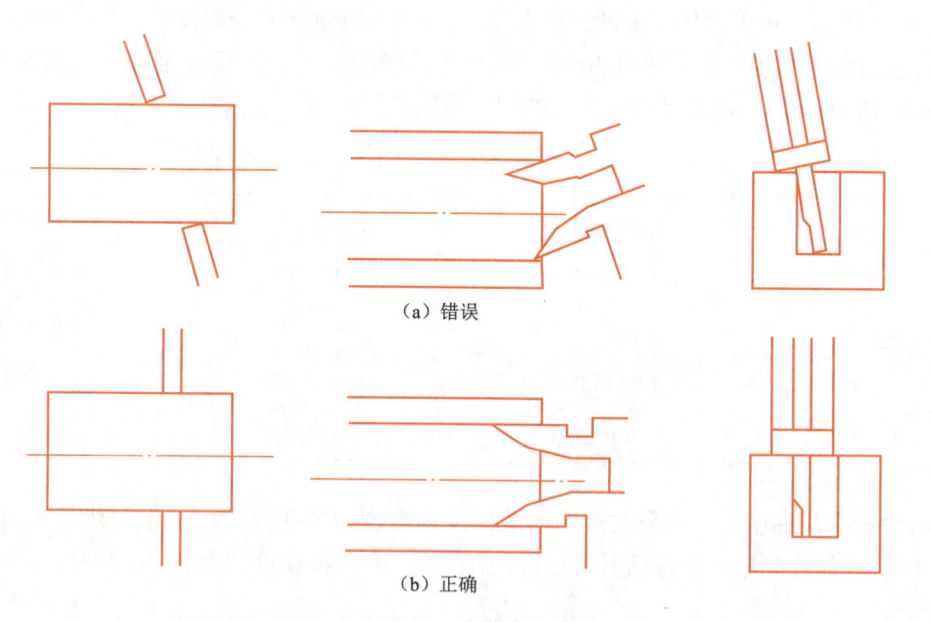

图 3-27　游标卡尺正确的测量状态

②不要用游标卡尺来测量粗糙的物体，以免损坏量爪；避免与刃具放在一起，以免刃具划伤游标卡尺的表面；不使用时应置于干燥、中性的地方，远离酸碱性物质，防止锈蚀。

③测量时移动游标不能用力过猛，两量爪与待测物的接触不宜过紧。对同一尺寸要多测几次取平均值，以消除偶然误差。

④游标卡尺使用完毕，用棉纱擦拭干净，长期不用时应将它擦上黄油或机油，两量爪自然合拢并拧紧紧固螺钉，放入卡尺盒内盖好。

项目三 认知常用工量器具

3. 千分尺

千分尺又称螺旋测微仪,是利用螺旋副原理,对尺架上两测量面间分隔的距离进行读数的尺寸测量器具,其分度值为 0.01 mm、0.001 mm、0.002 mm、0.005 mm。分度值为 0.001 mm、0.002 mm、0.005 mm 的称为微米千分尺。在学习工作中比较常用的是 0.01 mm 分度值的千分尺。千分尺比游标卡尺更适用于高精度尺寸的测量与检验,并可以直接测量出工件的内径、外径、长度、宽度、深度等尺寸。千分尺具有使用方便、检测精度较高、使用范围较广等特点,是现代制造业最常用的量具之一。

视频

千分尺的应用

(1)千分尺的分类。千分尺的种类很多,根据结构与用途的不同,目前常用的有外径千分尺、内径千分尺、深度千分尺、螺纹千分尺、公法线千分尺等,如图3-28所示。

(2)外径千分尺的结构。外径千分尺的结构如图3-29所示,由尺架、测砧、测微螺杆、固定套筒、微分筒、快速驱动棘轮、隔热装置等组成。

(3)千分尺操作方法。使用前应先检查零点,缓缓转动测力装置上的快速驱动棘轮,使测微螺杆和测砧接触,直到棘轮发出声音为止。此时微分筒上的零刻线应当和固定套筒上的基准线(长横线)对正,否则就会有零误差。

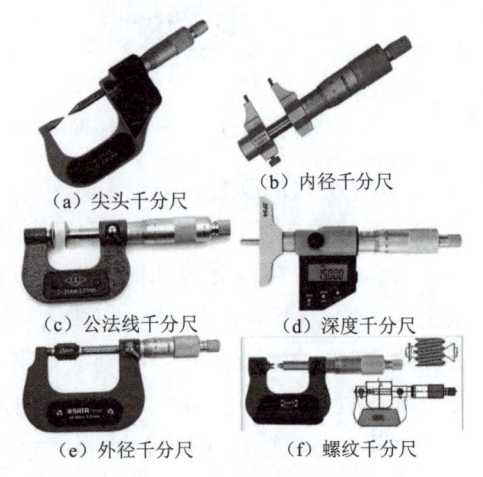

(a)尖头千分尺　　(b)内径千分尺

(c)公法线千分尺　　(d)深度千分尺

(e)外径千分尺　　(f)螺纹千分尺

图 3-28　常用千分尺

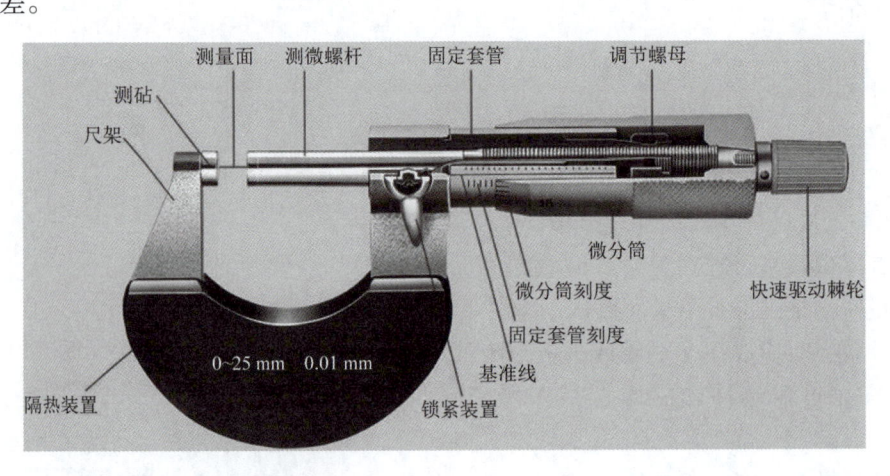

图 3-29　外径千分尺的结构

测量时左手持尺架,右手转动微分筒使测微螺杆与测砧的间距稍大于被测物。放入被测物,转动测力装置上的快速驱动棘轮,使千分尺夹住被测物,直到棘轮发出声音为止,拨动锁紧装置使测微螺杆固定后读数。

(4)千分尺置零方法。当千分尺有零误差时,需要及时对千分尺进行调整置零。一般常用的千分尺置零方法是:

①误差小于 0.02 mm 时,用止动装置锁紧丝杠,用专用扳手扳动固定套管,直到零线对齐,如图3-30(a)所示。

47

②误差大于 0.02 mm 时,首先用止动装置锁紧丝杠,用专用扳手松开测力装置,取下微分筒;然后重新对齐固定套管和微分筒上的零刻度线,再装上测力装置,如图 3-30(b)所示。

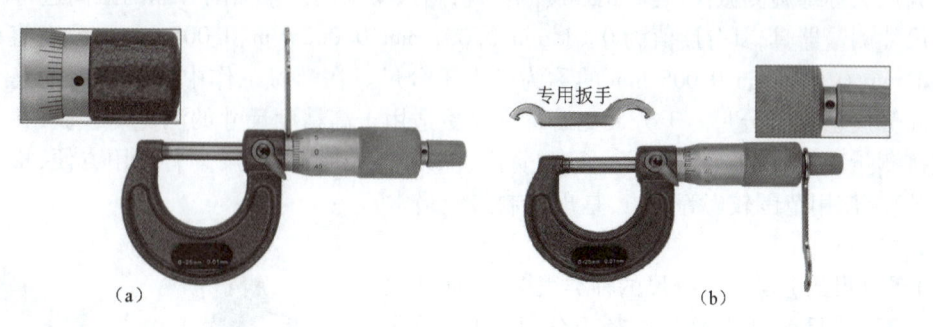

图 3-30　外径千分尺置零操作方法

（5）千分尺的读数方法步骤。

①读整数:读固定套筒上的固定刻度,以微分筒端面所处在固定刻度的上刻线位来确定。

②读小数:在微分筒和固定套管(主刻度)的下刻线上读小数,当下刻线出现时,小数值 = 半刻度 0.5 + 微分筒读数($n \times 0.01$ mm),当下刻线未出现时,小数值 = 微分筒读数($n \times 0.01$ mm),读小数部分时要注意估读。

③将上述两项尺寸相加,被测尺寸 L = 整数值 + 小数值,即最终读数结果为读数 L = 固定刻度 + 半刻度 + 可动刻度 + 估读。

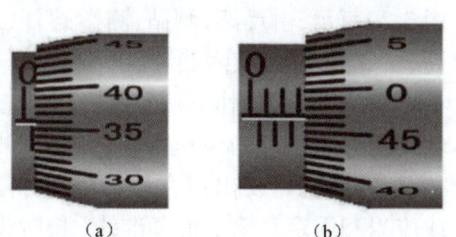

图 3-31　外径千分尺读数练习

例题:千分尺读数练习,如图 3-31 所示,请分别读出被测尺寸 L:

解答:$L_a = 0 + 0.5 + 36 \times 0.01 + 0.001 = 0.861$(mm)

$L_b = 3 + 0 + 47 \times 0.01 + 0.001 = 3.471$(mm)

（6）千分尺实践应用时的注意事项。

①检查零位线是否准确。

②测量时需把工件被测量面擦拭干净。

③工件较大时应放在 V 型铁或平板上测量。

④测量前将测量杆和砧座擦拭干净,如图 3-32 所示。

⑤拧紧活动套筒时需用棘轮装置。

⑥不要拧松后盖,以免造成零位线改变。

⑦不要在固定套筒和活动套筒间加入普通机油。

⑧测量时,要注意在测微螺杆快靠近被测物体时停止使用旋钮,而改用微调旋钮,避免产生过大的压力,这样既可使测量结果精确,又能保护千分尺。

⑨在读数时,要注意固定刻度尺上表示半毫米的刻线是否已经露出。

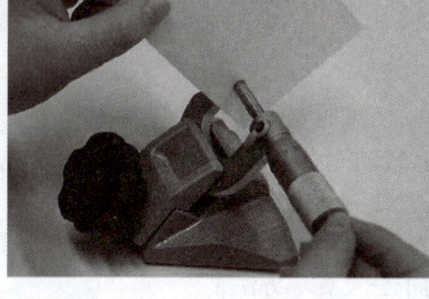

图 3-32　测量前用不起毛的纸去擦拭测砧与测微螺杆的测量面

⑩读数时,千分位有一位估读数字,不能漏掉,即使固定刻度的零点正好与可动刻度的某一刻度线对齐,千分位上也应读取为0。

⑪测砧和测微螺杆并拢,可动刻度的零点与固定刻度的零点不相重合时,将出现零误差,应加以修正,即在最后测长度的读数上去掉零误差的数值。

⑫用后擦净涂油,放入专用盒内,置于干燥处。

4. 百分表

百分表是利用精密齿条齿轮机构制成的表式通用长度测量工具。通常由测头、测杆、固定杆、表盘、内表盘、限位螺钉、提杆等组成,如图3-33所示。百分表常用于形状和位置误差以及小位移的长度测量,也可用于机床上安装工件时的精密找正。改变测头形状并配以相应的支架,可制成百分表的变形品种,如厚度百分表、深度百分表和内径百分表等。

（1）百分表的传动原理。如图3-34所示,带有齿条的测量杆1做直线移动,通过齿轮传动（2、3、4）转

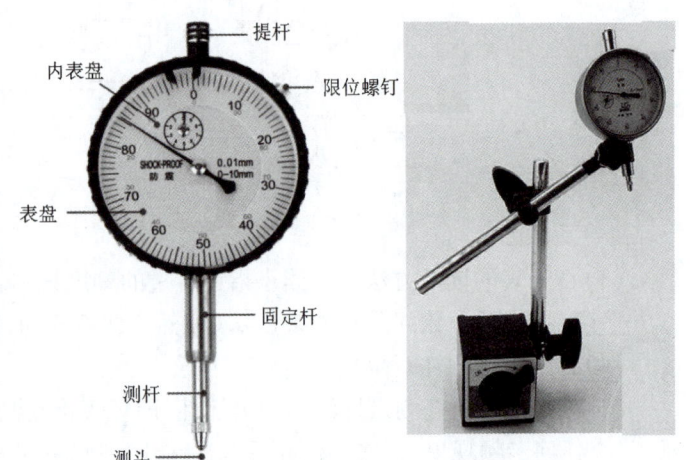

图3-33 百分表的结构及磁力表座

变为大指针5的回转运动。齿轮6和弹簧使齿轮传动的间隙始终为一个方向,起着稳定指针位置的作用。弹簧是控制百分表的测量压力的,百分表内的齿轮传动机构使测量杆直线移动1 mm时,大指针5刚好回转一圈,小指针7则转一格。表盘可以转动,以便测量时大指针对准零刻线。

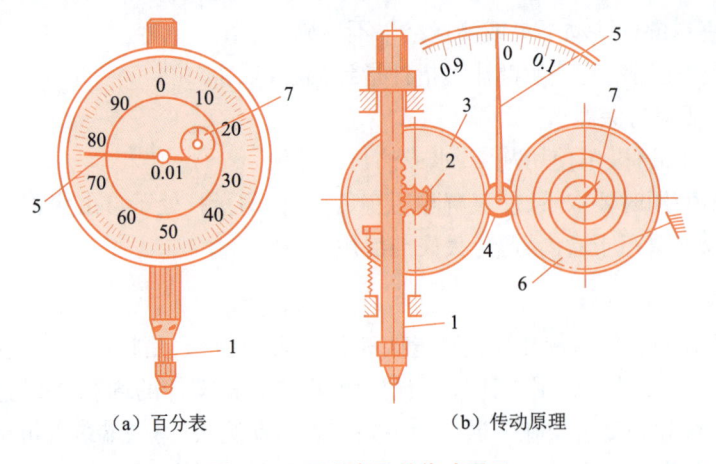

（a）百分表   （b）传动原理

图3-34 百分表及其传动原理

1—测量杆；2、3、4、6—齿轮；5—大指针；7—小指针

（2）百分表的应用。百分表经常用来测量形状和位置误差等机械测量,如圆度、圆跳动、平面度、平行度、直线度等,如图3-35所示。利用百分表来测量机械形位误差非常简单且效率高。测量零件时测量杆必须垂直于被测量表面。

49

图 3-35 百分表的应用

（3）百分表的读数方法。先读小指针转过的刻度线（即毫米整数），再读大指针转过的刻度线并估读一位（即小数部分），并乘以 0.01，然后两者相加，即得到所测量的数值。

（4）百分表使用注意事项。

①使用前，应检查测量杆活动的灵活性，即轻轻推动测量杆时，测量杆在套筒内的移动要灵活，没有任何卡顿现象，每次手松开后，指针能回到原来的刻度位置。

②使用时，必须把百分表固定在可靠的夹持架上。切不可贪图省事，随便夹在不稳固的地方，否则容易造成测量结果不准确，或易摔坏百分表。

③测量时，不要使测量杆的行程超过它的测量范围，不要使表头突然撞到工件上，也不要用百分表测量表面粗糙或有显著凹凸不平的工件。

④测量平面时，百分表的测量杆要与平面垂直，测量圆柱形工件时，测量杆要与工件的中心线垂直，否则，将使测量杆活动不灵或测量结果不准确。

⑤为方便读数，在测量前一般都让大指针指到刻度盘的零位。

（5）百分表的维护与保养。

①百分表要远离液体，不使切削液、水或油与表接触。

②百分表在不使用时要取下，使表解除所有负荷，让测量杆处于自由状态。

③百分表要成套保存于盒内，避免丢失与混用。

5. 内径百分表

视 频

内径量表的使用

内径百分表是内量杠杆式测量架和百分表的组合，是将测头的直线位移变为指针的角位移的计量器具，用于比较测量法测量或检验零件的内孔、深孔直径及其形状精度。内径百分表测量架在三通管的一端装着活动测头，另一端装着可更换测头，通过连杆装有百分表，如图 3-36 所示。活动测头的移动可使传动杠杆回转，通过活动杆推动百分表的测量杆，使百分表指针产生回转。当活动测头移动 1 mm 时，活动杆也移动 1 mm，推动百分表指针回转一圈。所以，活动测头的移动量，可以在百分表上读出来。

项目三　认知常用工量器具

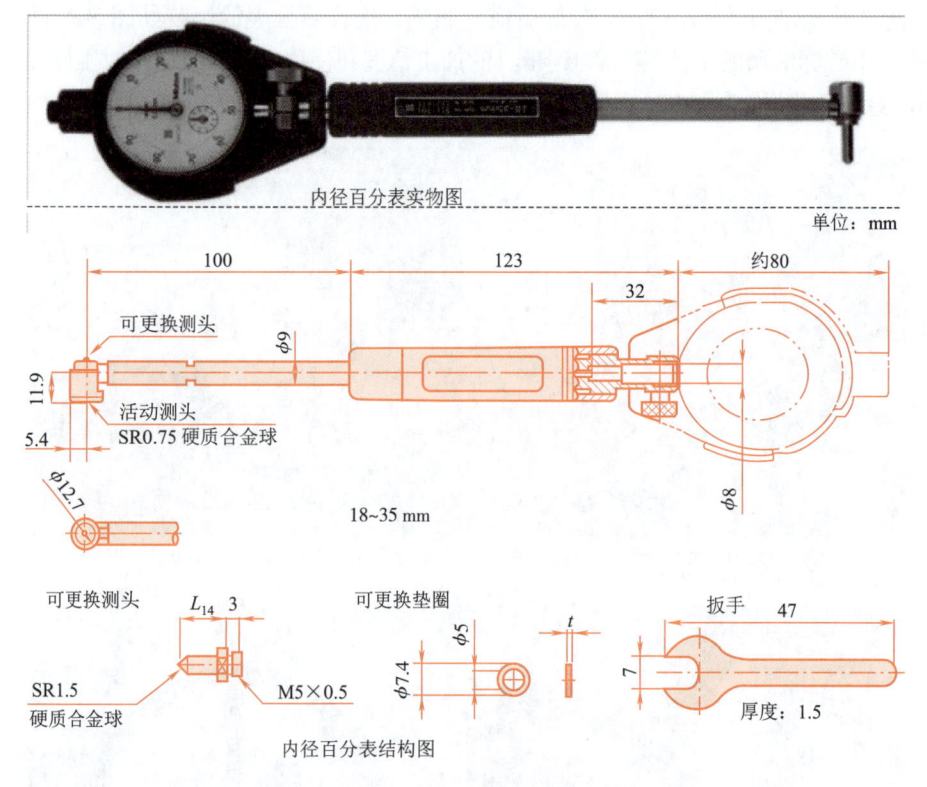

图 3-36　常用内径百分表

国产内径百分表的读数值常为 0.01 mm，测量范围有 18 ~ 35 mm、35 ~ 50 mm、50 ~ 100 mm、100 ~ 160 mm、160 ~ 250 mm、250 ~ 450 mm，如图 3-37 所示。

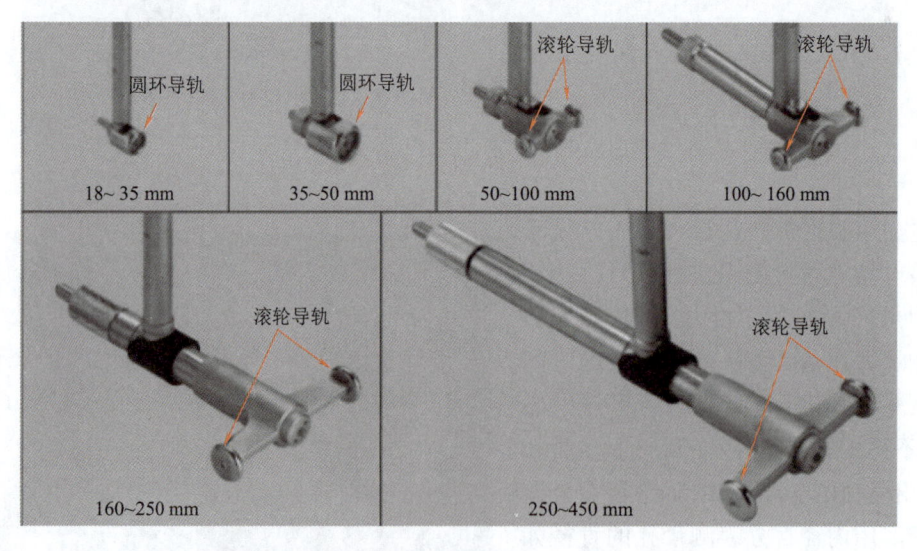

图 3-37　通过更换测头改变内径百分表测量范围

内径百分表用来测量圆柱孔，它附有成套的可调测量头，使用前必须先进行组合和校对零位。组合时，将百分表装入连杆内，使小指针指在 0 ~ 1 的位置，长针和连杆轴线重合，刻度盘上

51

的字应垂直向下，以便于测量时观察，装好后应予紧固。内径百分表的组装如图 3-38 所示。粗加工时，最好先用游标卡尺测量，以免影响到量具的加工精度和使用寿命。粗加工时工件加工表面粗糙不平而测量不准确，也使测头易磨损。因此，须加以爱护和保养，精加工时再进行测量。

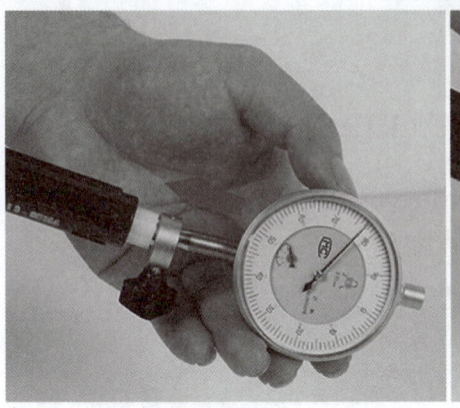

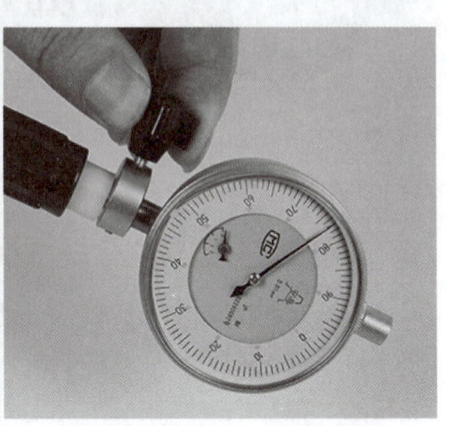

（1）将表头插入连杆，使小指针在0～1范围内，并将指针归零，便于测量读数

（2）拧紧紧固装置，将百分表固定好，以免松动

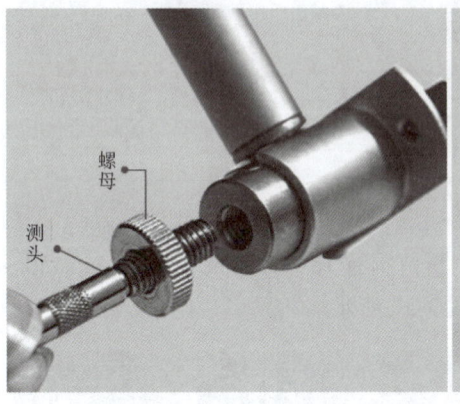

（3）根据测量孔径大小选择合适测头的长度及伸出距离，安装时先装螺母，再装测头

（4）安装完成后即可进行测量，测量时注意方法

图3-38　内径百分表的组装

测量前应根据被测孔径大小用外径千分尺调整好尺寸后再使用，在调整尺寸时，正确选用可换测头的长度及其伸出距离，应使被测尺寸在活动测头总移动量的中间位置。测量时，连杆中心线应与工件中心线平行，不得歪斜，同时应在圆周上多测几个点，找出孔径的实际尺寸，看是否在公差范围以内。用内径百分表测量孔的直径如图 3-39 所示。

6. 水平仪

水平仪是一种测量小角度的常用量

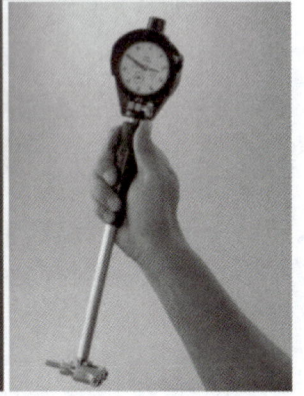

图3-39　用内径百分表测量孔的直径

项目三 认知常用工量器具

具。在机械行业和仪表制造中,用于测量相对于水平位置的倾斜角、机床类设备导轨的平面度和直线度、设备安装的水平位置和垂直位置等。当水平发生倾斜时,水准泡的气泡向水平仪升高的一端移动,由水准泡内壁的曲率半径不同,产生了不同的分度值,水平仪就是利用这一原理来测量倾斜度的。

(a)框式水平仪　　　(b)条式水平仪

图 3-40　水平仪

水平仪按外形不同可分为框式水平仪和条式水平仪两种;按水准器的固定方式可分为可调式水平仪和不可调式水平仪,如图 3-40 所示。

(1)水平仪的使用方法。

测量时使水平仪的工作面紧贴在被测表面上,待气泡完全静止后方可进行读数。水平仪的分度值是以一米为基长的倾斜值,如需测量长度为 L 的实际倾斜则可通过下式进行计算:实际倾斜值 = 分度值×L×偏差格数。

例如,分度值为 0.02 mm/m,所测量长度为 200 mm,偏差格数为 2 格,则实际倾斜值 = 0.02/1 000×200×2 = 0.008(mm)。

为避免由于水平仪零位不准引起的测量误差,在使用前必须对水平仪的零位进行校对或调整,如图 3-41 所示。水平仪的零位校对或调整方法为:将水平仪放在基础稳固、大致水平的平板(或机床导轨)上,待气泡稳定后在一端(如左端)读数,暂定为零。再将水平仪调转 180°,放在平板原来的位置上,待气泡稳定后,仍在原来一端(左端)读数 A,则水平仪的零位误差为 $A/2$,如果零位误差超过许可范围,需调整水平仪零位调整机构(调整螺钉或螺母,使零位误差减小至许可值以内),对于非规定调整的螺钉,螺母不得随意拧动,调整前水平仪的工作面与平板必须擦拭干净,调整后螺钉或螺母等件必须紧固。

(2)水平仪使用注意事项。

①水平仪使用前应用无腐蚀性的汽油将工作面上的防锈

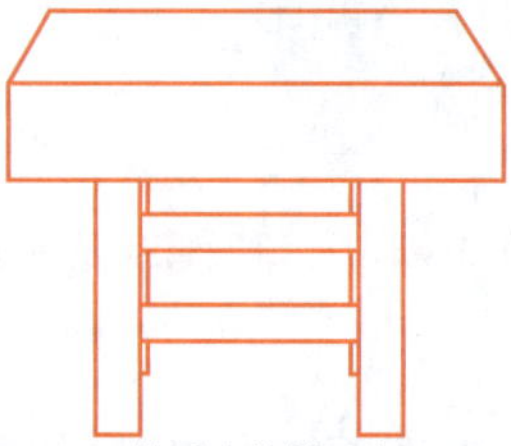

(1)将平台擦拭干净 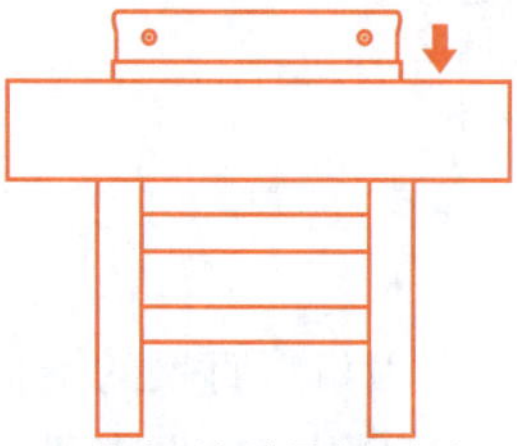　　　(2)将水平仪放置在平台上

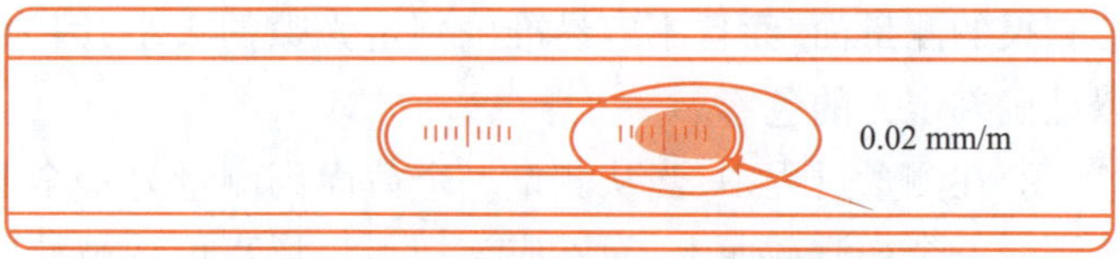

0.02 mm/m

(3)待水泡稳定后,俯瞰水泡位置,准确读数

0.02 mm/m

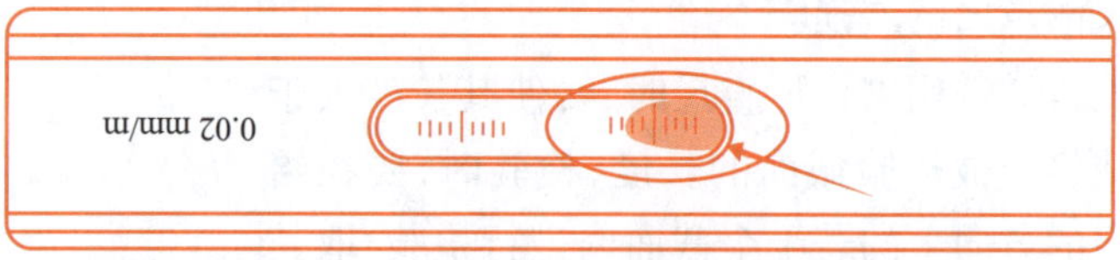

(4)将水平仪旋转180°,位置不要改变,俯瞰水泡位置,准确读数
再根据零位校对方法确定水平仪的零位误差并进行调整

副气泡　　　0.02 mm/m

(5)将校对或调整好零位的水平仪旋转在所测平面上,俯瞰各气泡
是否均处于中间位置,在中间则表示所测平面平整

图 3-41　水平仪零位进行校对或调整以及使用方法

53

油洗净,并用脱脂棉纱擦拭干净后方可使用。

②温度变化会使测量产生误差,使用时必须与热源和风源隔绝。如使用环境温度与保存环境温度不同,则需在使用环境下将水平仪置于平板上稳定 2 h 后方可使用。

③测量时必须待气泡完全静止后方可读数。

④水平仪使用完毕,必须将工作面擦拭干净,涂上无水、无酸的防锈油,覆盖防潮纸后装入盒中,并置于清洁干燥处保管。

7. 刀口形直尺

刀口形直尺是一类测量面呈刀口状的直尺,用于测量工件平面形状误差的测量器具。刀口形直尺通过测量面与尺之间的透光间隙来测量平面度误差,配合塞尺来使用,如图 3-42 所示。

视 频

用刀口尺检测
工件垂直度与
平面度

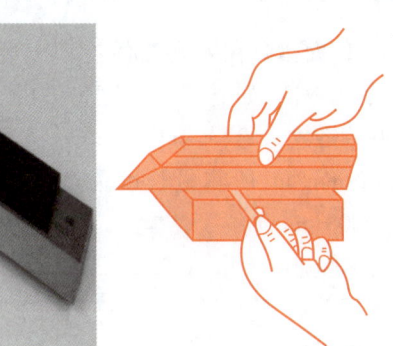

图 3-42　刀口形直尺及其使用

刀口形直尺的维护与保养如下:

①用刀口形直尺检验时,被检验表面不能太粗糙,如果被检验表面太粗糙,不仅会磨损刀口形直尺的测量面,而且不容易准确判定光隙的大小,因为表面太粗糙,光在隙缝中产生散射,难以准确判定光的色彩。

②在测量过程中,当从测量一个截面到测量另一个截面时,应该把刀口形直尺提起后轻轻放到另一个被测截面上,而不应该把刀口形直尺从被检验平面上拖着走,这样会加速刀口形直尺测量面的磨损。

③选用刀口形直尺时,要使其长度大于或等于被检验截面的长度,检验时,要在给定的方向上的若干个截面内进行检验,取其中的最大值作为该被检验平面的直线度或平面度误差,如图 3-43 所示。

④使用完毕须将刀口形直尺的各部位擦净,放入盒内保存,涂上防锈油。

8. 直角尺

直角尺是精确检验工件垂直度的一种测量工具,也可以在工件进行垂直划线时使用。直角尺按形式不同分为圆柱直角尺、宽

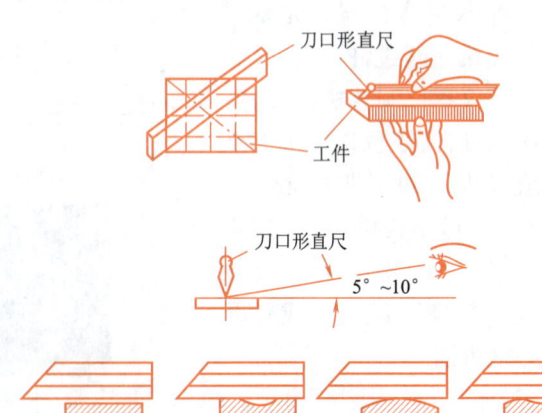

图 3-43　利用刀口形直尺进行平面度检测

项目三 认知常用工量器具

座直角尺和刀口直角尺。其中宽座角尺结构简单,使用方便,可测工件的内外角,在生产中应用较广泛。刀口直角尺(见图3-44)的制造精度分为00、0、1、2四个级别,精度级别由高到低。

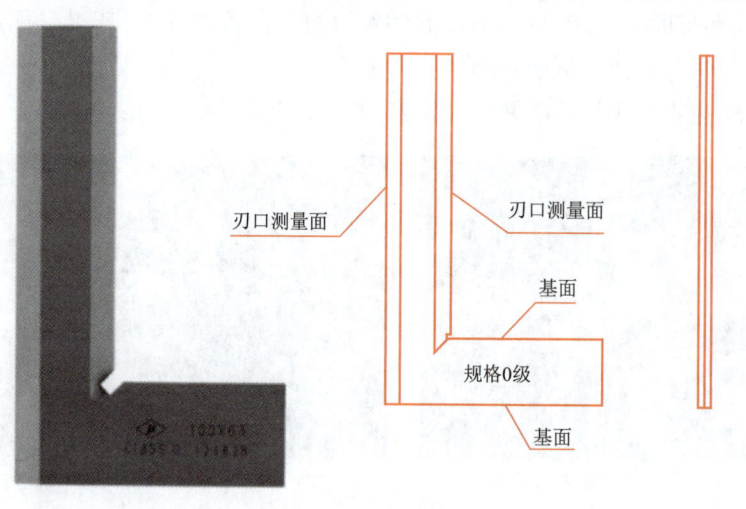

刃口测量面　　　　　　刃口测量面

基面

规格0级

基面

图3-44　刀口直角尺

(1)直角尺的应用。直角尺的应用非常广泛。在训练及工作中常用直角尺检查工件的直角,并可以利用测量平台与V型块等基准工具,通过直角尺与塞尺的配合来检测工件被测表面与基准面之间的垂直度误差。钳工操作时,常用直角尺检查工件在钳口上的安装是否准确。在机床操作过程中,常用直角尺进行基准校正的工作。直角尺的应用如图3-45所示。

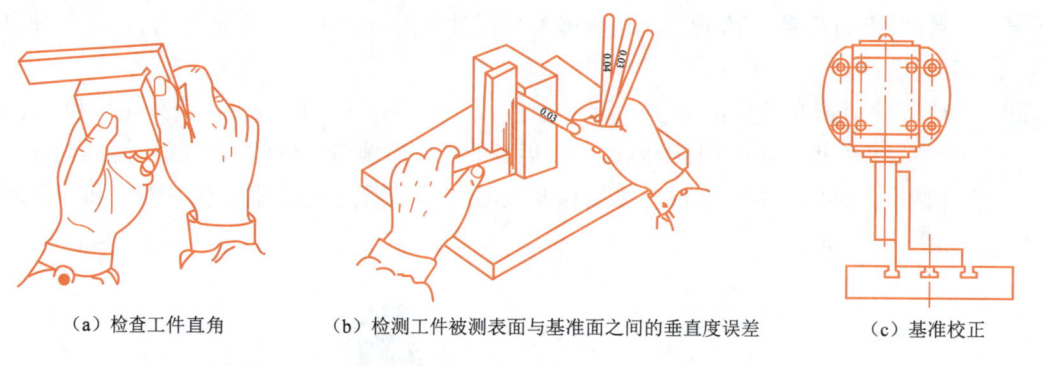

(a)检查工件直角　　(b)检测工件被测表面与基准面之间的垂直度误差　　(c)基准校正

图3-45　直角尺的应用

(2)使用直角尺的注意事项。合理地使用和正确地保养才能提高直角尺的检验精度及其使用寿命:

①使用直角尺前,应根据被测件的尺寸和精度要求,选择直角尺的规格和精度,并应检查工作面和边缘是否有碰伤、毛刺等明显缺陷,擦净直角尺的工作面和被测工件面。

②测量时,先将直角尺的基面放在辅助基准表面(或平板)上,再将直角尺的测量面轻轻地靠拢被测工件表面,不要碰撞。观察直角尺与被测表面之间的间隙大小和出现间隙的部位。根据透光间隙的大小和出现间隙的部位判断被测部位的垂直度误差值。在观察时,一般有三种情况:一是无光;二是中间部位有少光;三是上端有光、下端有光。第一种情况说明被测面不仅平面度符合要求,而且与基准面垂直;第二、三种情况说明被测面平面度达不到要求,故与基准面垂直度有误差。

55

机械零件手动加工

③在实际生产中,也可用塞尺和量块分别在直角尺的测量面接近顶端处测量。这时,尺条或量块组尺寸的最大差值即为工件垂直度的线值误差。

④在使用直角尺时应注意,长边测量面和短边测量面是工作面,所以只能用这两个面去测量,而不允许用长边和短边的侧面及侧棱去测量。

⑤使用完毕,应将直角尺擦净并涂油保养,如图3-46所示。

视 频

零件锥度的
检测

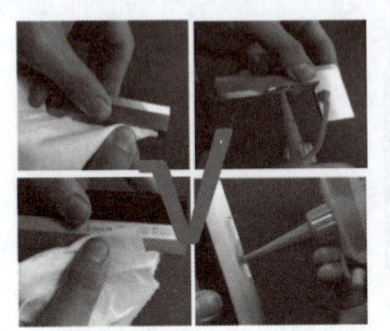

（a）用无尘纸擦拭干净,并涂上防锈油　　（b）禁用脏污的抹布擦拭刃口测量面

图3-46　直角尺的维护保养

9.万能角度尺

万能角度尺又称角度规、游标角度尺和万能量角器,它是利用游标读数原理来直接测量工件角度或进行划线的一种角度量具。万能角度尺的读数机构是根据游标原理制成的。主尺刻线每格为1°。游标的刻线是取主尺的29°等分为30格,因此,游标刻线角格为29°/30,即主尺与游标一格的差值为2′,也就是说万能角度尺读数准确度为2′。除此之外,还有5′和10′两种精度。

视 频

万能角度尺
的应用

（1）万能角度尺的分类。万能角度尺适用于机械加工中的内、外角度测量,可测0°~320°外角及40°~130°内角。应用万能角度尺测量工件时,要根据所测角度适当组合量尺。游标万能角度尺有Ⅰ型和Ⅱ型两种,其测量范围分别为0°~320°和0°~360°,如图3-47所示。

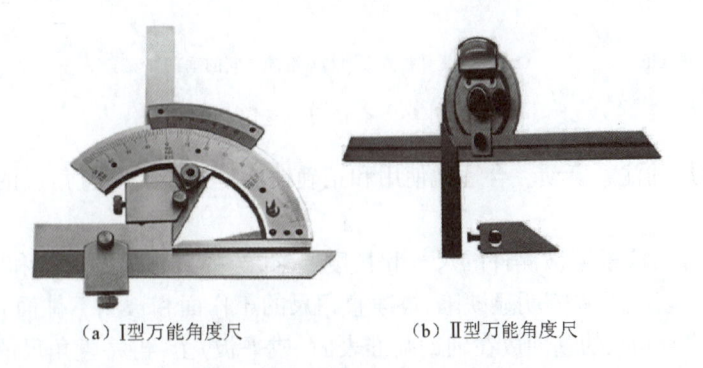

（a）Ⅰ型万能角度尺　　　　　　（b）Ⅱ型万能角度尺

图3-47　Ⅰ型和Ⅱ型游标万能角度尺

（2）万能角度尺的结构。万能角度尺一般由角尺、基尺、直尺、扇形板、游标、卡块等部件组成,如图3-48所示。

（3）万能角度尺的读数方法。万能角度尺测量时应先校准零位,万能角度尺的零位是当角

56

项目三　认知常用工量器具

尺与直尺均装上,而角尺的底边及基尺与直尺无间隙接触,此时主尺与游标的 0 线对准。调整好零位后,通过改变基尺、角尺、直尺的相互位置可测试 0°～320°范围内的任意角度。

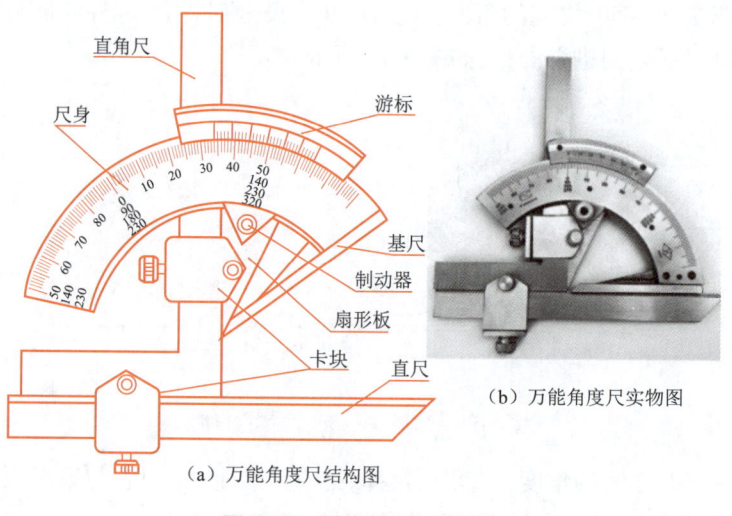

（a）万能角度尺结构图　　　（b）万能角度尺实物图

图 3-48　万能角度尺的结构

　　万能角度尺的读数方法和游标卡尺相同,先读出游标零线前的角度,再从游标上读出角度"分"的数值,两者相加就是被测零件的角度数值。如图 3-49 所示示例,从主尺上可读为 9°,再读分值,图中所示游标与主尺对准的那条刻度线为 16′,整个读数值即位 9° + 16′ = 9°16′。

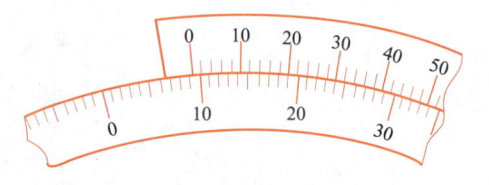

图 3-49　万能角度尺读数示例

　　（4）万能角度尺的使用方法。使用万能角度尺时,根据产品被测部位的情况,先调整好角尺或直尺的位置,用卡块上的螺钉把它们紧固住,再来调整基尺测量面与其他有关测量面之间的夹角,如图 3-50 所示为测量不同角度零件。这时,要先松开制动头上的螺母,移动主尺作粗调整,然后再转动扇形板背面的微动装置进行细调整,直到两个测量面与被测表面密切贴合为止。然后拧紧制动器上的螺母,把角度尺取下来进行读数。使用完毕后,应用汽油或酒精把万能角度尺洗净,用干净纱布仔细擦干并涂以防锈油,然后装入盒内。

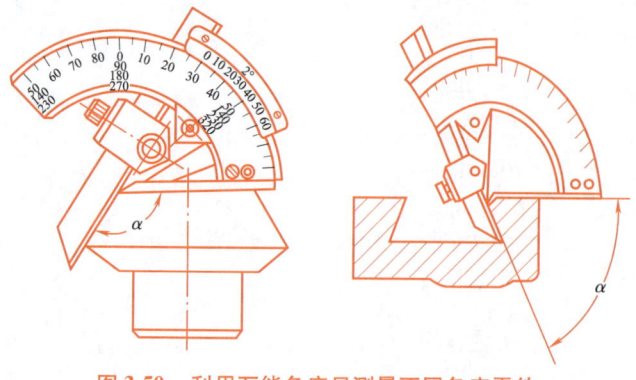

图 3-50　利用万能角度尺测量不同角度零件

57

机械零件手动加工

视频

梯形螺纹的
检测

应用万能角度尺测量工件时,要根据所测角度适当组合量尺。下面以Ⅰ型万能角度尺测量0°~320°外角为例介绍万能角度尺的四种组合:

①测量0°~50°之间的角度:直角尺和直尺全部装上,零件的被测部分放在基尺和直尺的测量面之间进行测量,如图3-51所示。

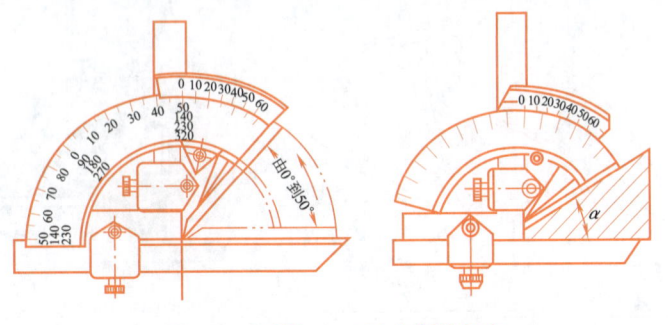

图3-51　测量0°~50°之间的角度

②测量50°~140°之间的角度:直角尺拆掉,把直尺装上去,使它与扇形板连在一起。零件的被测部分放在基尺和直尺的测量面之间进行测量,如图3-52所示。

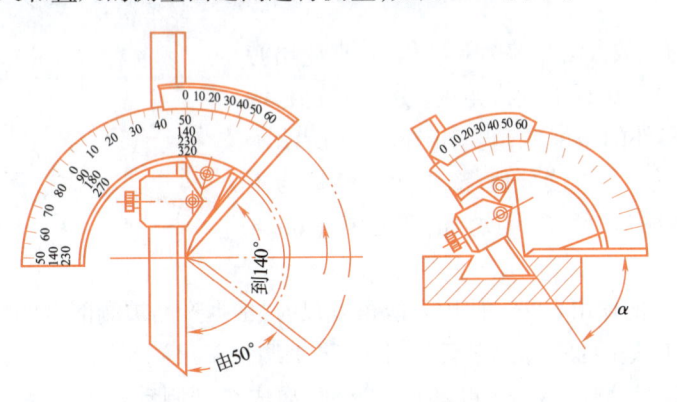

图3-52　测量50°~140°之间的角度

③测量140°~230°之间的角度:直尺和卡块拆掉,只装直角尺,但要把直角尺推上去,直到直角尺短边与长边的交线和基尺的尖棱对齐为止。零件的被测部分放在基尺和直角尺短边的测量面之间进行测量,如图3-53所示。

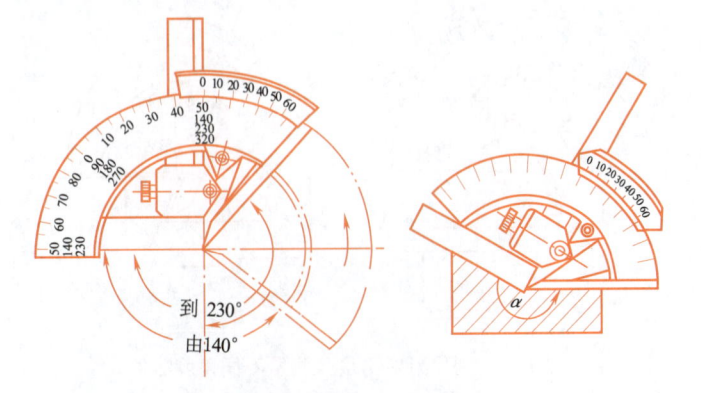

图3-53　测量140°~230°之间的角度

58

④测量230°～320°之间的角度：把直角尺、直尺和卡块全部拆掉，只留下扇形板和主尺（带基尺）。零件的被测部分放在基尺和扇形板测量面之间测量，如图3-54所示。

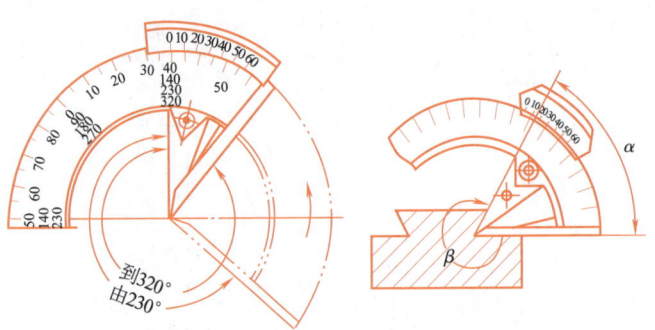

图3-54　测量230°～320°之间的角度

10. 半径规

半径规又名R规，是利用光隙法测量圆弧半径的工具，如图3-55所示。半径规的半径样板可分为检查凸形圆弧的凹形样板和检查凹形圆弧的凸形样板两种。测量时必须使半径规的测量面与工件的圆弧完全紧密地接触，当测量面与工件的圆弧中间没有间隙时，工件的圆弧半径则为此时半径规上所表示的数字；如有透光现象，则说明被检圆弧角度的弧度不符合要求。由于是目测，故准确度不是很高，只能作定性测量。

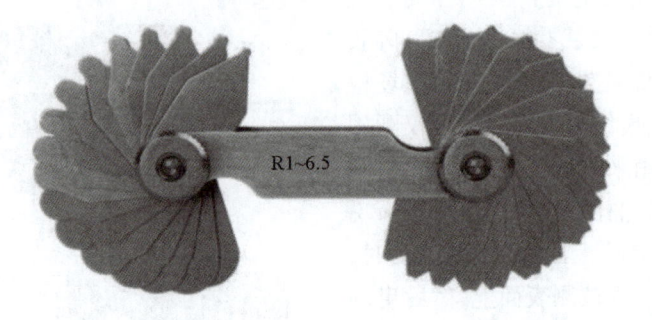

图3-55　半径规

11. 表面粗糙度比较样块

表面粗糙度比较样块是一种定性的检查工具，如图3-56所示。使用方法是以样块工作面的表面粗糙度为标准，凭触觉（如手摸）或视觉（可借助放大镜、比较显微镜等）与待检查的工件表面进行比对，从而判别被检查表面的表面粗糙度是否合乎要求。

在用比较样块对工件表面进行比较时，所选用的样块和被检查工件的加工方法必须相同，见表3-3。同时，样块的材料、形状、表面色泽等应尽可能地与被检查工件一致。判断的准则是根据工件加工痕迹的深浅来决定表面粗糙度是否符合图样（或工艺）要求。当被检查

图3-56　表面粗糙度比较样块

工件表面的加工痕迹深浅程度相当或者小于样块工作面加工痕迹深度时，则被检查工件表面粗糙度一般不大于样块的标记公称值。

表 3-3   七组式表面粗糙度比较样块的规格

加工方法	规格	$R_a/\mu m$	块数
车床		0.8、1.6、3.2、6.3	
刨床		0.8、1.6、3.2、6.3	
立铣		0.8、1.6、3.2、6.3	
平铣	七组式	0.8、1.6、3.2、6.3	27
平磨		0.1、0.2、0.4、0.8	
外磨		0.1、0.2、0.4、0.8	
研磨		0.1、0.05、0.025	

12. 表面粗糙度仪

表面粗糙度仪是适合于生产现场环境和移动测量需要的一种手持式仪器，可测量多种机加工零件的表面粗糙度，可根据选定的测量条件计算相应的参数，并在显示器上显示出全部测量参数和轮廓图形。与表面粗糙度样板相比，表面粗糙度仪操作简便、功能全面、测量快捷、精度稳定、携带方便，能测量最新国际标准的主要参数，适用于多种机加工零件、检测等部门，尤其适用于大型工件及生产流水线的现场检验，不会对工件产生损伤。表面粗糙度仪配用合适的传感器后可用来测量工件的平面、外圆面、锥面、内孔、沟槽、曲面等，如图 3-57 所示。

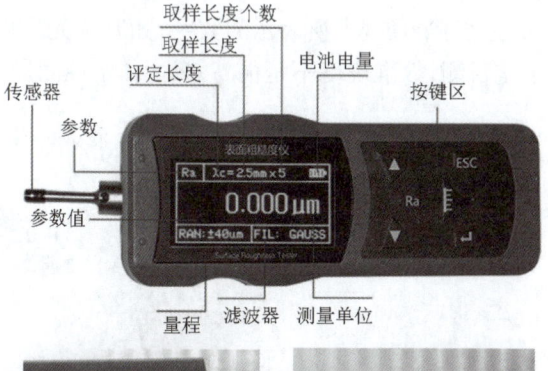

表面粗糙度仪在测量工件表面粗糙度时，先将传感器搭放在工件被测表面上，然后启动仪器进行测量，由仪器内部的精密驱动机构带动传感器沿被测表面做等速直线滑行，传感器通过内置的锐利触针感受被测表面的粗糙度，此时工件被测表面的粗糙度会引起触针产生位移，该位移使传感器电感线圈的电感量发生变化，从而在相敏检波器的输出端产生与被测表面粗糙度成比例的模拟信号，该信号经过放大及电平转换之后进入数据采集系统，DSP 芯片对采集的数据进行数字滤波和参数计算，测量结果在显示器上给出，也可在打印机上输出，还可以与 PC 进行通信。

图 3-57   表面粗糙度仪结构及测量应用

13. 量块

量块又称块规,它是机器制造业中控制尺寸的基本量具,是从标准长度到零件之间尺寸传递的媒介,是技术测量上长度计量的基准。量块的工作尺寸不是指两测面之间任何处的距离,因为两测面不是绝对平行的,而是指中心长度,即量块的一个测量面的中心至另一个测量面相粘合面(其表面质量与量块一致)的垂直距离。在每块量块上,都标记着它的工作尺寸:当量块尺寸等于或大于 6 mm 时,工作标记在非工作面上;当量块在 6 mm 以下时,工作尺寸直接标记在测量面上,如图 3-58 所示。

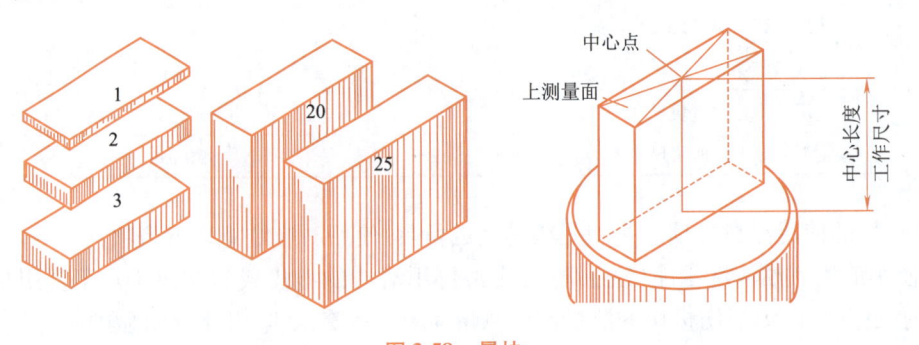

图 3-58　量块

(1)量块的种类。量块根据工作尺寸(即中心长度)的精度和两个测量面的平面平行度的准确程度分成五个精度级,即 00 级、0 级、1 级、2 级和 3 级。00 级量块的精度最高,3 级量块的精度最低。量块是成套供应的,并每套装成一盒。每盒中有各种不同尺寸的量块,其尺寸编组有一定的规定。为满足不同需求,常用的盒装有 32、38、47、83、87、103、112、122 块等规格。成套量块的块数和每块量块的尺寸可以查阅厂家提供的量具使用说明书。图 3-59 所示为 0 级精度的 83 块盒装量块及其尺寸组成。

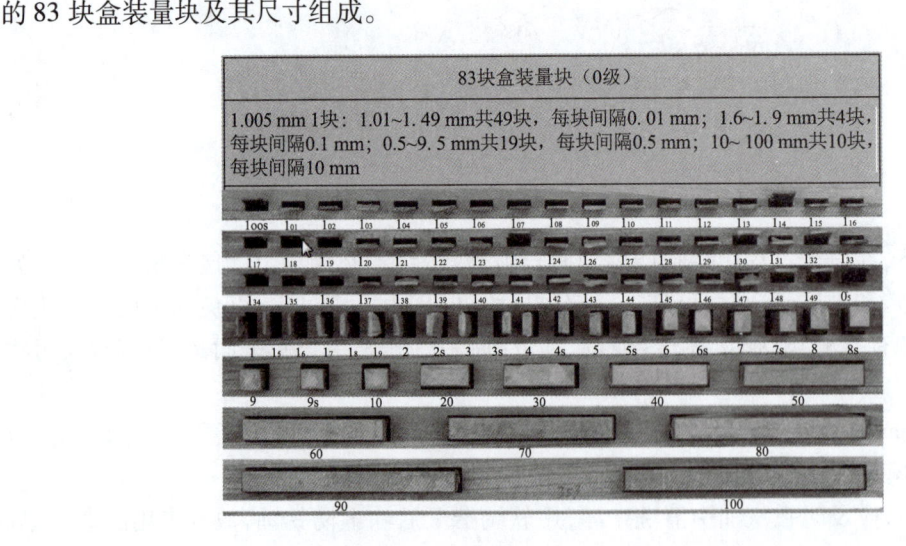

图 3-59　0 级精度的 83 块盒装量块及每块尺寸

(2)量块的使用。在使用过程中,往往需要将几块量块组合起来,因此,量块的工作面应具有研合性。但为了减少误差,希望组成量块组的块数不超过 4 ~ 5 块。为了使量块组的块数为最小值,在组合时要根据一定的原则来选取量块尺寸,即首先应选取能去除最小位数的量块,然后依次选取较大位数的量块,每选一次应能使所要组成的量块组尺寸至少减少一位。

例如,利用83块盒装量块组成78.545 mm的量块组,其量块尺寸的选择方法见表3-4。

表3-4 利用83块盒装量块组成78.545 mm量块组的选择

量块组的尺寸	78.545 mm
选用的第一块量块尺寸	1.005 mm
剩下的尺寸	77.54 mm
选用的第二块量块尺寸	1.04 mm
剩下的尺寸	76.5 mm
选用的第三块量块尺寸	6.5 mm
剩下的即为第四块尺寸	70 mm

(3)量块的使用注意事项。量块是极精密的量具,使用时应注意以下事项:

①使用前用汽油清洗干净(洗去防锈油),再用清洁的鹿皮或软绸擦干。不要用棉纱头去擦量块的工作面,以免损伤量块的测量面。测量面上不得有灰尘、纤维或明显的油迹。

②清洗后的量块,不要用手直接去拿,而应用软布衬起来拿。量块放在工作台上时,应使非工作面与台面接触。

③把量块放在工作台上时,应使量块的非工作面与台面接触。

④量块的研合方法如图3-60所示。将两量块呈一定角度交叉贴合在一起,用手前后微量地移动上面的量块[见图3-60(a)],同时旋动使两量块的测量面转到平行方向[见图3-60(b)],然后沿测量面长边方向平行向前推动量块直到两测量面完全贴合在一起[见图3-60(c)]。

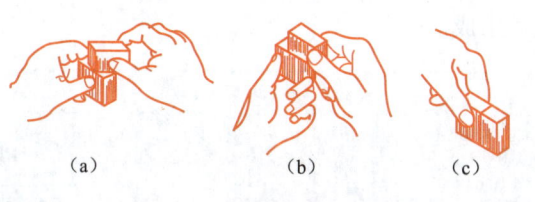

(a)   (b)   (c)

图3-60 量块的研合方法

⑤正常情况下,在研合过程中手指能感到研合力,两量块不必用压力就能贴附在一起。如研合力不强,在旋转和推进研合时,可施加一定的压力,但用力不宜过大,以免使小尺寸量块变形。研合过程中如有打滑、阻滞或刮磨感觉时,应立即停止研合,检查测量面是否有灰尘、污物或毛刺。

⑥用小于5 mm的量块与大尺寸量块研合时,应将小量块放在上面,以免损坏小量块。不得将非工作面与工作面放在一起研合。

⑦量块使用后,应及时在汽油中清洗干净,用软绸揩干后涂上防锈油,放在专用的盒子里。绝对不允许将量块长时间粘合在一起,以免由于金属粘结而引起不必要损伤。

⑧为了扩大量块的应用范围,便于各种测量工作,可采用成套的量块附件。量块附件中,主要的是不同长度的夹持器和各种测量用的量脚,图3-61所示为部分附件的应用。量块组与量块附件组装后,可用作校准量具尺寸(如内径百分尺的校准)、测量轴径、孔径、高度和划线等工作。

项目三　认知常用工量器具

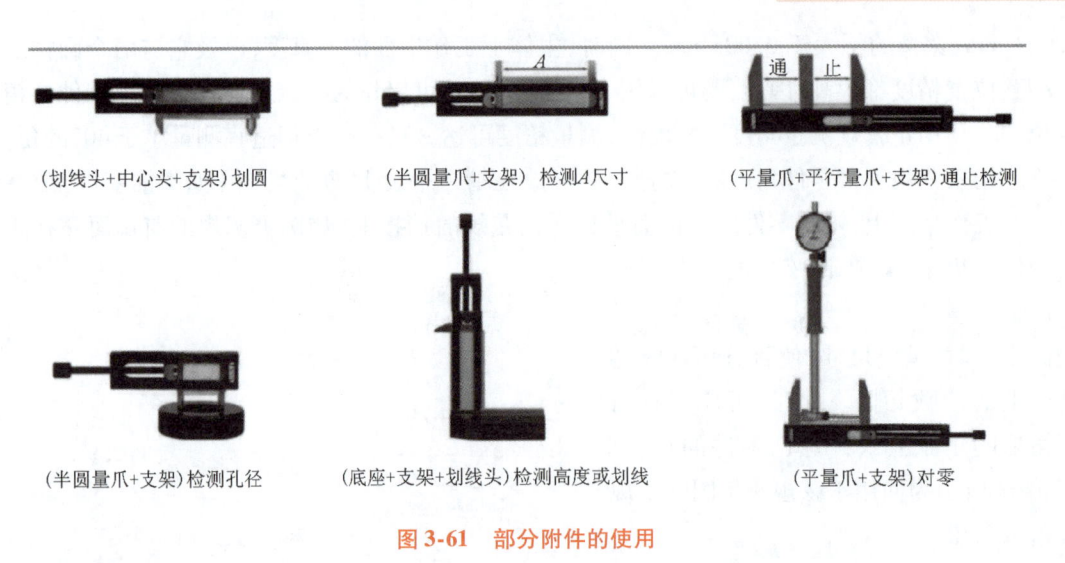

| (划线头+中心头+支架)划圆 | (半圆量爪+支架)检测A尺寸 | (平量爪+平行量爪+支架)通止检测 |
| (半圆量爪+支架)检测孔径 | (底座+支架+划线头)检测高度或划线 | (平量爪+支架)对零 |

图 3-61　部分附件的使用

14. 正弦规

视频

正弦规的应用

正弦规是用于准确检验零件及量规角度和锥度的量具。它是利用三角函数的正弦关系来度量的,故称正弦规或正弦尺、正弦台。正弦规主要由带有精密工作平面的主体和两个精密圆柱组成,四周可以装有挡板(使用时只装互相垂直的两块),测量时作为放置零件的定位板。国产正弦规有宽型的和窄型的两种。图 3-62 所示为常用正弦规及其规格。

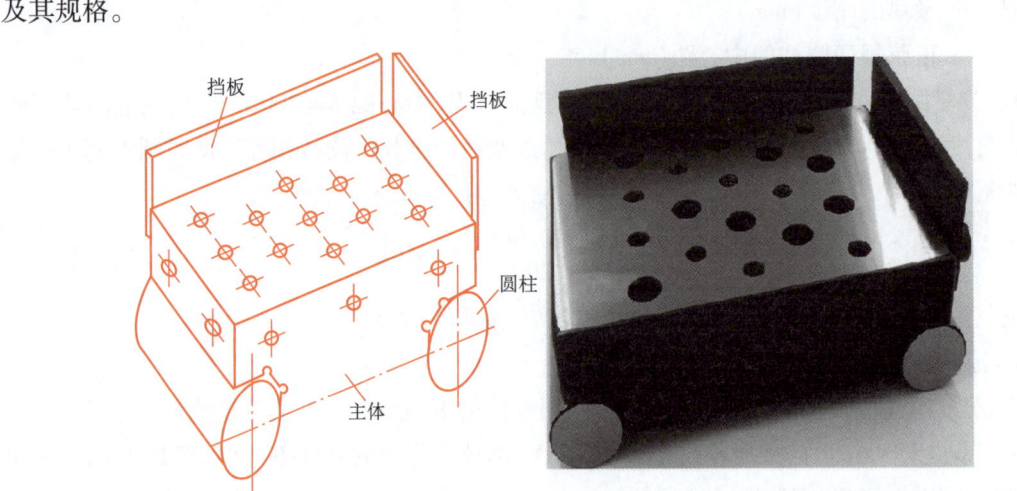

两圆柱中心距/mm	圆柱直径/mm	工作台宽度/mm		精度等级
		宽型	窄型	
100	20	80	25	0 级、1 级
200	30	80	40	

图 3-62　常用正弦规及其规格

（1）正弦规的使用方法。

正弦规的两个精密圆柱的中心距的精度很高,窄型正弦规的中心距 200 mm 的误差不大于

63

0.003 mm;宽型的不大于 0.005 mm。同时,主体上工作平面的平直度,以及它与两个圆柱之间的相互位置精度都很高,因此,既可以用于精密测量,也可以作为机床上加工带角度零件的精密定位用。利用正弦规测量角度和锥度时,测量精度可达 ±3″~ ±1″,但适宜测量小于 40°的角度。

应用正弦规测量零件角度时,先把正弦规放在精密平台上,被测零件(如圆锥塞规)放在正弦规的工作平面上,被测零件的定位面平靠在正弦规的挡板上(如圆锥塞规的前端面靠在正弦规的前挡板上)。在正弦规的一个圆柱下面垫入量块,用百分表检查零件全长的高度,调整量块尺寸,使百分表在零件全长上的读数相同。此时,可应用直角三角形的正弦公式计算出零件的角度。图 3-63 所示为使用正弦规测量圆锥塞规锥角示意图。

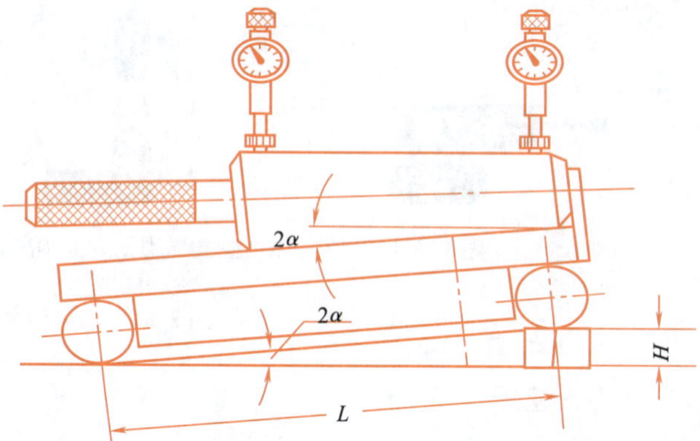

由正弦公式 $\sin 2\alpha = \dfrac{H}{L}$,得出

$$H = L \times \sin 2\alpha = \frac{H}{L}$$

2α—圆锥的锥角(°) H—量块的高度(mm)
L—正弦规两圆柱的中心距(mm)

图 3-63 使用正弦规测量圆锥塞规锥角

式中   sin——正弦函数符号;

2α ——圆锥的锥角(°);

H ——量块的高度(mm);

L ——正弦规两圆柱的中心距(mm)。

例如,测量圆锥塞规的锥角时,使用的是窄型正弦规,中心距 L = 200 mm,在一个圆柱下垫入的量块高度 H = 10.06 mm 时,才使百分表在圆锥塞规的全长上读数相等。此时圆锥塞规的锥角计算如下:

$$\sin 2\alpha = \frac{H}{L} = \frac{10.06}{200} = 0.050\ 3$$

查正弦函数表得2α =2°53′,即圆锥塞规的实际锥角为 2°53′。

(2)正弦规的使用注意事项。

①正弦规工作面不得有严重影响外观和使用性能的裂痕、划痕、夹渣等缺陷。

②正弦规主体工作面的硬度不得小于 664 HV,圆柱工作面的硬度不得小于 712 HV,挡板工作面的硬度不得小于 478 HV。

③正弦规主体工作面的粗糙度 Ra 的最大允许值为 0.08 μm,圆柱工作面的表面粗糙度 Ra 的最大允许值为 0.04 μm,挡板工作面的表面粗糙度 Ra 的最大允许值为 1.25 μm。

④正弦规各零件均应去磁,主体和圆柱必须进行稳定性处理。

⑤正弦规应能装置成 0°~80°范围内的任意角度,其结构刚性和各零件强度应能适应磨削工作条件,各零件应易于拆卸和修理。

⑥正弦规的圆柱应采用螺钉可靠地固定在主体上,且不得引起圆柱和主体变形,紧固后的螺钉不得露出圆柱表面。主体上固定圆柱的螺孔不得露出工作面。

15. 螺纹环规与塞规

（1）螺纹环规。螺纹环规用来测量外螺纹的精确性。螺纹环规分通规（代号 T）和止规（代号 Z）两种,侧面平整无沟的为通规,侧面有明显沟槽的为止规,如图 3-64 所示。普通螺纹环规的精度常用的有 6g、6h、6f 和 8g 等。55°圆柱管螺纹环规的精度分 A 级和 B 级两种,B 级低于 A级。螺纹环规供检查工件外螺纹尺寸是否合格用。检查时,如通规能与工件外螺纹旋合通过,而止规不能与工件外螺纹旋合通过,可判定该外螺纹尺寸为合格;反之,则可判定该外螺纹尺寸为不合格。

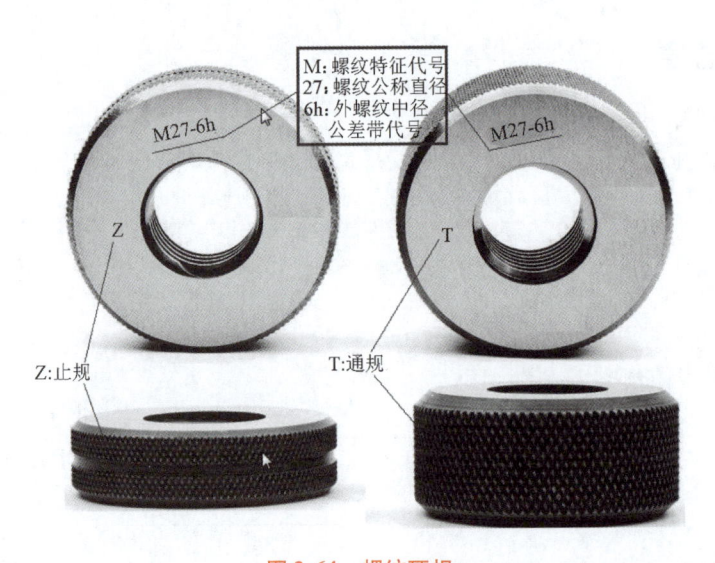

图 3-64　螺纹环规

（2）螺纹塞规。螺纹塞规是测量内螺纹尺寸正确性的工具,如图 3-65 所示。螺纹塞规分为A 型、B 型和 C 型三种,一般 M3 以下即 A 型螺纹端为尖头,B、C 型为平头。塞规种类可分为普通粗牙、细牙和管子螺纹三种。使用时如果被测螺纹能够与螺纹通规旋合通过,且与螺纹止规不完全旋合通过（螺纹止规只允许与被测螺纹两段旋合,旋合量不得超过两个螺距）,就表明被测螺纹的作用中径没有超过其最大实体牙型的中径,且单一中径没有超出其最小实体牙型的中径,那么就可以保证旋合性和连接强度,则被测螺纹中径合格。

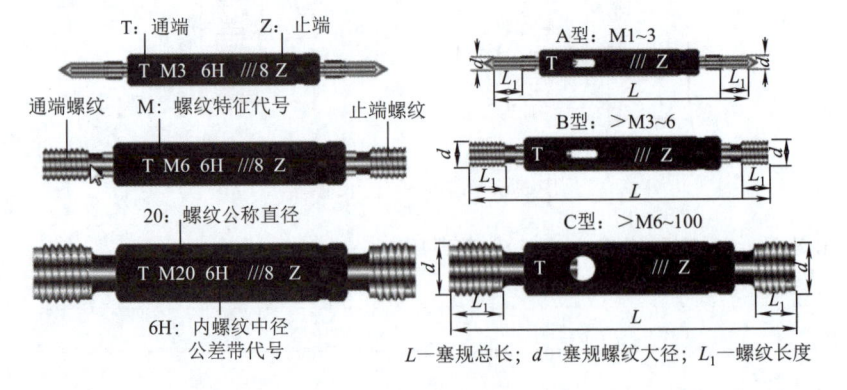

L—塞规总长; d—塞规螺纹大径; L_1—螺纹长度

图 3-65　螺纹塞规

（3）螺纹规的使用注意事项。

①被测件螺纹公差等级及偏差代号必须与螺纹规标识公差等级、偏差代号相同，才可使用。

②通规和止规要联合使用，并分别检验合格，才表示被测件螺纹合格。

③严禁将螺纹规作为切削工具强制旋入螺纹，避免造成早期磨损。

④在生产现场要把螺纹规摆放在工艺定点位置，避免与坚硬物品相互碰撞，使用时轻拿轻放，以防止磕碰而损坏测量表面。

⑤螺纹规使用完毕后，应及时清理干净测量部位附着物，存放在规定的量具盒内。

总结与思考

通过学习与思考，完成以下问题。

1. 游标卡尺的种类有哪些？

2. 千分尺的种类有哪些？

3. 请根据已学知识完成图 3-66 所示千分尺的读数，千分尺规格为 0~25 mm，0.01 mm。

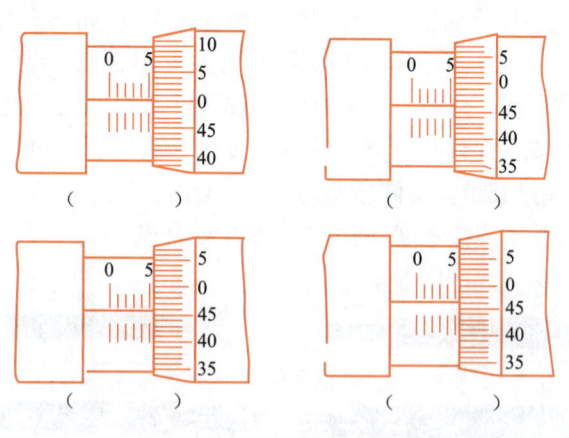

（　　　）　　　　　　　　　　（　　　）

（　　　）　　　　　　　　　　（　　　）

图 3-66　完成千分尺的读数

4. 请写出外径千分尺的使用方法及注意事项。

项目三　认知常用工量器具

5.请读出图3-67所示千分尺的数值,千分尺规格为0~25 mm,0.01 mm。

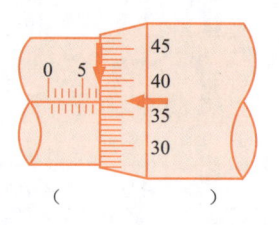

（　　　　）

图3-67　完成千分尺的读数

6.触类旁通,请读出图3-68所示千分尺的数值,千分尺规格为0~25 mm,0.001 mm。

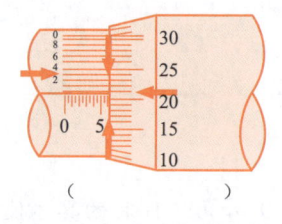

（　　　　）

图3-68　完成千分尺的读数

7.请读出图3-69所示游标卡尺的数值,卡尺规格为0~150 mm,0.02 mm。

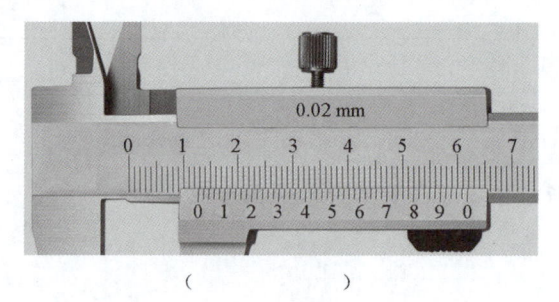

（　　　　）

图3-69　完成游标卡尺的读数

8.观察图3-70所示游标卡尺的实践应用示例,并结合自身实践应用,说明在操作时要注意哪些问题以保证测量精度。

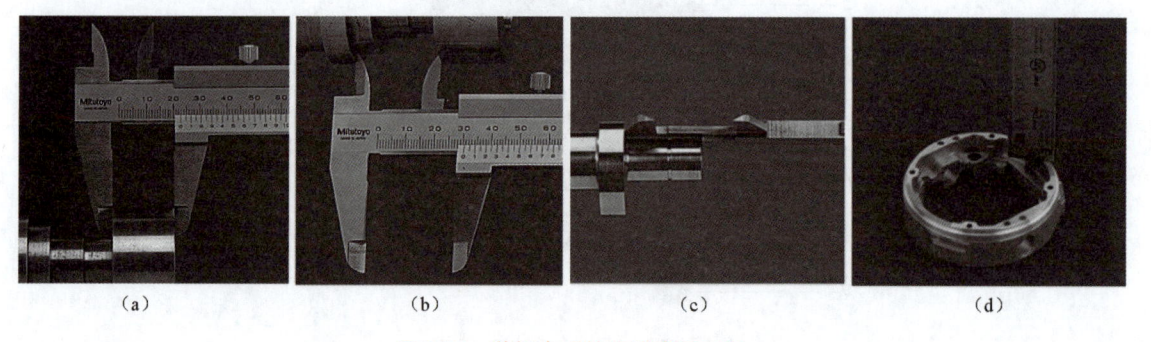

（a）　　　　　　　　（b）　　　　　　　　（c）　　　　　　　　（d）

图3-70　游标卡尺的实践应用示例

67

机械零件手动加工

9.请问测量误差产生的原因有哪些?

10.请写出百分表的使用方法。

11.请描述用万能角度尺测量220°外角工件时的具体使用方法。

12.请写出图3-71所示万能游标卡尺的各结构名称。

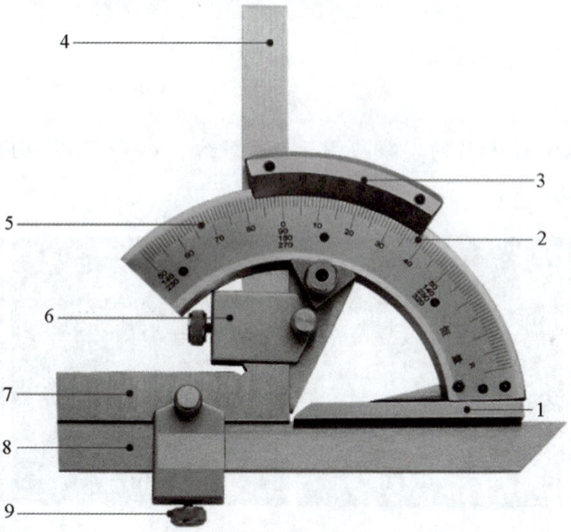

图 3-71　万能角度尺的结构

1—(　　　　　);2—(　　　　　);3—(　　　　　);4—(　　　　　);5—(　　　　　);
6—(　　　　　);7—(　　　　　);8—(　　　　　);9—(　　　　　)

68

13. 请读出图 3-72 所示中万能角度尺的测量数值。

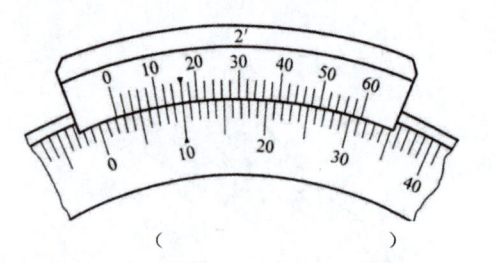

（　　　）

图 3-72　完成万能角度尺的读数

14. 请写出框式水平仪的零位校对或调整方法。

15. 若要利用 83 块盒装量块组成 37.545 mm 的量块组，请写出其量块尺寸的选择方法，填写在表 3-5 中。

表 3-5　练习量块的选择方法

量块组的尺寸	37.545 mm
选用的第一块量块尺寸	
剩下的尺寸	
选用的第二块量块尺寸	
剩下的尺寸	
选用的第三块量块尺寸	
剩下的即为第四块尺寸	

16. 测量圆锥塞规的锥角时，使用的是窄型正弦规，中心距 $L = 200$ mm，在一个圆柱下垫入的量块高度 $H = 12.06$ mm 时，才使百分表在圆锥塞规的全长上读数相等。请问此时圆锥塞规的锥角为多少？

17. 结合自身实践操作，并根据图 3-73 所示外径千分尺的读数情况，请问哪个是正确的？并说明理由。

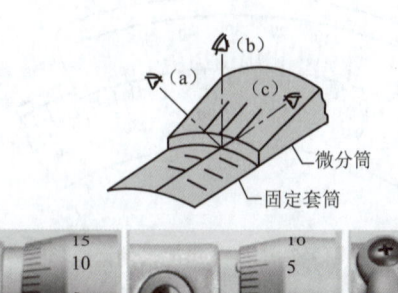

（a）从上面看刻度线　　（b）平视看刻度线　　（c）从下面看刻度线

图 3-73　外径千分尺的使用

18. 通过学习及查阅相关资料，写出你所知道的量具维护保养知识。

项目四

零件的锯削

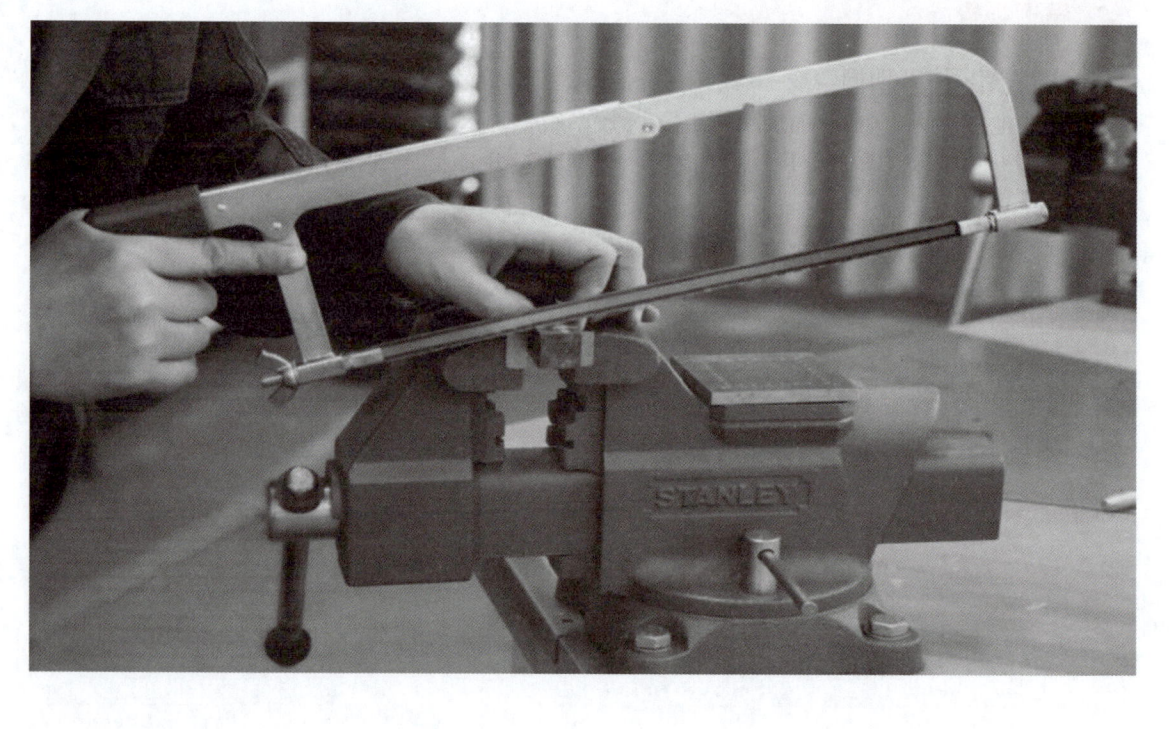

项目描述

通过零件的锯削学习,了解锯削的基本知识,掌握锯削操作技能。在锯削过程中,要注意工件的正确装夹及操作者的人身安全。从锯削练习中,要掌握通过加工件材料特性对锯条规格选用的方法,锯削力量对锯削质量的影响等。要求在操作时注意操作姿势的规范,提升锯削技巧,才能较好较快地掌握锯削技能。

学习目标

(1)培养学生养成"勇于创新,精益求精"的优秀品质。

(2)认识钢锯的结构,熟悉锯条的规格。

(3)能根据工件材料特性合理选择锯条规格并应用。

(4)掌握"一夹二安三起锯"的锯削方法。

(5)能根据锯削质量进行原因分析,掌握锯削的安全生产知识。

71

工作任务

任务一:掌握锯削基本知识及运用

任务二:分析与改进零件锯削质量

任务三:动手练一练——零件的锯削

总结与思考:总结本项目所学知识,并完成相关问题的回答

课前通过自主学习,收集相关信息资料:

案例场景

实践操作中,小明同学准备锯削工件,他看到工作台上放有钢锯就随手拿起来开始锯削,没过多久他发现无论怎么使劲都锯切不动,效率很低。这时小明同学已感到疲惫。同学小王看到后告诉小明,原因应该是锯条磨损了,需要更换;小明同学则认为是自己瘦小没劲,两人争执起来。这时老师走过来询问了情况,检查工件和钢锯后重新安装了锯条,小明同学一试感到锯削起来很轻松,效率也高多了。

讨论问题

1. 你认为小明同学锯削吃力是什么原因? 应采取哪些措施改进?

_____

_____

_____

_____

2. 针对小明同学提出的问题老师重新安装了锯条,如果是你会怎样做?

_____

_____

_____

_____

_____

任务一 掌握锯削基本知识及运用

● 视 频

锯削操作

一、锯削的定义

锯削:利用锯条锯断金属材料(工件)或在工件上进行切槽的操作称为锯削,如图 4-1 所示。

项目四 零件的锯削

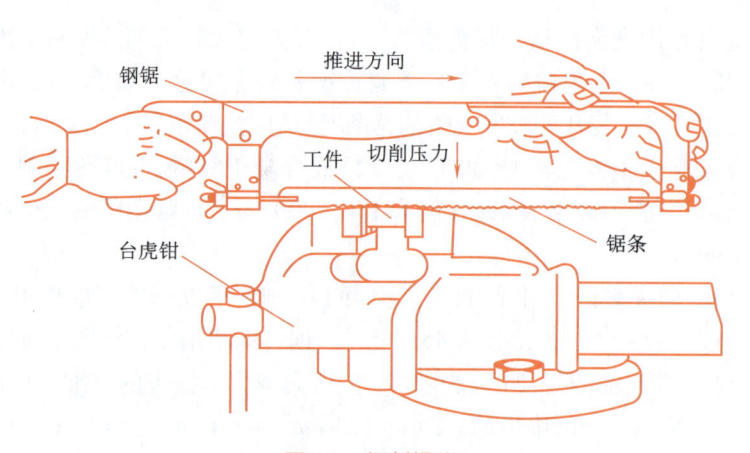

图 4-1 锯削操作

1. 锯削的作用

虽然当前各种自动化、机械化的切割设备已广泛应用,但手工锯削还是很常见的,它具有方便、简单和灵活的特点。手工锯削在单件小批生产、临时工地以及切割异形工件、开槽、修整等场合应用较为广泛。手工锯削是钳工需要掌握的基本操作技能之一。锯削工作范围包括:分割各种材料及半成品;锯掉工件上多余部分;在工件上锯槽,如图 4-2 所示。

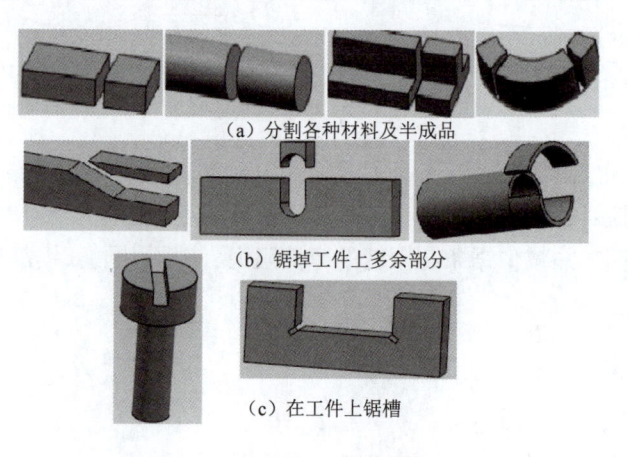

（a）分割各种材料及半成品

（b）锯掉工件上多余部分

（c）在工件上锯槽

图 4-2 锯削的应用范围

2. 锯削的工具——钢锯

钢锯(又称手锯)由锯弓和锯条两部分组成,如图 4-3 所示。

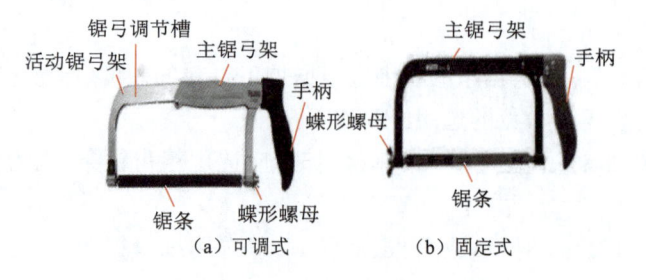

（a）可调式　　　　（b）固定式

图 4-3 钢锯的种类及结构

73

（1）锯弓。锯弓是用来夹持和拉紧锯条的工具,有固定式和可调式两种。固定式锯弓的弓架是整体的,只能装一种长度规格的锯条。可调式锯弓的弓架分成前后两段,由于前段在后段套内可以伸缩,因此可以安装几种长度规格的锯条,目前广泛使用。

（2）锯条。锯条是用碳素工具钢(如 T10、T12)或合金工具钢,并经热处理制成。锯条的规格以锯条两端安装孔间的距离来表示(长度为 150～400 mm)。常用的锯条规格是长 300 mm、宽 12 mm、厚 0.8 mm。

锯条的切削部分由许多锯齿组成,每个齿相当于一把錾子在起着切削作用。常用锯条的前角 γ 为 0°,后角 α 为 40°～50°,楔角 β 为 45°～50°。锯齿的粗细是按锯条上每 25 mm 长度内的齿数来表示的。14～18 齿为粗齿,24 齿为中齿,32 齿为细齿。锯齿的粗细也可按齿距 t 的大小来划分:粗齿的齿距 $t=1.6$ mm,中齿的齿距 $t=1.2$ mm,细齿的齿距 $t=0.8$ mm,如图 4-4 所示。

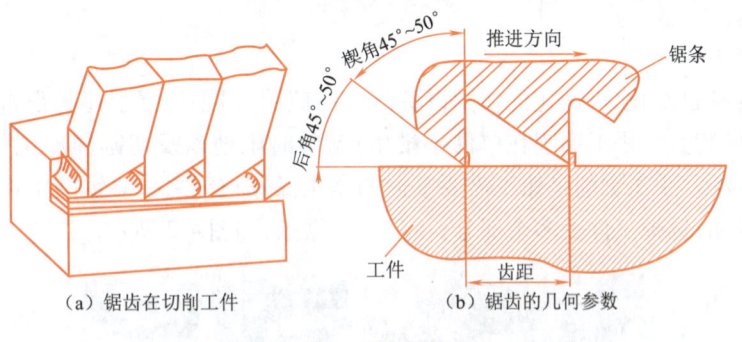

（a）锯齿在切削工件　　　　（b）锯齿的几何参数

图 4-4　锯齿的组成

锯条的锯齿按一定形状左右错开,排列成的一定形状称为锯路。锯路常见的有交叉形和波浪形两种不同的排列形状,如图 4-5 所示。锯路的作用是使锯缝宽度大于锯条背部的厚度,防止锯割时锯条卡在锯缝中,并减少锯条与锯缝的摩擦阻力,使排屑顺畅,锯割省力。

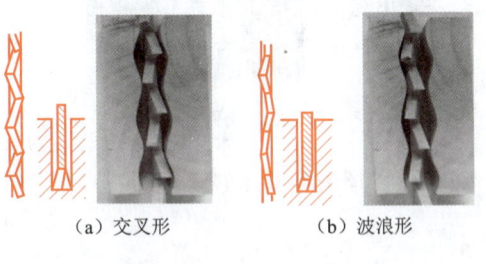

（a）交叉形　　　　（b）波浪形

图 4-5　锯路的组成

3. 锯条规格的选用

在选用锯条规格时要妥当,锯条的粗细应根据加工材料的硬度、厚薄来认真选择,以免出现选择不当影响加工的现象。常见的选用经验如下:

（1）锯割软材料(如铜、铝合金等)或厚材料时,应选用粗齿锯条,因为锯屑较多,要求较大的容屑空间。

（2）锯割硬材料(如合金钢等)或薄板、薄管时,应选用细齿锯条,因为材料硬,锯齿不易切入,锯屑量少,不需要大的容屑空间。

（3）锯割中等硬度材料（如普通钢、铸铁等）和中等硬度的工件时，一般选用中齿锯条。

（4）锯薄材料时，锯齿易被工件勾住而崩断，需要同时工作的齿数多，使锯齿承受的力量减少。

锯齿粗细的选择见表4-1。

表 4-1　锯齿粗细的选择

锯齿粗细	每25 mm 长度内的齿数	用途
粗齿	14～18	锯铝、铜等软金属及厚件
中齿	24	锯普通钢、铸铁及中等硬度工件
细齿	32	锯硬钢、板料及薄壁管件

二、锯削的操作方法

1. 锯条的安装

手锯是向前推时进行切割，在向后返回时不起切削作用，因此安装锯条时应锯齿向前，也称之为推锯，如图4-6所示。锯条的松紧要适当，太紧会失去了应有的弹性，锯条容易崩断；太松会使锯条扭曲，锯缝歪斜，锯条也容易崩断。

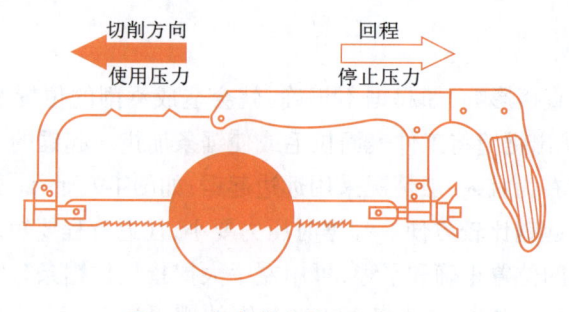

图 4-6　锯条的安装方向与加工

2. 手锯的握法

右手满握锯弓手柄，其大拇指压在食指上。左手压在锯弓前端，其大拇指在弓背上，食指、中指、无名指扶在锯弓前端。锯削时，右手主要控制推力，左手主要配合右手扶正锯弓，并施加压力，如图4-7所示。

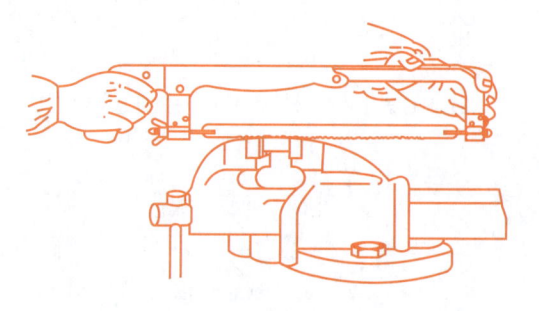

图 4-7　手工锯的握法

3. 工件的装夹

锯削时,工件应稳定牢固的夹持在台虎钳上,工件伸出钳口部分要尽量短些,以保持工件的刚性。台虎钳是通用夹具,在钳台上安装时,必须使固定钳身的工作面处于钳台边缘外,以保证夹持长条形工件时,工件的下端不受钳台边缘的阻碍。图 4-8 所示为常见材料锯削时工件的装夹位置与方法。

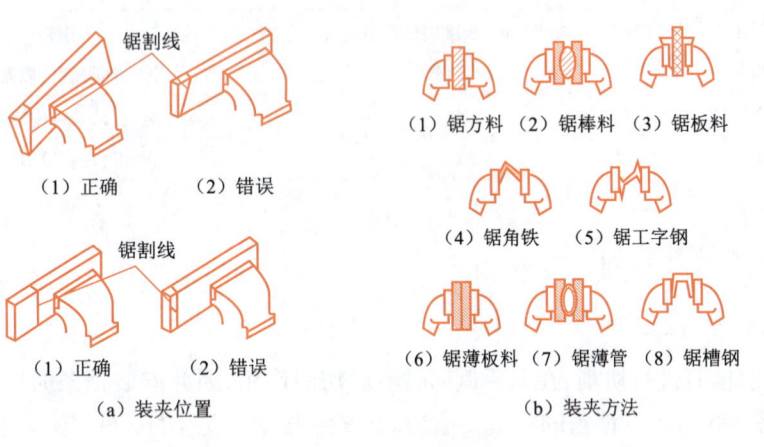

图 4-8　常见材料锯削时工件的装夹位置与方法

4. 起锯方法

起锯对锯削质量有直接影响,如起锯不正确,就会造成锯削的位置不准、锯缝歪斜、缝口太宽等缺陷,还会使锯条跳出锯缝将工件表面拉毛或使锯条崩齿。起锯的方式有远起锯和近起锯两种,起锯角 θ 以 15°左右为宜,一般情况采用远边起锯,如图 4-9 所示。远起锯时锯齿是逐步切入材料,锯齿不易卡住,起锯比较方便。起锯时压力要小,往返行程要短,锯削速度要慢,这样可使起锯平稳。为了起锯的位置正确和平稳,可用左手大拇指挡住锯条来定位。也可以采用三角锉等合适刀具锉出小沟槽来进行辅助起锯。当起锯的槽深达 2～3 mm 时,锯条已不会滑出槽外,左手拇指即可离开锯条,进行正常锯削。锯削时尽量使全部锯齿都参加锯削,但应注意不能使锯弓的两端撞到工件。

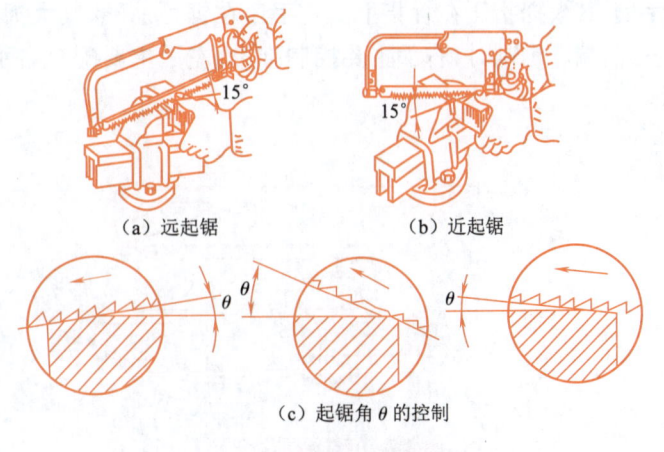

图 4-9　远起锯与近起锯操作

项目四 零件的锯削

5. 锯削姿势

（1）站位姿势。锯削时,操作者站在台虎钳的左斜侧,两脚互成一定的角度,左脚跨前半步,在锯弓轴线左侧倾斜30°,右脚前脚掌压在锯弓轴心线上倾斜75°,两肩与台虎钳钳口呈45°,左膝处略有弯曲,整个身体保持自然,如图4-10所示。

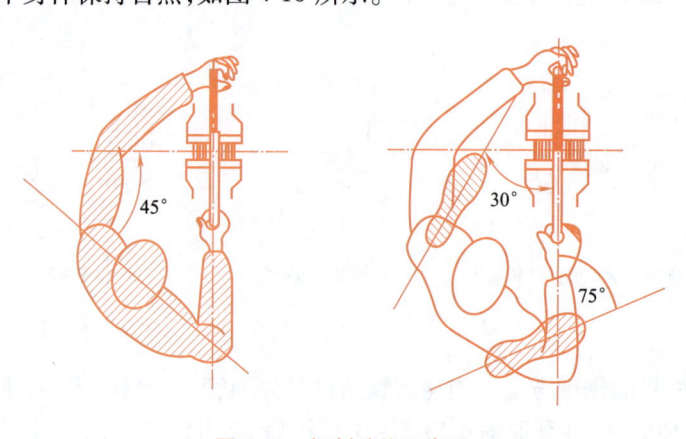

图 4-10　锯削站位示意图

（2）锯削姿势。锯削时,右腿伸直,左腿弯曲,身体向前倾斜,重心落在左脚上,两脚站稳不动,靠左膝的屈伸使身体做往复摆动。即在起锯时,身体稍向前倾,与竖直方向约成10°,此时右肘尽量向后收,如图4-11（a）所示。随着推锯的行程增大,身体逐渐向前倾斜,身体倾斜约15°,如图4-11（b）所示。行程达2/3时,身体倾斜约18°,左、右臂均向前伸出,如图4-11（c）所示。当锯削最后1/3行程时,用手腕推进锯弓,身体随着锯的反作用力退回到约15°位置,如图4-11（d）所示。锯削行程结束后,取消压力将手和身体都退回到最初位置。锯割时速度不宜过快,以30~40次/min为宜,并应用锯条全长的2/3进行工作,以免锯条中间部分迅速磨钝。锯割到材料快断时,用力要轻,以防碰伤手臂或折断锯条。

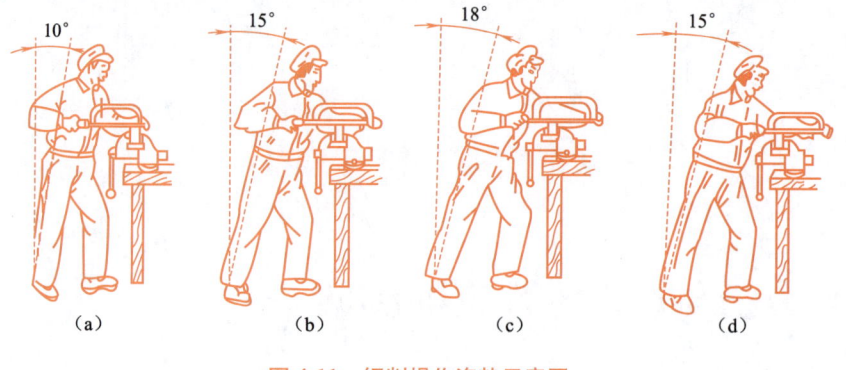

图 4-11　锯削操作姿势示意图

（3）锯削的运锯方式。锯削时的运锯方式有直线式往复运动和小幅度的上下摆动式运动两种。

①直线往复运动:适合初学者,常用于要求有一定的锯削尺寸要求、锯缝底面平直的工件。

②小幅度的上下摆动式运动:推进时左手上翘,右手下压,回程时右手上抬,左手自然跟回,

77

机械零件手动加工

这样可减少切削阻力,提高锯削效率。

6.常见材料的锯削方法

（1）厚件材料的锯削方法。当遇到厚件锯削时,锯切部分厚度超过锯弓高度时,应根据实际情况将锯条转过90°或180°后安装再进行锯切,如图4-12所示。

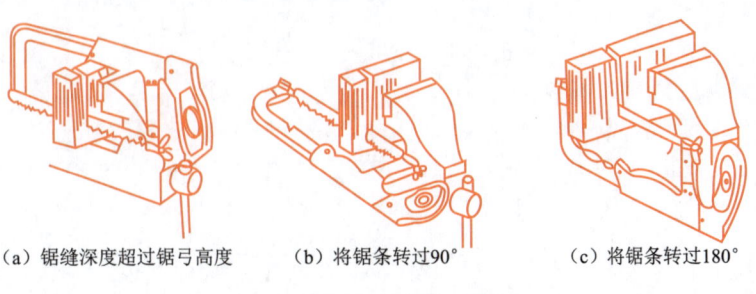

（a）锯缝深度超过锯弓高度　　（b）将锯条转过90°　　（c）将锯条转过180°

图4-12　厚件材料的锯削方法

（2）其他常见材料的锯削方法。当遇到锯削材料为圆管、薄壁管、槽钢、薄板等工件时,要根据具体情况进行合理装夹,并采取图4-13所示的锯削装夹方法进行加工,以免操作方法不当而导致锯条崩齿或折断的现象。

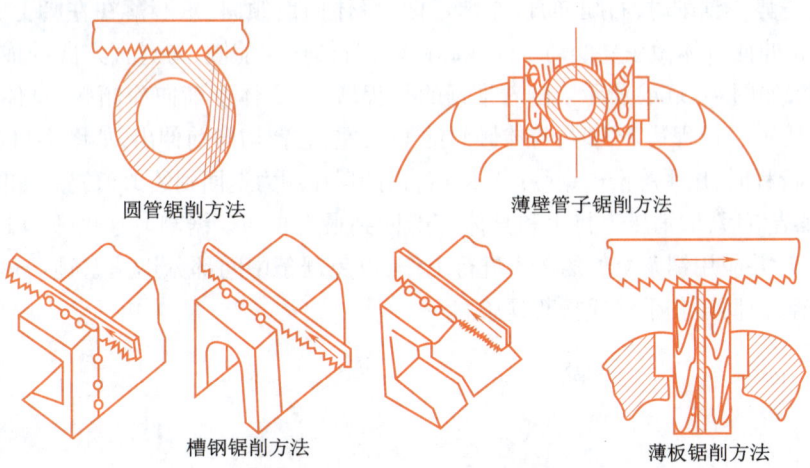

圆管锯削方法　　　　薄壁管子锯削方法

槽钢锯削方法　　　　薄板锯削方法

图4-13　其他常见材料的锯削方法

任务二　分析与改进零件锯削质量

一、锯削操作时的安全注意事项

在锯削实践时,要严格遵守以下注意事项:

（1）锯割前要检查锯条的安装方向和松紧程度,并给锯条加油润滑冷却,以减少锯条与锯割断面的摩擦,并且能冷却锯条,以此来提高锯条的使用寿命。

78

（2）锯条安装要松紧适当，锯割时不要突然摆动过大、用力过猛，防止工作中锯条折断而从锯弓上崩出伤人。

（3）要及时修整磨光已崩裂的锯齿，及时在砂轮机上进行修整，即将相邻的 2 ~ 3 齿磨低成凹圆弧，并把已断的齿部磨光。如不及时处理，将会加剧崩裂齿的后面各齿相继崩裂。

（4）工件将锯断时，压力要小，避免压力过大使工件突然断开，双手由于惯性向前冲而造成安全事故。一般工件即将锯断时，要用左手扶住工件断开部分，避免掉下砸伤脚及损坏地面。

（5）锯割完毕，应将锯弓蝶形螺母适当拧松，卸除锯条的张紧力。但不要拆下锯条，防止锯弓上的零件失落，然后将其妥善放至规定的位置。

实践建议：经常在锯削操作时有用力不当、操作时不专注、安全防护用具未佩戴、用嘴去吹铁屑、用手去摸工件等现象，造成了铁屑飞溅伤害眼睛、锯条崩断伤人等安全事故，因此要避免进行上述违规操作。

二、锯削质量分析与诊断

1. 锯条折断的原因分析

（1）工件松动或抖动。

（2）锯条安装得过松或过紧。

（3）压力过大，或用力突然偏离锯缝方向。

（4）在工件中强行纠正斜缝。

（5）锯条中间局部磨损，当锯条行程长时，没磨损的锯齿被卡住引起折断。

（6）调换新锯条后，仍在原锯缝用力过猛，锯条容易被卡住。

2. 锯缝歪斜的原因分析

（1）装夹工件时，锯缝线没有按竖直的要求放置。

（2）锯条安装太松或相对于锯弓平面扭曲。

（3）锯削时用力不正确，锯削速度及推拉锯频率太快。

（4）使用了磨损不均匀的锯条。

（5）起锯时尺寸控制不准确或锯路歪斜。

（6）锯削过程中，眼睛视线没有及时观察锯条是否与竖直线重合。

3. 其他原因，自我总结

三、锯削方法总结

锯削是钳工必须掌握的一项重要操作技能，锯削操作时要记住其方法，重点要做到"一夹、二安、三起锯"。

1. 一夹

夹件有界线,锯割就不颤,夹得要牢靠,避免把形变。

2. 二安

无条不成锯,凡锯齿朝前。松紧要适当,锯路成直线,二面保平行,锯缝才不偏。

3. 三起锯

起锯不放过,左大拇指逼,右手锯,行程短小慢,角度记心间,边棱卡齿断锯条,远近起锯要选好。

自我经验总结:_____

_____

_____

_____

_____

_____

任务三　动手练一练——零件的锯削

一、主要工量器具准备清单

通过前面的学习,可以掌握锯削基本知识及操作注意事项后,并可以对锯削时容易产生的质量问题进行分析与诊断。眼过百遍,不如动手一练,下面进行零件的锯削操作练习。主要工量器具准备清单见表4-2,可根据现场具体情况适当选用。

表4-2　主要工量器具准备清单

序号	名称	规格	数量	备注
1	钢直尺	150 mm	1 把	
2	高度游标卡尺	300 mm,0.02 mm	1 把	
3	外径游标卡尺	0~150 mm,0.02 mm	1 把	
4	手工锯	可调式	1 把	
5	平锉刀	300 mm	1 把	多种规格
6	台虎钳	150 mm	1 个	
7	什锦锉	ϕ5 mm×180 mm×10 支	1 套	
8	弯头划针	250 mm	1 支	
9	样冲	125 mm	1 支	
10	手工锤	500 g	1 把	
11	钢印	5 mm	1 盒	

项目四 零件的锯削

续表

序号	名称	规格	数量	备注
12	锯条	300 mm	2 片	多种规格
13				
14				可根据现场需要增加
15				
16				

二、练习件操作指导

1. 实践图样

锯削是零件手动加工的基本操作之一,锯削基本技能的训练是零件手动加工的重点,通过锯削实践训练,重在掌握手锯的握法、锯削的站立姿势和动作要领。图 4-14 所示为锯削练习件加工图样,请同学们根据图样相关要求制订锯削操作工艺,以保证锯削后的工件质量。

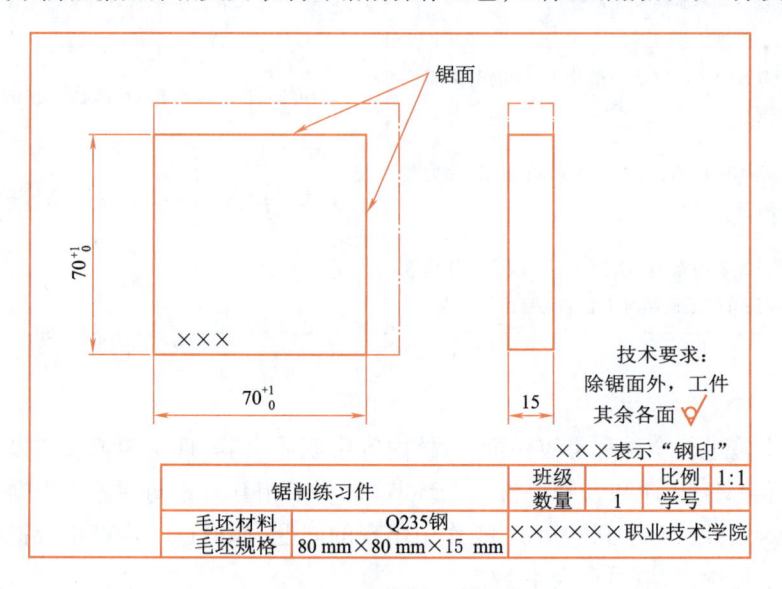

图 4-14 锯削练习件图

2. 任务实施

通过分析锯削练习件图样,综合前面所述锯削操作的基本知识,选取合适的锯条进行正确安装,制订合理的工作步骤。锯削过程中,根据工作提示,对容易出现的问题如起锯不当、锯缝歪斜、锯条卡缝、锯条折断等进行分析,从而避免这些情况的发生。在实践操作过程中,要遵守安全文明操作要求,如实训室 7S 管理规范、安全操作规程、环保要求等。锯削练习任务实施见表 4-3。

表4-3　锯削练习任务实施

工作步骤	工作提示
(1)选用合适量具检测毛坯尺寸	(1)完成工作步骤(5)后,即完成第一条锯缝的加工后给老师检查。以便及时总结第一条锯缝加工的经验教训,有利于第二条锯缝的更高质量地完成
(2)根据练习件图样,将尺寸70 mm划线并检查	
(3)将工件在台虎钳中合理进行装夹	(2)装夹前检查划线必须能清晰可见,装夹位置要合理。为了有效起锯,用三角锉锉一个正确的引口,起锯时要以小的压力和倾角开始锯切,锯条不要向侧面划出
(4)用三角锉锉削引口以便于起锯,或利用其他正确方法进行起锯	
(5)运用正确方法锯削并去毛刺,保证锯缝平直	(3)锯削过程中要运用正确有效的运锯方法,当锯条完全锯入工件中,加大压力并使用整根锯条锯切,可适当加入切削液,注意锯削速度要适当
(6)运用步骤(3)～(5)将第二条锯缝完成加工	
(7)打钢印	(4)钢印位置要正,敲击时要稳,以防钢印飞出伤人或敲到手
安全生产	环保要求
(1)按安全操作规程要求穿戴安全防护用具	(1)锯屑放入指定容器,按环保要求处理
(2)工件在台虎钳中夹紧,以防掉落伤人;锯削时站姿稳健,以防重心不稳撞伤	(2)切削液按环保要求进行选取与处理
(3)锯削时不得用嘴吹铁屑,以防弄伤眼睛;锯削时用力要适当,以防锯条折断崩出伤人	(3)零件手工制作实训室产生的垃圾要分类进行收集与处理
(4)在工件将要被锯断掉落时应减小压力,以防工件掉落砸伤脚;小心毛坯伤手;敲击钢印时小心砸到自己与他人	

3.任务评价表

根据任务实施进行全过程考核评价,考核内容由职业素养、理论知识和实操质量等三部分进行,由此进行自评、互评和教师评价三个环节,以利于相互讨论与促进。根据三个环节的评分,进行锯削练习总结,对学到的知识、操作中出现的问题、如何进一步修正及提高操作技能进行个人总结与小组探讨,填写在表4-4中。

表4-4　锯削练习任务评价表

任务名称:锯削练习与考核						
考核内容		分值	评分标准	自评	互评	教师评价
职业素养	小组协作	5	根据各小组整体及成员个人的表现,酌情扣分,以1分为单位			
	学习纪律	5				
	表达能力	5				
	学习态度	5				

续表

考核内容		分值	评分标准	自评	互评	教师评价
理论知识	手工锯的组成	5	不会正确安装锯条者扣2分/次;对手工锯的结构不熟悉者扣1分/次;锯条规格选用不当者扣2分/次;其他酌情扣分,以1分为单位			
	锯条的规格选用及正确安装	10				
实操质量	锯削工件的尺寸精度 70^{+1}_{0}	30	70^{+1}_{0} 尺寸,每个锯面各测三次(两边与中间),两个锯面共六个尺寸,每个尺寸超差扣5分			
	锯削姿势正确	25	根据操作者锯削姿势进行酌情扣分,以5分为单位			
	安全文明操作	10	违反7S管理规范扣2分/次			
总　分		100				
任务考核最终分		100		（自评30% + 互评30% + 教师评价40%）		

锯削练习总结:(学到的知识、操作中出现的问题、进一步提高操作技能建议)

专业班级		姓名		日期	

 总结与思考

通过学习与思考,完成以下问题。

1.根据所用锯条说明锯齿的组成,并将相关角度的草图画出。

机械零件手动加工

2. 在锯削开始时如何防止锯条的滑动？

3. 什么是锯削？简述手工锯的用途。

4. 锯削的加工余量怎么确定？

项目四　零件的锯削

5. 锯条上的齿距是如何定义的？根据齿距如何划分锯条的规格？

6. 当工件快锯断时要注意哪些问题？

7. 图4-15(a)所示工具的名称是_____，图4-15(b)所示工具的名称是_____，请写出图4-15(a)中各序号所表示的部件名称。

1—(　　　　)；2—(　　　　)；3—(　　　　)；4—(　　　　)；
5—(　　　　)；6—(　　　　)；7—(　　　　)

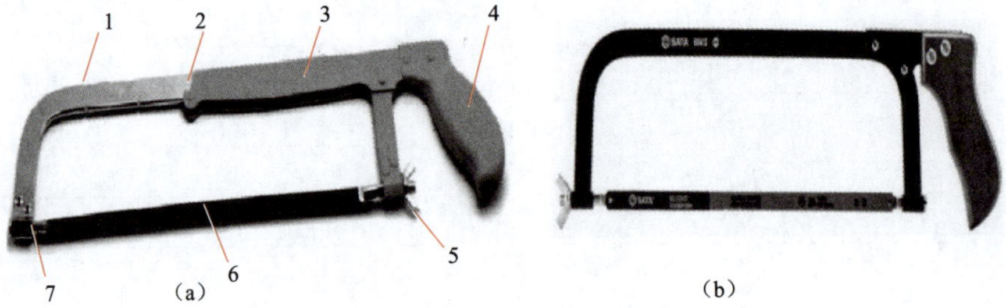

图 4-15　手锯结构认知练习

8. 请写出锯条安装时应注意哪些问题。

9. 手工钢锯使用结束后，需要注意哪些事项？

85

10. 锯削练习如图 4-16 所示,描述在锯削操作时夹持工件应注意的问题。

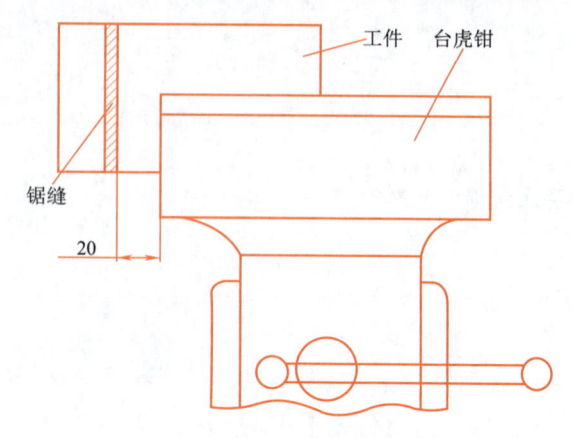

图 4-16　锯削工件装夹练习

项目五

零件的锉削

项目描述

通过本项目的学习要熟知锉削基本知识,认识锉削所用器具,掌握正确的零件锉削方法。通过任务件的锉削练习,便于初学者掌握装夹找正方法,进而熟练掌握锉削技巧要点。在锉削练习过程中,要学会深刻认识锉刀、合理选用锉刀、熟练运用锉刀的方法。要切记锉削注意事项,按照锉削规范进行实践操作,通过量具检测以控制锉削尺寸和表面粗糙度要求,并要防止钳口夹伤工件。

学习目标

(1)培养学生具备"吃苦耐劳、善作善成"的优秀品质。

(2)熟知锉削基本知识,熟悉常用锉削的相关器具。

(3)熟练掌握零件的锉削方法,并严格遵守工作过程中的7S管理规范。

(4)独立完成任务件的加工,保证锉削质量。

机械零件手动加工

工作任务

任务一：认知锉削基本知识
任务二：零件的平面锉削
任务三：掌握曲面的锉削方法及检测
任务四：动手练一练——零件的锉削
总结与思考：总结本项目所学知识，并完成相关问题的作答

课前通过自主学习，收集相关信息资料：

案例场景

实践操作时，小明同学准备进行锉削工件练习，他看到工作台上有好几把锉刀，就随意选用了其中一把进行锉削，在 10 min 后他发现无论怎么使劲都切削不动，效率很低。这时小明同学大汗淋漓，且感到非常疲惫。同学小王看到后告诉小明，锉刀磨损了需要更换，小明则认为是自己瘦小没劲，两人争执起来。这时老师走过来询问了情况，然后重新拿了一把锉刀给小明，小明一试感觉到锉削起来很轻松且效率很高，而且表面质量也提高了。

讨论问题

1. 你认为小明同学出现锉削不动时，应采取哪些措施？

2. 针对这种情况老师重新拿出一把锉刀给小明同学，如果是你会怎样做？

项目五　零件的锉削

视频

锉削操作

任务一　认知锉削基本知识

一、认识并选用锉刀

1.锉刀的材料及结构

锉刀常用碳素工具钢 T10、T12 制成,经轧制、锻造、退火、磨削、剁齿和淬火等工序,硬度达到 HRC62～67。锉刀由锉刀面、锉刀边、锉刀舌、锉刀尾、锉刀柄等部分组成,锉刀的大小以锉刀面的工作长度来表示,如图 5-1 所示。

（1）锉刀的种类。

①按用途不同分为普通锉(或称钳工锉)、特种锉和整形锉(或称什锦锉)三类。其中普通锉使用最多。

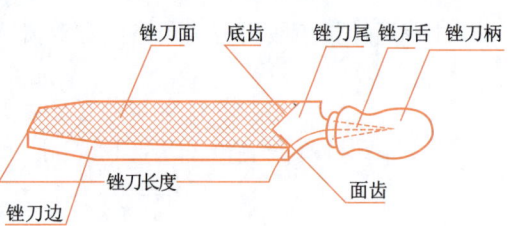

图 5-1　锉刀的结构

②普通锉按截面形状不同分为平锉、方锉、圆锉、半圆锉和三角锉等,如图 5-2 所示。

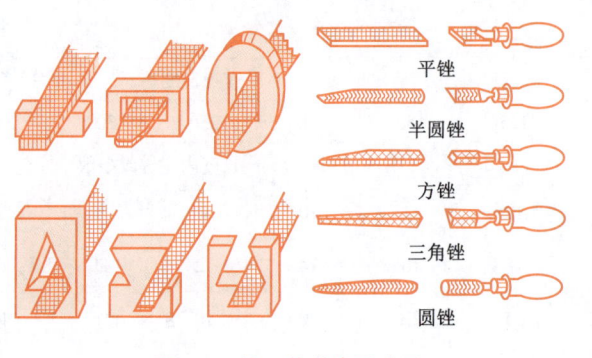

图 5-2　锉刀的种类及应用

③普通锉按长度可分为 100 mm、200 mm、250 mm、300 mm、350 mm 和 400 mm 等,其尺寸规格见表 5-1。

表 5-1　普通锉的规格　　　　　　　　　　　　　　　　　（单位:mm）

锉身长度	平锉(齐头、尖头)		半圆锉			三角锉	方锉	圆锉
	宽	厚	宽	厚(薄型)	厚(厚型)	宽	宽	直径
100	12	2.5	12	3.5	4.0	8.0	3.5	3.5
125	14	3	14	4.0	4.5	9.5	4.5	4.5
150	16	3.5	16	4.5	5.0	11.0	5.5	5.5
200	20	4.5	20	5.5	6.5	13.0	7.0	7.0
250	24	5.5	24	7.0	8.0	16.0	9.0	9.0
300	28	6.5	28	8.0	9.0	19.0	11.0	11.0

89

续表

锉身长度	平锉(齐头、尖头)		半 圆 锉			三角锉	方锉	圆锉
	宽	厚	宽	厚(薄型)	厚(厚型)	宽	宽	直径
350	32	7.5	32	9.0	10.0	22.0	14.0	14.0
400	36	8.5	36	10.0	11.5	26.0	18.0	18.0
450	40	9.5	—	—	—	—	22.0	—

④普通锉按齿纹可分为单齿纹和双齿纹,如图 5-3 所示。常用双齿纹锉刀。

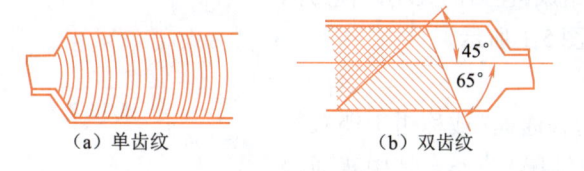

（a）单齿纹　　　　　（b）双齿纹

图 5-3　锉刀的齿纹

普通锉按每 10 mm 长度内主锉纹条数的多少分为 1~5 号,见表 5-2。

表 5-2　普通锉锉纹条数对应的锉纹号　　　　　　　（单位:mm）

锉纹号	习惯称呼	锉身长度								
		100	125	150	200	250	300	350	400	450
		每 10 mm 长度内主锉纹条数								
1	粗	14	12	11	10	9	8	7	6	5.5
2	中	20	18	16	14	12	11	10	9	8
3	细	28	25	22	20	18	16	14	12	11
4	双细	40	36	32	28	25	22	20	—	—
5	油光	56	50	45	40	36	32	—	—	—

（2）锉刀的选用。合理选用锉刀,对保证加工质量、提高工作效率和延长锉刀使用寿命有很大的影响。一般选择锉刀的原则是:

①根据工件形状和加工面的大小选择合适的锉刀的形状和规格。

②根据加工材料软硬、加工余量、精度和表面粗糙度的要求选择锉刀的粗细。比如粗锉刀的齿距大,不易堵塞,适宜于粗加工(即加工余量大、精度等级和表面质量要求低)及铜、铝等软金属的锉削;细锉刀适宜于钢、铸铁以及表面质量要求高的工件的锉削;油光锉只用来修光已加工表面,锉刀愈细,锉出的工件表面愈光,但生产率愈低。

因此,在选用锉刀加工时,要清楚不同齿纹规格锉刀的适用场合,见表 5-3。只有选用了合适的锉刀,才能做到事半功倍。总结选择锉刀的经验如下:①锉刀的形状取决于零件加工的形状;②锉刀的粗细取决于工件加工余量、尺寸精度、表面粗糙度以及加工材料的软硬;③锉刀的长度取决于工件锉削面的大小。

项目五　零件的锉削

表 5-3　不同齿纹规格锉刀的适用场合

锉刀齿纹规格	适 用 场 合		
	锉削余量/mm	尺寸精度/mm	表面粗糙度/μm
1 号（粗齿锉刀）	0.5~1	0.2~0.5	$R100~25$
2 号（中齿锉刀）	0.2~0.5	0.05~0.2	$R25~6.3$
3 号（细齿锉刀）	0.1~0.3	0.02~0.05	$R12.5~3.2$
4 号（双细齿锉刀）	0.1~0.2	0.01~0.02	$R6.3~1.6$
5 号（油光锉刀）	0.1 以下	0.01 以下	$R1.6~0.8$

（3）锉刀柄的拆装。根据锉刀的结构可知,锉刀是通过锉刀舌插入锉刀柄内的,在更换损坏的锉刀柄时,要注意根据锉刀舌的规格来选择锉刀柄的大小,在拆卸与安装锉刀柄时要注意正确的操作方法,特别是在安装锉刀柄时要注意锉刀尾与锉刀柄的回转中心重合。图 5-4 所示为常见锉刀柄的安装与拆卸方法。

（a）将锉刀舌插入手柄　　（b）垂直镦紧　　（c）橡胶锤敲紧　　（d）拆卸锉刀柄

图 5-4　锉刀柄的安装与拆卸

2. 认识钳工常用设备

（1）钳工台。钳工台是钳工专用的工作台,是用来安装台虎钳、放置工具和工件的,常用的有四工位的矩形钳工台和六工位的环形钳工台,如图 5-5 所示。

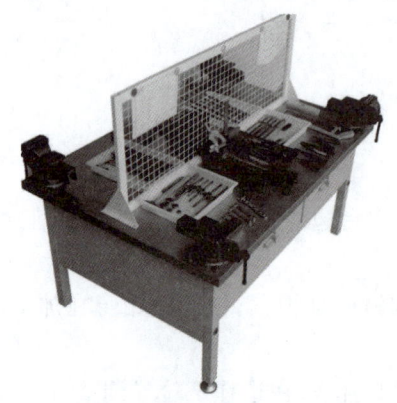 

（a）四工位的矩形钳工台　　　　　　　　（b）六工位的环形钳工台

图 5-5　常见钳工台

91

在使用钳工台时,要时刻遵守实训室 7S 管理规范,保持工位的整洁,在桌面上只放置需要的工具和测量器具。工具和量具在桌面上或抽屉中要分开放置,各层抽屉只能放置整洁的工具和量具,如图 5-6 所示。

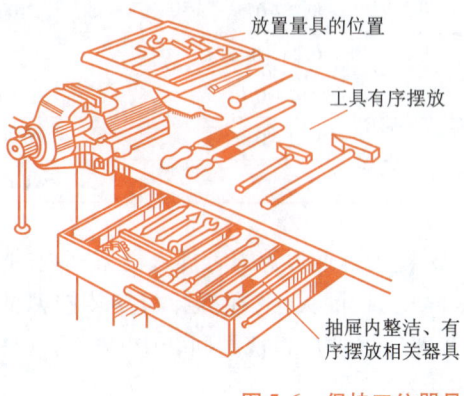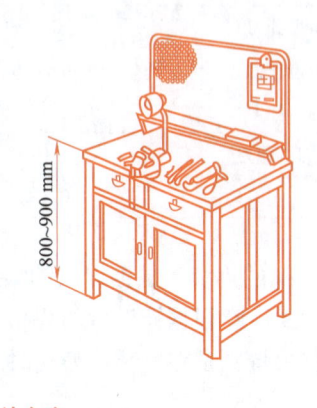

图 5-6　保持工位器具的摆放有序

(2)台虎钳。台虎钳又称虎钳,是用来夹持工件的通用夹具。台虎钳常装置在工作台上,用以夹稳工件,为钳工车间必备工具。

①台虎钳的认知。

台虎钳的种类:分固定式和回转式(活动式)两种结构类型,常用的回转式的钳体可旋转,使工件旋转到合适的工作位置。

台虎钳的规格:以钳口的宽度表示,有 100 mm、125 mm、150 mm 等。

回转式台虎钳的结构:回转式台虎钳主要由活动钳身、固定钳身、丝杠、丝杠螺母、施力手柄、钳口铁、转盘座、锁紧手柄以及底座等组成,如图 5-7 所示。

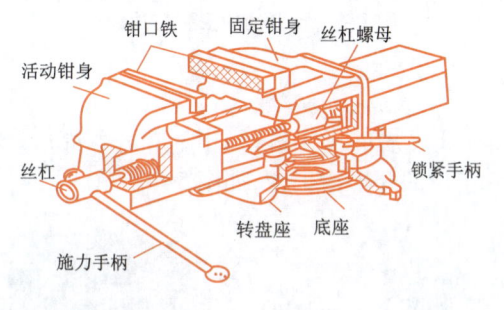

图 5-7　回转式台虎钳的结构

②使用台虎钳的注意事项。

台虎钳在安装时,必须使固定钳身的钳口处在钳台边缘外,保证夹持长条形工件时,工件不受钳台边缘的阻碍。

台虎钳要牢固地固定在钳工台上,三个压紧螺钉必须扳紧,使虎钳钳身在加工时没有松动现象,否则会损坏虎钳和影响加工。

为了更好地进行锉削加工,台虎钳的安装高度要合适,在选择工位或调整台虎钳高度时,一般是正常站立时肘关节比台虎钳高 5~8 cm,如图 5-8 所示。

项目五　零件的锉削

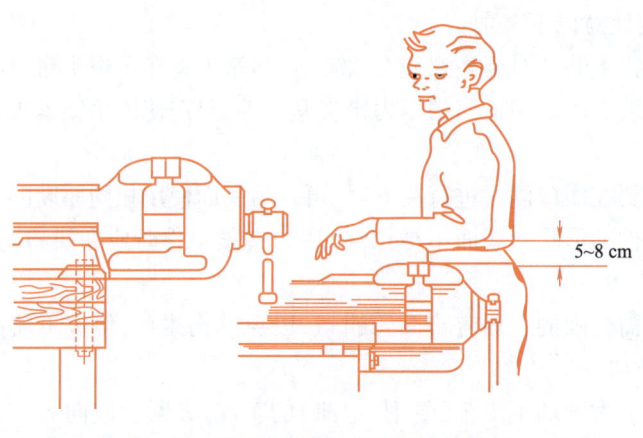

图 5-8　调整或选取台虎钳的合适高度

在夹紧工件时只许用手的力量扳动手柄,绝不允许用锤子或其他套筒扳动手柄,以免丝杠、螺母或钳身损坏。

不能在钳口上敲击工件,而应该在固定钳身的砧台上,否则会损坏钳口。

丝杠、螺母和其他滑动表面要求经常保持清洁,并加油润滑。

任务二　零件的平面锉削

一、工件的装夹

正确地装夹工件是加工工件的前提,常见工件在台虎钳中的正确装夹如图5-9所示。

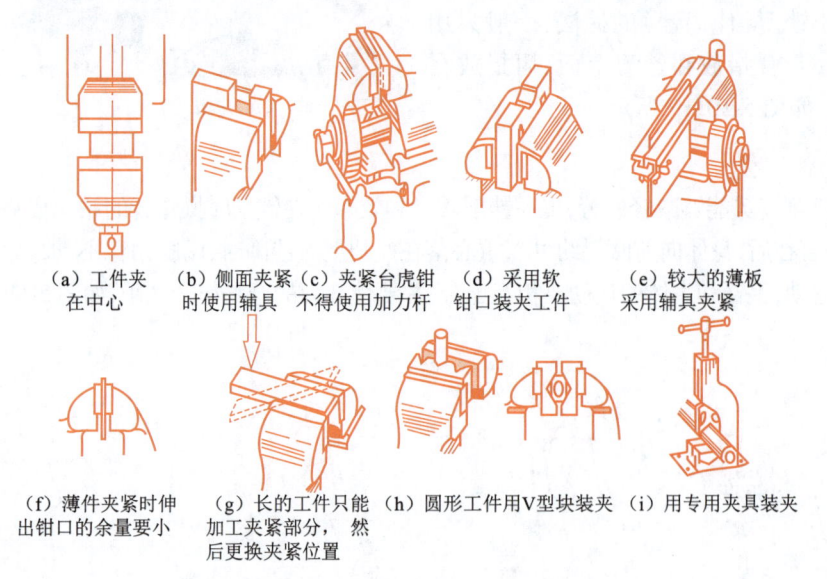

（a）工件夹在中心　（b）侧面夹紧时使用辅具　（c）夹紧台虎钳不得使用加力杆　（d）采用软钳口装夹工件　（e）较大的薄板采用辅具夹紧

（f）薄件夹紧时伸出钳口的余量要小　（g）长的工件只能加工夹紧部分,然后更换夹紧位置　（h）圆形工件用V型块装夹　（i）用专用夹具装夹

图 5-9　常见工件在台虎钳中的正确装夹

93

在装夹工件时要注意以下事项：

（1）工件在台虎钳上装夹时要注意安全，将工件尽量夹持在台虎钳钳口的中间位置。

（2）通过台虎钳装夹时要用适当的压力来夹紧工件，只需使用手锁紧工件，不要用锤子类的工具进行敲击。

（3）当工件必须要在钳口侧面进行夹紧时，可在另一面使用相同厚度的工件一起来夹紧。

（4）为了保证工件的形状和表面不被损坏，用力夹紧工件时应在钳口与工件之间垫以铜条或铝条。

（5）工件装夹时需锉削的表面应略高于钳口，以免锉伤钳口，但也不能高得太多，以免工件弹性过大不易于锉削加工。

（6）对于一些用力大的加工工艺（錾削、弯曲）的工件，夹紧后应向固定钳口方向凿击，如有必要选择更合适的台虎钳。

二、锉刀的使用

1. 锉刀的握法

（1）大锉刀的握法：右手心抵着锉刀柄的端头，大拇指放在锉刀手柄的上面，其余四指弯在锉刀手柄的下面，配合大拇指捏住锉刀手柄，左手则根据锉刀的大小和用力的轻重，可有多种姿势，如图 5-10（a）所示。

（2）中锉刀的握法：右手握法与大锉刀握法大致相同，左手用大拇指和食指捏住锉刀的前端，如图 5-10（b）所示。

（3）小锉刀的握法：右手食指伸直，拇指放在锉刀手柄上面，食指靠在锉刀的刀边，左手几个手指压在锉刀中部，如图 5-10（c）所示。

（4）更小锉刀（什锦锉）的握法：一般只用右手拿着锉刀，食指放在锉刀上面，拇指放在锉刀的左侧，如图 5-10（d）所示。

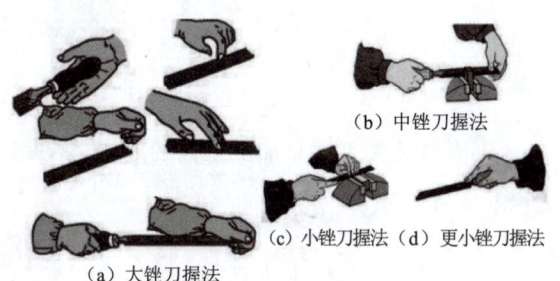

（b）中锉刀握法

（c）小锉刀握法 （d）更小锉刀握法

（a）大锉刀握法

图 5-10　锉刀的握法

2. 锉削的姿势

正确的锉削姿势能够减轻疲劳，提高锉削质量和效率。在锉削时操作者的站位姿势为：左腿在前弯曲，右腿伸直在后，身体向前倾斜约 10°，重心落在左腿上。锉削时，两腿站稳不动，靠左膝的屈伸使身体作往复运动，手臂和身体的运动要相互配合，并要使锉刀的全长充分利用，如图 5-11 所示。

（a）开始锉削　　　（b）锉刀推出2/3行程　　　（c）锉刀推到2/3行程　　　（d）锉刀行程完毕

图 5-11　锉削的姿势

3. 锉刀的运用

锉削时要注意锉刀的运用技巧,保证锉削力的正确施加,这样锉刀前后两端所受的力矩相等,才能使锉刀在锉削过程中保持平稳状态,如图 5-12 所示。只有正确掌握了锉刀的运用,才能加工出合格的工件和提高加工效率。锉削时要注意以下方面:

(1)锉削时锉刀的平直运动是锉削的关键。锉削力有水平推力和垂直压力两种,推动主要由右手控制,其大小必须大于锉削阻力才能锉去切屑。压力是由两只手控制的,其作用是使锉齿深入金属表面。

(2)由于锉刀两端伸出工件的长度随时都在变化,因此两手压力大小必须随之变化,使两手的压力对工件的力矩相等,这是保证锉刀平直运动的关键。锉刀运动不平直,工件中间就会凸起或产生鼓形面。

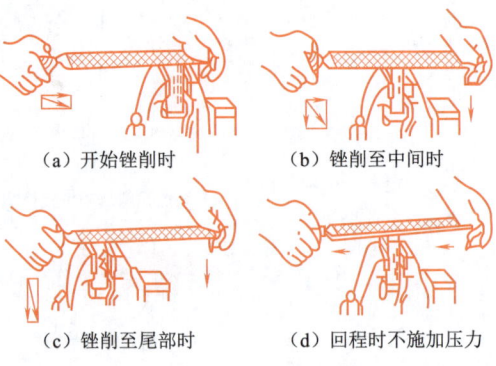

（a）开始锉削时 （b）锉削至中间时

（c）锉削至尾部时 （d）回程时不施加压力

图 5-12　锉刀的运用

(3)锉削速度一般为 30 ~ 40 次/min。太快操作者容易疲劳,且锉齿容易磨钝;太慢则切削效率很低。

三、掌握平面的锉削方法及检测

1. 平面的锉削方法

平面锉削是最基本的锉削,常用的有三种方法:

(1)顺向锉法。顺向锉法是锉刀沿着工件表面横向或纵向移动,锉削平面可得到平直的锉痕,比较整齐美观。顺向锉法适用于锉削小平面和最后修光工件,如图 5-13(a)所示。

(2)交叉锉法。交叉锉法是以交叉的两个方向顺序对工件进行锉削。由于锉痕是交叉的,容易判断锉削表面的不平程度,因此也容易把表面锉平。交叉锉法去屑较快,适用于平面的粗锉,如图 5-13(b)所示。

(3)推锉法。推锉法是两手对称地握着锉刀,用两大拇指推着锉刀进行锉削。推锉法适用于较窄表面且已锉平、加工余量较小的情况,用来修正工件和提高表面粗糙度质量,如图 5-13(c)所示。

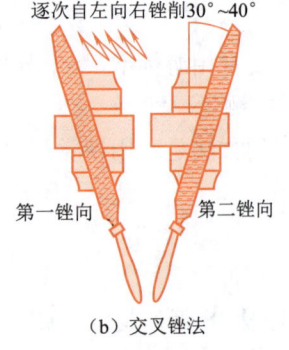

逐次自左向右锉削30°~40°

第一锉向　　第二锉向

（a）顺向锉法　　（b）交叉锉法

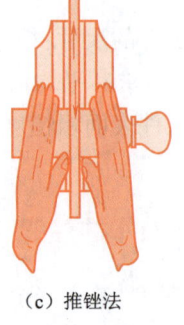

（c）推锉法

图 5-13　平面的锉削方法

2. 平面质量的检测

（1）检查平面的直线度和平面度：常用刀口直尺以光隙法来检查，或用塞尺配合检测间隙尺寸，要多检测几个部位并进行对角线检查，如图 5-14 所示。

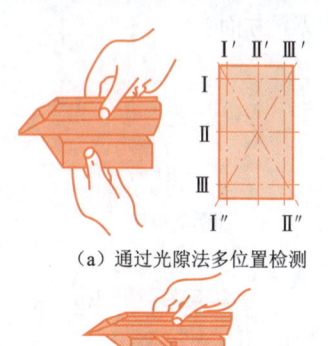

（a）通过光隙法多位置检测

（b）通过塞尺检测

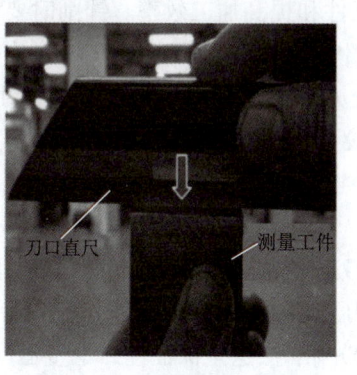

（c）实践应用

图 5-14　平面的检测方法

（2）检查工件的垂直度：常用刀口直角尺采用光隙法检查，应选择好基准面与尺身基准贴合，然后对相邻垂直面进行垂直度检查，如图 5-15 所示。

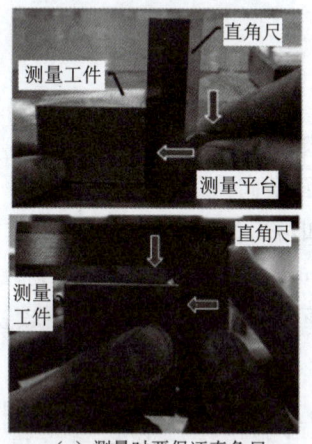

（a）测量时要保证直角尺
基面与工件的基准面贴合

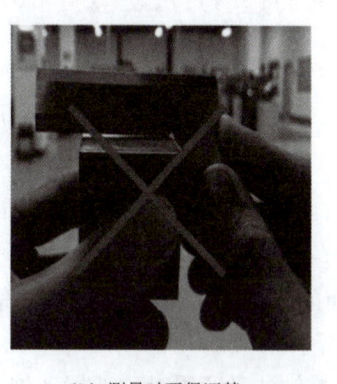

（b）测量时要保证基
面贴合，直角尺要摆正

图 5-15　垂直面的检测方法

（3）检查工件的尺寸：根据尺寸精度常用游标卡尺、千分尺等量具在零件的不同尺寸位置上进行多次测量，再求其平均值，即工件的测量尺寸。

（4）检查工件表面粗糙度：最简便的方法是利用视觉与触觉，通过表面粗糙度比较样板进行对照检查。

四、锉削操作的注意事项

锉削操作时，要遵守安全操作规程及 7S 管理规范，特别是要注意以下事项：

（1）锉刀必须装柄使用，以免刺伤手腕，松动的锉刀柄应装紧后再使用。

项目五 零件的锉削

（2）测量工件前要及时去毛刺，不准用嘴吹锉屑，要用毛刷清除，如图5-16所示。

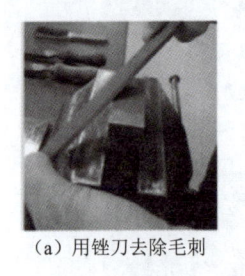  

（a）用锉刀去除毛刺　　　　　　（b）用毛刷清除碎屑　　　　　　（c）检测工件质量

图5-16　检测前要去毛刺及清理锉屑

（3）在锉削过程中，如果锉刀堵塞，应用钢丝刷顺着锉纹方向刷去锉屑；或用金属片剔除卡在锉刀齿里的锉屑，如图5-17所示。

 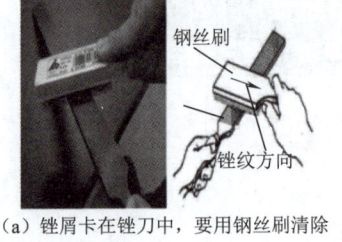 

（a）锉屑卡在锉刀中，要用钢丝刷清除　　　　（b）用金属片清理嵌在锉刀中的锉屑

图5-17　清理锉齿中夹杂的锉屑

（4）对铸件上的硬皮或粘砂、锻件上的飞边或毛刺等，应先用砂轮磨去，然后再进行锉削，以免损伤锉刀。

（5）锉削时不准用手触摸锉过的表面，否则容易受伤，且手上的油污与汗水容易沾到锉刀上，再进行锉削时容易打滑，如图5-18所示。

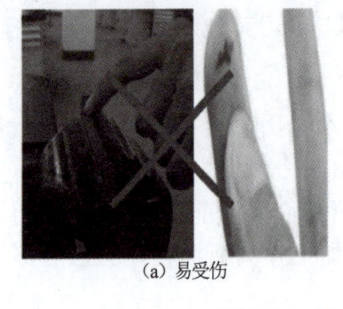 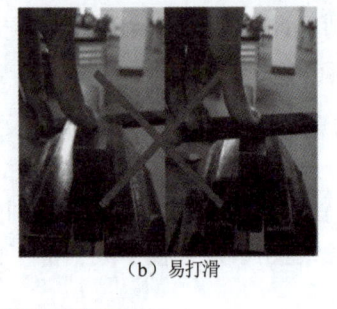

（a）易受伤　　　　　　　　　　　　　（b）易打滑

图5-18　禁止用手触摸锉削表面

（6）锉刀不能作撬棒或敲击工件用途，容易损害锉刀质量及使用寿命，且要防止锉刀折断伤人。

（7）放置锉刀时，不要使其露出工作台面，以防锉刀跌落伤脚；也不能把锉刀与锉刀叠放或锉刀与其他器具叠放。

（8）操作完成后，要将相关工量器具进行维护保养，并放回原位，做到整洁有序，如图5-19所示。

97

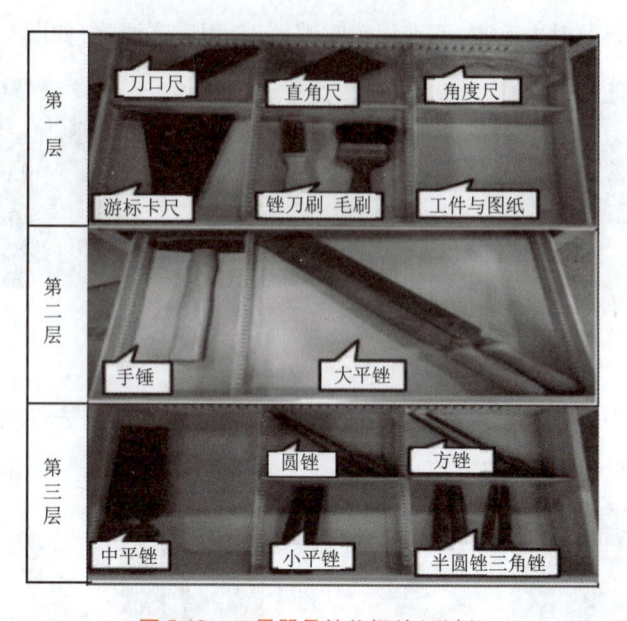

图 5-19　工量器具按位摆放（示例）

任务三　掌握曲面的锉削方法及检测

一、圆弧锉削

曲面锉削包括内、外圆弧面锉削，内、外圆锥面锉削，球面锉削，以及各种成型曲面锉削。内、外圆弧面锉削是其他各种曲面锉削的基础，本任务主要进行圆弧面的锉削知识学习，通过掌握圆弧面的锉削知识与方法，触类旁通，以达到认识与学习其他曲面的锉削方法。

1. 外圆弧面的锉削方法

（1）锉刀的选用。一般根据外圆弧面尺寸的大小选用适应规格的平锉，也可以用适应的半圆锉的平面部分进行锉削。

（2）锉削方法。锉刀要顺着圆弧面同时完成两种运动，即前进运动和绕工件圆弧中心的摆动，这种锉削方法适用于余量较小或精加工阶段。加工外圆弧面常用方法有滚锉与横锉两种，如图 5-20 所示。

①滚锉：顺着圆弧锉，锉削时锉刀向前，右手下压，左手随着上提，沿着圆弧面均匀锉削。这种锉法可使圆弧面光洁圆滑，但锉削力不大，切削效率低，适用余量较小或精锉圆弧，如图 5-20（a）所示。

②横锉：对着圆弧锉，锉削时锉刀做直线运动，并同时沿着圆弧面不断摆动。将圆弧外的部分锉成接近圆弧的多边形，再用顺着圆弧锉的方法精锉成圆弧，这种方法锉削力较大，效率比较高，但锉后使整个弧面呈多棱形，一般用于圆弧面的粗锉，如图 5-20（b）所示。

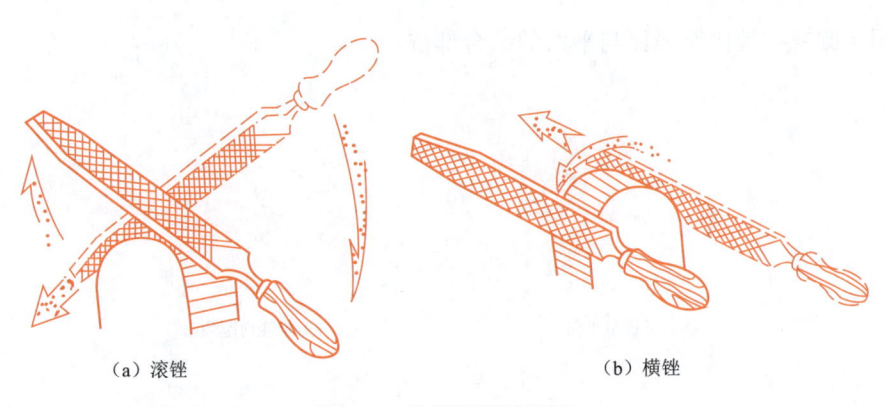

（a）滚锉 （b）横锉

图 5-20 外圆弧面的锉削

2. 内圆弧面的锉削方法

（1）锉刀的选用。锉削必须选用各种半圆锉、圆锉，并且锉刀的圆弧半径必须小于或等于加工圆弧的半径。

（2）锉削方法。锉削内圆弧面时，锉刀要同时完成三个运动：锉刀的前进运动、锉刀沿圆弧方向的左右运动、锉刀沿自身中心线的转动。锉削时必须使这三个运动同时作用于工件表面，才能保证锉出的内圆弧面光滑、准确。内圆弧面的锉削方法如图 5-21 所示。

①锉刀的前进运动：锉刀对着圆弧面做前后的直线运动，相当于横锉锉削。

②锉刀的左右运动：锉刀顺着圆弧面做少量的左右摆动，相当于推锉锉削。

③锉刀的转动：锉刀绕被锉削圆弧面中心做转动，即锉刀的自身转动。锉削时锉刀向前推，同时向左（或右）摆动以及锉刀的转动一起完成。

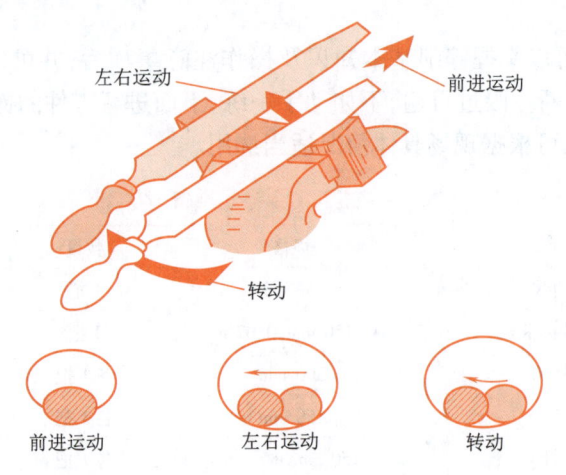

图 5-21 内圆弧面的锉削方法

3. 平面与曲面连接的锉削方法

当遇到平面与曲面相连接的情况时，一般应先加工平面，然后再加工曲面，使平面和曲面产生光滑连接，如图 5-22 所示。

（1）用平锉或半圆锉推锉窄平面。

（2）用半圆锉推锉内圆弧面与平面的结合部位。

（a）推锉窄平面　　　　　　　　　（a）推锉内圆弧面

图 5-22　平面与曲面连接的锉削方法

二、曲面轮廓度的检查方法

圆弧面质量一般包括轮廓尺寸精度、形状精度和表面粗糙度等内容。当轮廓度要求不高时，常用圆弧样板通过光隙法来检查。如果圆弧样板与工件接触面间的缝隙均匀、透光微弱，则曲面轮廓尺寸、形状精度合格。若圆弧样板与圆弧接触缝隙不匀，仅有几个点接触，说明圆弧轮廓精度太低，呈多棱形的圆弧。

任务四　动手练一练——零件的锉削

一、主要工量具准备清单

通过前面的学习，可以掌握锉削基本知识及操作注意事项后，并可以对锉削时容易产生的质量问题进行分析与诊断。眼过百遍，不如动手一练，下面进行零件的锉削操作练习，主要工量器具准备清单见表 5-4，可根据现场具体情况适当选用。

表 5-4　主要工量器具准备清单

序号	名称	规格	数量	备注
1	钢直尺	150 mm	1 把	
2	外径游标卡尺	0～150 mm，0.02 mm	1 把	
3	平锉刀	300 mm	各 1 把	多种规格
4	半圆锉	150 mm	各 1 把	多种规格
5	圆锉	150 mm，ϕ6 mm	各 1 把	多种规格
6	什锦锉	ϕ5 mm×180 mm×10 支	1 套	
7	台虎钳	150 mm	1 个	
8	刀口直尺	125 mm，0 级	1 把	
9	刀口直角尺	100×63 mm，1 级	1 把	
10	塞尺	0.02～1 mm	1 把	
11	木柄钢丝刷		1 把	

续表

序号	名称	规格	数量	备注
12	弯头划针	250 mm	1 支	
13	样冲	125 mm	1 支	
14	手工锤	500 g	1 把	
15	钢印	5 mm	1 盒	
16				可根据现场需要增加
17				
18				
19				

二、练习件操作指导

1. 实践图样

锉削是零件手动加工的基本操作之一,锉削基本技能的训练是零件手动加工的重点,通过锉削实践训练,重在掌握各类锉刀的握法、锉削的站立姿势和动作要领。图 5-23 所示为锉削练习件加工图样,请同学们根据图样相关要求制订锉削操作工艺,以保证锉削后的工件质量。

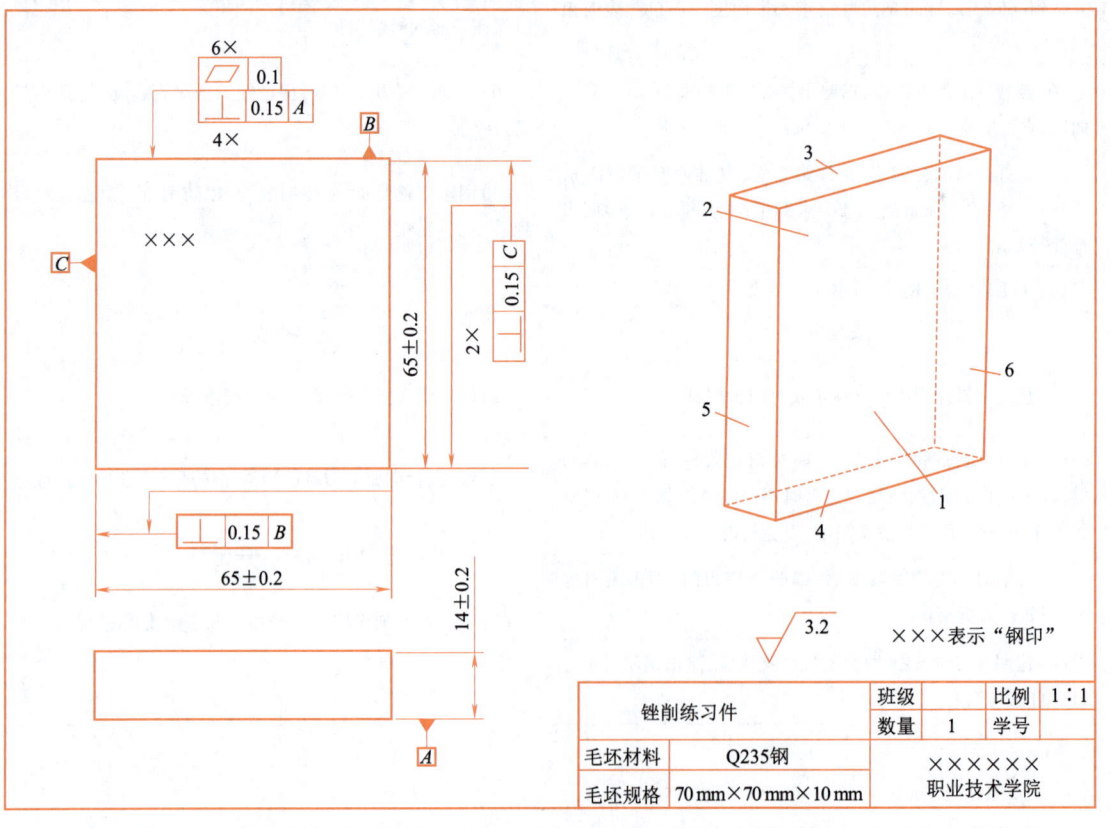

图 5-23 锉削练习件图

2. 任务实施

通过分析锉削练习件图样,综合前面所述锉削操作的基本知识,选取合适的锉刀,制订合理的工作步骤。锉削过程中,根据工作提示对容易出现的问题,如锉刀规格选用不当、锉削平面质量较差、锉刀打滑、锉削方法应用不当等进行分析,从而避免这些情况的发生。在实践操作过程中,要遵守安全文明操作要求,如实训室 7S 管理规范、安全操作规程、环保要求等,见表 5-5。

表 5-5　锉削练习任务实施

工作步骤	工作提示
(1)选用合适量具检测毛坯尺寸	(1)选用合适量具正确进行工件的检测,测量要到位,读数要准确
(2)选择合适的锉刀粗、精锉第 1 面(基准面 A),并达到平面度为 0.1 mm 和表面粗糙度 $Ra \leqslant 3.2$ μm 的要求	(2)工件装夹要正确,已加工面的装夹要垫上软钳口,以防夹伤表面
(3)选择合适的锉刀粗、精锉第 2 面(基准面 A 的对面),并达到 (14 ± 0.2) mm 的尺寸要求和平面度、表面粗糙度等要求	(3)粗、精锉时要根据工件材料及加工情况选用适当规格的锉刀
(4)选择合适的锉刀粗、精锉第 3 面(基准面 B),并达到平面度、垂直度及表面粗糙度等要求	(4)当锉屑卡在锉纹中时,要用正确的方法清除,不得敲击锉刀
(5)选择合适的锉刀粗、精锉第 4 面(基准面 B 的对面),并达到 (65 ± 0.2) mm 的尺寸要求和平面度、垂直度、表面粗糙度等要求	(5)锉削过程中粗锉与精锉要运用正确有效的锉削方法,以保证平面的锉削质量
(6)选择合适的锉刀粗、精锉第 5 面(基准面 C),并达到平面度、垂直度及表面粗糙度等要求	(6)锉削时用力要平衡,保证锉刀的平直运动,注意尽量满刀锉削
(7)选择合适的锉刀粗、精锉第 6 面(基准面 C 的对面),并达到 (65 ± 0.2) mm 的尺寸要求和平面度、垂直度、表面粗糙度等要求	(7)钢印位置要正,敲击时要稳,以防钢印飞出伤人或敲到手
(8)去毛刺,锐边倒钝,打钢印	
安全生产	环保要求
(1)按安全操作规程要求穿戴安全防护用具	(1)锉屑放入指定容器,按环保要求处理
(2)工件在台虎钳中夹紧,以防掉落伤人;锉削时站姿稳健,以防重心不稳撞伤;使用锉刀时不得随意挥舞锉刀,以防脱落伤人;锉刀面不得沾水沾油,以免打滑	(2)量具、台虎钳等器具的润滑油按环保要求进行选取与处理
(3)锉削时不得用嘴吹铁屑,以防弄伤眼睛;不得敲击锉刀,以防锉刀折断伤人	(3)零件手工制作实训室产生的垃圾要分类进行收集与处理
(4)运用锉刀时方法要得当,以防夹伤手;敲击钢印时小心砸到自己与他人	

3. 任务评价表

根据任务实施全过程进行考核评价,考核内容由职业素养、理论知识和实操质量等三部分

项目五　零件的锉削

进行,由此进行自评、互评和教师评价三个环节,以利于相互讨论与促进。根据三个环节的评分,进行锉削练习总结,对学到的知识、操作中出现的问题、如何进一步修正及提高操作技能进行个人总结与小组探讨,填写在表5-6中。

表5-6　锉削练习任务评价表

任务名称:锉削练习与考核						
考核内容		分值	评分标准	自评	互评	教师评价
职业素养	小组协作	5	根据各小组整体及成员个人的表现,酌情扣分,以1分为单位			
	学习纪律	5				
	学习态度	5				
理论知识	锉刀的选用	5	不会正确选用锉刀者扣1分/次;对锉刀的结构不熟悉者扣1分/次;量具的选用与使用不当者扣1分/次;其他酌情扣分,以1分为单位			
	量具的使用	5				
实操质量	14 ± 0.2	5	超差不得分			
	65 ± 0.2(两处)	10	超差不得分			
	平面度0.1 mm(6处)	18	超差一处扣3分			
	垂直度0.15 mm(8处)	16	超差一处扣2分			
	表面粗糙度$Ra3.2\ \mu m$(6个表面)	6	超差一处扣1分			
	锉削姿势	10	每次错误扣5分			
	安全文明操作	10	违反7S管理规范扣2分/次			
总　分		100				
任务考核最终分		100		(自评30% +互评30% +教师评价40%)		
锉削练习总结:(学到的知识、操作中出现的问题、如何进一步提高操作技能)						
专业班级			姓名		日期	

103

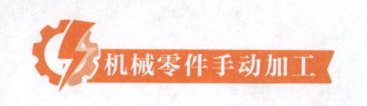

总结与思考

通过学习与思考,完成以下问题。

1.锉削练习时在台虎钳上装夹工件要注意哪些问题?

_____

_____

_____

_____

2.下面标记的含义是什么?

$$\sqrt{}^{3.2}$$

3.根据图5-24,描述你在实践训练时是如何综合运用这些方法来检测锉削平面的平面度的。

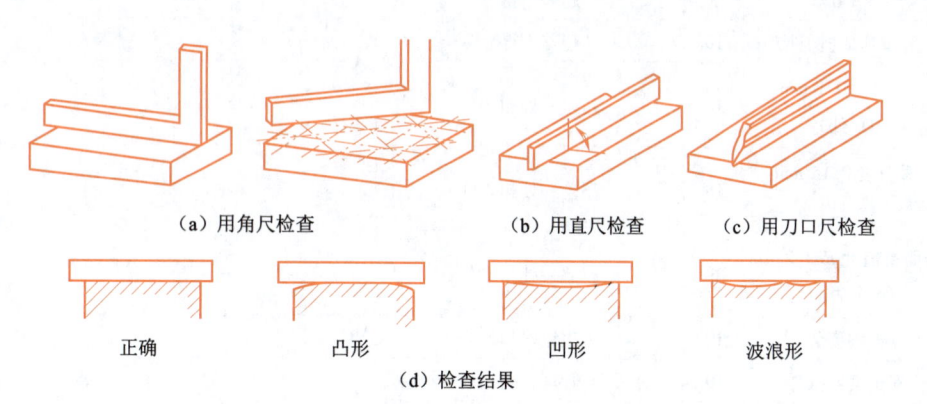

（a）用角尺检查　　　　（b）用直尺检查　　　（c）用刀口尺检查

正确　　　　　凸形　　　　　凹形　　　　波浪形

（d）检查结果

图5-24　检测工件平面度的相关方法

_____

_____

_____

_____

4.如何清除夹在锉刀锉齿中的锉屑?

_____

_____

_____

_____

_____

项目五　零件的锉削

5. 通过实践,分析锉削平面时工件表面出现凹凸现象的原因和预防措施。

6. 通过练习,说说你是如何保证锉削工件质量要求的。

7. 查阅资料,解释以下术语:

基本尺寸:

最大极限尺寸:

最小极限尺寸:

上偏差:

下偏差:

公差:

8. 如图 5-25 所示,根据所要锉削加工的工件填写合适的锉刀类型。

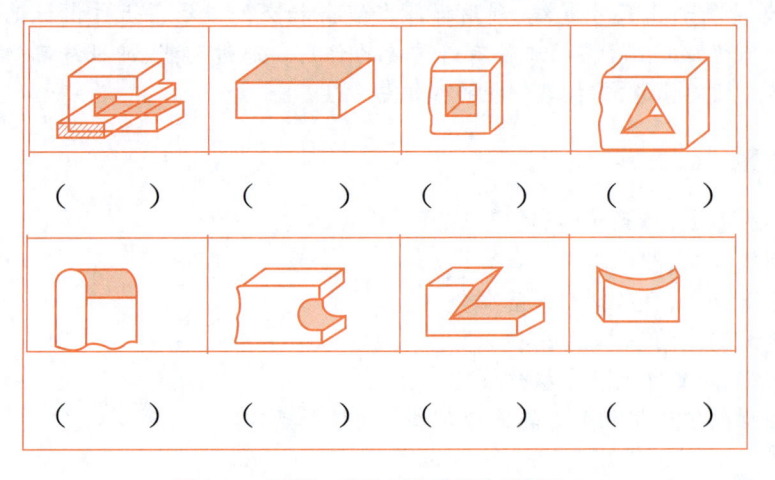

（　　）　（　　）　（　　）　（　　）

（　　）　（　　）　（　　）　（　　）

图 5-25　根据工件的形状选用合适的锉刀

105

项目六
零件的划线和冲眼

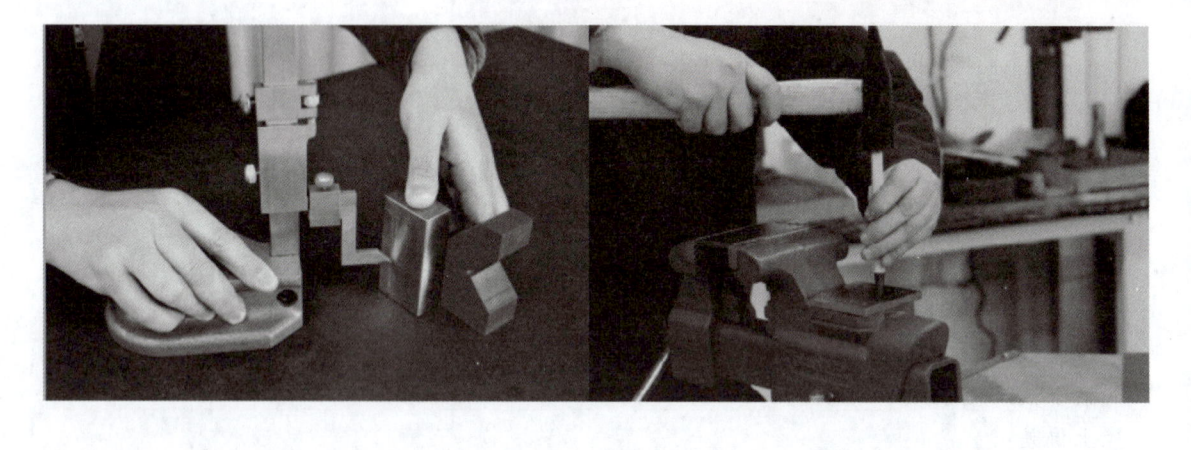

项目描述

　　划线就是在毛坯或工件的加工面上用划线工具划出待加工部分的轮廓或作为基准的点、线的操作过程。为清晰划出尺寸界线,利用样冲在线条相交处或线条上作出标记,这就是冲眼。划线、冲眼对于手动加工出合格的工件有着重要的作用。通过划线、冲眼练习,掌握划线、冲眼的基本操作方法,触类旁通,掌握敲钢印的知识与方法。

学习目标

　　(1)培养学生养成"细致谨慎、遵守规范"的优秀品质。
　　(2)认识划线工具、冲眼工具、钢印。
　　(3)学习基准知识,会选择划线基准。
　　(4)掌握平面划线的基本方法。
　　(5)掌握冲眼、敲钢印的基本操作技巧。
　　(6)根据图样熟练运用相关工具进行划线与冲眼等操作。

工作任务

　　任务一:认识划线工具及熟练运用
　　任务二:掌握划线基准的选择方法
　　任务三:动手练一练——零件的划线与冲眼
　　总结与思考:总结本项目所学知识,并完成相关问题的作答

项目六　零件的划线和冲眼

课前通过自主学习,收集相关信息资料:

案例场景

实践操作中,小明同学准备进行划线练习,他在钳工工具柜内拿起划针就开始划线,完成划线操作后再检测时发现尺寸超差,他愣在那里不知所措。同学小王看到后告诉小明,应该是划针有磨损而导致的问题。这时老师走过来询问了情况,检查工件与划针后,拿着划针在划线平板上重新进行划线,完成后再检查工件,尺寸均合格。

讨论问题

1. 你认为小明同学划线尺寸超差,应采取哪些措施改进?

2. 老师检查工件和划针并进行了重新划线,如果是你会怎样做?

任务一　认识划线工具及熟练运用

一、认识划线工具

常用的划线工具如图 6-1 所示。

划线工具种类繁多,主要用于机械加工中的划线工序,广泛用于单件或小批量生产之中,如图 6-2 所示,常用的划线工具按用途分类如下:

(1)基准工具。基准工具包括划线平台、方箱、V 型块、三角铁、弯板(直角板)以及各种分度头等。

(2)量具。量具包括钢板尺、外径游标卡尺、万能角度尺、直角尺以及测量长尺寸的钢卷尺等。

视频

划线操作

107

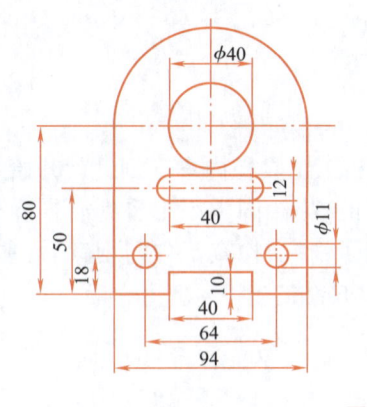
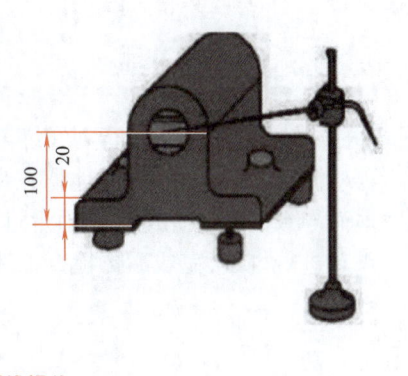

图 6-1　划线操作

(3)绘划工具。绘划工具包括划针、划线盘、高度游标卡尺、划规、划卡、平尺、曲线板以及手锤、样冲等。

(4)辅助工具。辅助工具包括垫铁、千斤顶、C 形夹头和夹钳,以及找中心划圆时打入工件孔中的木条、铅条等。

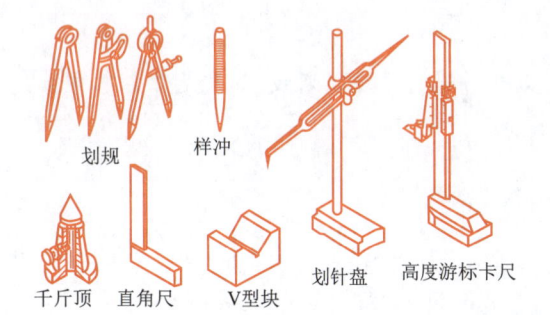

图 6-2　常用的划线工具

1.划线平台

划线平台是一种基准工具,常用的有大理石划线平台及铸铁划线平台,如图 6-3 所示。平台工作表面经过精刨或刮削,也可采用精磨加工方法制成。较大的划线平台由多块组成,适用于大型工件划线。它的工作表面应保持水平并具有较好的平面度,是划线或检测的基准。

(a)大理石划线平台

(b)铸铁划线平台

图 6-3　大理石划线平台与铸铁划线平台

项目六　零件的划线和冲眼

大理石划线平台的原材料是优质的大理石,它是由大理石经过精细的机械加工和手工精研而制成的。大理石划线平台的优势是:天然大理石密度高、强度好,稳定性优越,耐磨、耐压、耐酸碱、不生锈、不磁化,而且不容易变形。大理石划线平台可以适应多种产品,作为它们的测量基准面,能够很好地保证测量的准确性。

使用划线平台的注意事项:

(1)大理石划线平台使用前要用医用酒精将工作面洗净,并用脱脂棉纱擦拭干净,工件也需要清理干净,工件要轻放在平台上,不要磕碰,不得长时间把工件存放在大理石划线平台上。

(2)请勿敲击、碰撞划线平台。请勿在划线平台上放置其他物品。

(3)不得在划线平台上进行榔头敲、锉刀锉、砂布打光等动作。

(4)每次使用完大理石划线平台之后,要用轻质棉布或海绵清理工作面,可用中性肥皂水进行清理。

(5)不要在大理石划线平台工作面上拖拽重物,避免刮伤或划伤工作面,不要把很烫的物品直接放在大理石划线平台的工作面上。

(6)在使用铸铁划线平台的过程中要注意不要在潮湿,有腐蚀、过高和过低的温度环境下使用和存放。

(7)划线平台要实行周期检定,检定周期要根据使用的具体情况确定,一般为1年。

2. 方箱

方箱一般由铸铁制成,各表面均经刨削及刮削加工,六面成直角,常用于零部件平行度、垂直度的检验和划线,以及检验或划精密工件的任意角度线,如图6-4(a)所示。方箱可根据材料划分为铸铁方箱和大理石方箱。我国方箱标准将方箱分为6级,即000、00、0、1、2、3级。根据其尺寸规格分为100 mm、150 mm、200 mm、250 mm、300 mm、350 mm、400 mm、500 mm、600 mm等。

3. V型块

V型块一般由铸铁或碳钢精制而成,相邻各面互相垂直,适用于轴类检验、校正、划线,还可用于检验工件的垂直度,平行度,以及精密轴类零件的检测、划线、定位及机械加工中的装夹等,是平台测量中的重要辅助工具。图6-4(b)所示为带有夹持弓架的V型块,可以把圆柱形工件牢固地夹持在V型块上,翻转到各个位置划线。V型块常分为检验V型块、划线V型块、多口V型块、单口V型块等。

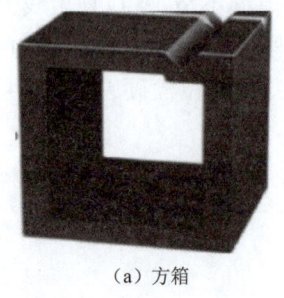

（a）方箱

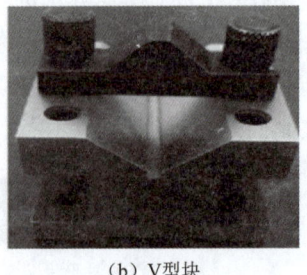

（b）V型块

图6-4　方箱与V型块

109

4. 划规

划规也称圆规、划卡、划线规等,在钳工划线工作中可以划圆和圆弧、等分线、等分角度以及量取尺寸等,是用来确定轴及孔的中心位置、划平行线的基本工具。常用的有普通划规、扇形划规、弹簧划规和长划规,如图6-5所示。

划规一般由工具钢或不锈钢制成,两脚尖端淬硬,或在两脚尖端焊上一段硬质合金,使之耐磨。划规可以量取尺寸、定角度、划分线段、划圆、划圆弧线、测量两点间距离等。

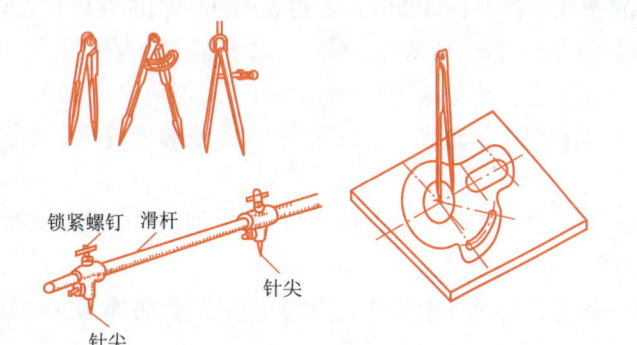

图6-5　常用划规

5. 划针

划针是用来在被划线的工件表面沿着钢板尺、直尺、角尺或样板进行划线的工具,有直形划针和L形划针之分,如图6-6所示。划针一般由4~6 mm弹簧钢丝或高速钢制成,尖端淬硬,或在尖端焊接上硬质合金。

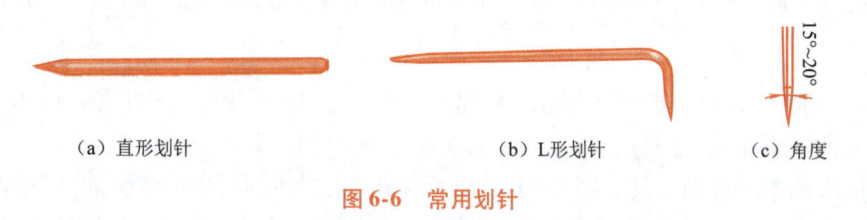

（a）直形划针　　　　　　（b）L形划针　　　　（c）角度

图6-6　常用划针

6. 样冲

在钳工、机械钻孔中,为了避免划出的线被擦掉或模糊不清,要在划出线上以一定的距离打一个小孔(小眼)作标记,使用的这个冲子称为样冲。样冲可用来在已划好的线上冲眼,或用来标记尺寸界限及确定中心。样冲一般由工具钢制成,尖梢部位淬硬,也可以由较小直径的报废铰刀、多刃铣刀改制而成,如图6-7所示。

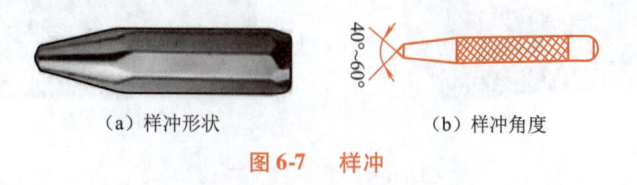

（a）样冲形状　　　　　　（b）样冲角度

图6-7　样冲

7. 划线盘

划线盘是在工件上划线和校正工件位置的常用工具,可用来划线或找正工件的位置。划线盘主要由底座、立柱、划针和夹紧螺母等组成,如图6-8(a)所示。划针两端分为直头端和弯头端,直头端用来划线,弯头端常用来找正工件的位置,如找正工件表面与表面的平行等。一般划线盘的划针一端(尖端)都焊上硬质合金以便更有效地进行划线。划线盘刚性好,不易产生抖动,价格实惠,故应用很广。

8. 千斤顶

通常三个一组使用,螺杆的顶端淬硬,一般用来支承形状不规则、带有伸出部分的工件和毛坯件,以进行立体划线和找正工作,如图6-8(b)和图6-8(c)所示。

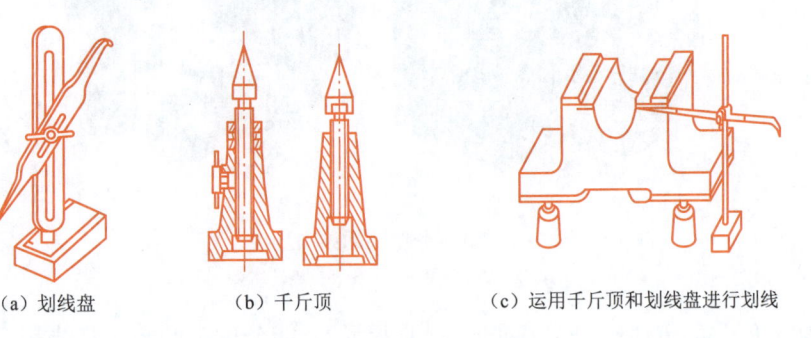

    (a)划线盘   (b)千斤顶   (c)运用千斤顶和划线盘进行划线

图6-8 划线盘与千斤顶

9. 垫铁

垫铁是用于支承和垫平工件的工具,便于划线时找正,一般用铸铁和碳钢加工制成。常用的垫铁有平行垫铁、V型垫铁和斜楔垫铁,如图6-9所示。

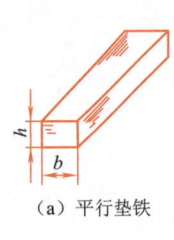 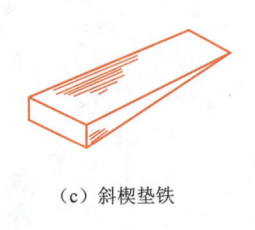

    (a)平行垫铁   (b)V型垫铁   (c)斜楔垫铁

图6-9 垫铁

10. 万能分度头

万能分度头是一种较准确的等分角度常用工具,是铣床上等分圆周用的附件,钳工在划线中也常用它对工件进行分度和划线。

(1)万能分度头的规格。以分度头主轴中心线到底座的距离表示。

例如,FW125型,代号中F代表分度头,W代表万能型,125表示以分度头主轴中心线到底座的距离表示为125 mm。

(2)万能分度头的作用。在分度头的主轴上装有三爪卡盘,把分度头放在划线平板上,配合使用划线盘或量高尺,便可进行分度划线。还可在工件上划出水平线、垂直线、倾斜线、等分线或不等分线。

(3)万能分度头的结构。分度头的底座内装有旋转体,分度头主轴可随旋转体在垂直平面

111

内向上 90°和向下 10°范围内转动。主轴前端常装有三爪卡盘或顶尖,分度时拔出定位销,转动手柄,通过齿数比为 1/1 的直齿圆柱齿轮副传动,带动蜗杆转动,又经齿数为 1:40 的蜗轮蜗杆副传动、带动主轴旋转分度。从外观上可看出万能分度头一般由底座、分度手柄、分度盘、顶尖、主轴、旋转体、扇形夹等组成,如图 6-10 所示。

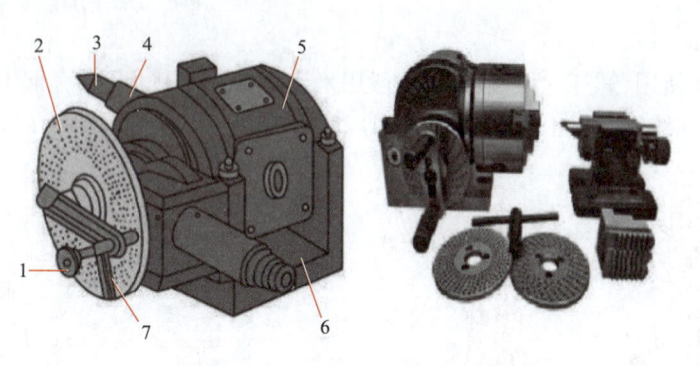

图 6-10　万能分度头的结构及实物图

1—分度手柄;2—分度盘;3—顶尖;4—主轴;5—旋转体;6—底座;7—扇形夹

（4）万能分度头的传动原理。根据图 6-11 所示,万能分度头的传动路线是:手柄→齿轮副(传动比为 1:1)→蜗杆与蜗轮(传动比为 1:40)→主轴。可算得手柄与主轴的传动比是 1:1/40,即手柄转一圈,主轴则转过 1/40 圈。

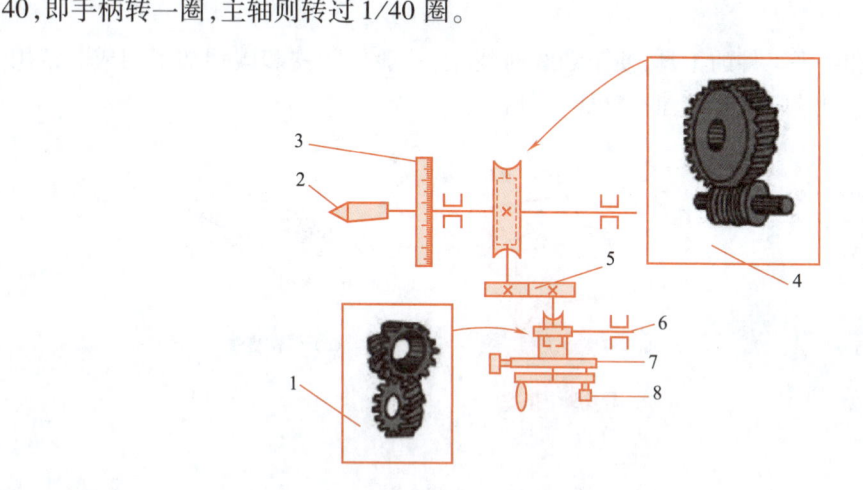

图 6-11　万能分度头的传动示意图

1—1:1 螺旋齿轮传动;2—主轴;3—刻度盘;4—1:40 蜗轮传动;

5—1:1 齿轮传动;6—挂轮轴;7—分度盘;8—定位销

（5）万能分度头的分度方法。分度头的分度方法有直接分度法、单式分度法、复式分度法、差动分度法,近似分度法等,下面重点介绍直接分度法和单式分度法。

①直接分度法。当分度数目很少且分度精度要求不高时,可采用直接分度法。分度时,先松开锁紧螺钉,扳动手柄,使分度头内部的蜗轮和蜗杆脱开。然后用手直接转动主轴进行分度,而不通过分度手柄和蜗杆,分度时所转过的角度,可以从固紧在主轴上的刻度盘直接读出。分度完毕后,扳动手柄将主轴锁紧。

直接分度方法简便,但分度精度较低,铣削时刚性较差,一般很少应用。在实践应用中直接分度可以做一块 12 孔的分度盘,通过定位销插入分度盘来分度。这样分度既方便又快捷,精度也较高。

②单式分度法。单式分度法是最常用的分度方法之一,它是直接利用分度盘,通过蜗杆蜗轮的传动来分度的。从图 6-11 中可以看出分度头的速比为 1:40,即分度手柄转 40 转,主轴转 1 转。由此可知,当工件的分度数目为 Z 时,则主轴应转 $1/Z$ 转,设此时手柄应转过 n 转,则有

$$n:1/Z = 40:1$$

得出

$$n = 40/Z$$

上式便是单式分度法的计算公式,式中,n 为在工件转过每一等分时分度头手柄应转过的圈数;Z 为工件等分数;40 称为分度头定数。

例如,要在工件的某圆周上划出均匀分布的 10 个孔,试求出每划完一个孔的位置后手柄转过的圈数。

解:根据 $n = 40/Z$,有 $n = 40/10 = 4$(圈)。

即每划完一个孔的位置后,手柄应转过四圈再划另一个孔,依此类推。

那么,当计算结果 n 不是整数时,又如何分度呢?

例如,在一圆盘端面上划六边形,求先划一条线后,手柄应转几圈后再划第二条线?

解:根据公式 $n = 40/Z$,有 $n = 40/Z = 40/6 = 6\dfrac{2}{3}$(圈)

用万能分度头分度时,手柄转过的整数 6 圈是容易控制的,那剩下来的 2/3 圈则需要换算。

如果分度盘上有一圈 3 个孔的孔圈时,那问题就很容易解决了,即再转过 2 个孔就是 2/3 圈。如果没有,就需要通过分度盘来控制了。首先要弄清楚分度盘的结构与作用,如图 6-12 所示。

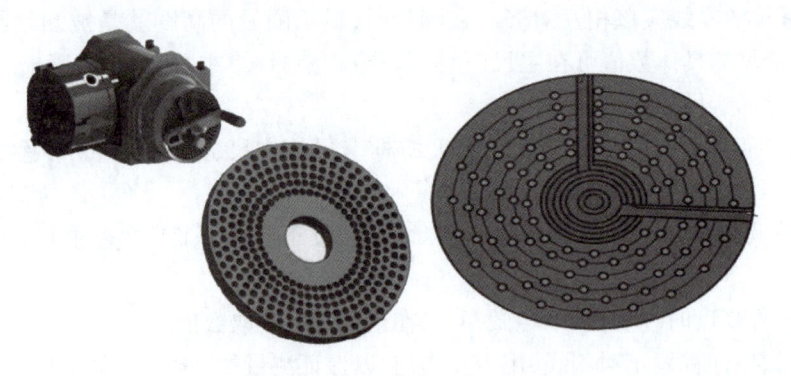

图 6-12　万能分度头的分度盘

常用的国产分度头一般备有两块分度盘,分度盘正反两面上有许多数目不同的等距孔圈。

第一块分度盘正面各孔圈数依次为 24、25、28、30、34、37;反面各孔圈数依次为 38、39、41、42、43。

第二块分度盘正面各孔圈数依次为 46、47、49、51、53、54;反面各孔圈数依次为 57、58、59、62、66。

通过分度盘就能将 2/3 圈进行换算,将 2/3 扩大整数倍,使扩大后的分母符合分度盘上的

某一圈的孔数值。分子扩大相同倍数后的数值,即为在该圈上应转过的孔距数。现分度盘有一圈孔数为30,可将2/3的分子与分母同时扩大10倍即20/30。将手柄在30个孔的孔圈上转过6圈后,再转过20个孔即可。

11. 高度游标卡尺

高度游标卡尺是用来测量零件的高度和进行精密划线的,其刻度原理、读数方法与普通游标卡尺相同。

高度游标卡尺既是检具,又可作为划线工具。因为有一个稳定的垂直尺身的基准底座,能够在检测时,保证测量中尺寸方向的平行垂直关系,所以在某些检测项目上更加方便准确,而且能够测量到一些普通游标卡尺量不到的地方,如图6-13所示。

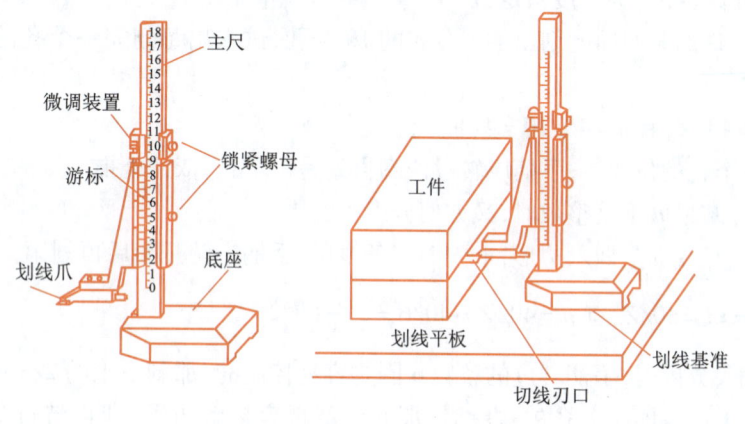

图6-13 高度游标卡尺的结构及划线操作

高度游标卡尺的测量工作应在平台上进行。当量爪的测量面与基座底平面位于同一平面时,主尺与游标尺的零线应该相互对齐。在测量时,量爪测量的高度就是被测量零件的高度尺寸。高度游标卡尺的具体数值可在主尺(整数部分)和游标尺(小数部分)上读出。

使用高度游标卡尺的注意事项:

(1)测量前应擦净工件测量表面和高度游标卡尺的主尺、游标、测量爪,检查测量爪是否磨损。

(2)使用前调整量爪的测量面与基座的底平面位于同一平面,检查主尺、游标零线是否对齐。

(3)测量工件高度时,应将量爪轻微摆动,在最大部位读取数值。

(4)读数时,应使视线正对刻线,用力要均匀,以保证测量的准确性。

(5)使用中注意清洁高度游标卡尺测量爪的测量面。

(6)不能用高度游标卡尺测量锻件、铸件表面或运动中的工件表面,以免损坏高度游标卡尺。

(7)应用高度游标卡尺划线时,调好划线高度,用紧固螺钉把尺框锁紧后,再在平台上进行划线。

(8)使用结束的高度游标卡尺应擦净上油并放入专用盒中保存。

项目六　零件的划线和冲眼

任务二　掌握划线基准的选择方法

一、基准的概念

基准就是用来确定生产对象上几何关系所依据的点、线或面。基准分为设计基准和工艺基准,划线基准是工艺基准中的一种。

1. 设计基准

在设计过程中,根据零件在机器中的位置和作用,为了保证其使用性能而确定的基准。

2. 划线基准

在划线时选择工件上的某个点、线、面作为依据,用它来确定工件的各部分尺寸、几何形状及工件上各要素的相对位置。

二、划线基准的选择原则

1. 划线基准的选择方法

(1)分析图样,找出设计基准。

(2)使划线基准与设计基准尽量一致。

(3)能够直接量取划线尺寸,简化换算过程。

(4)划线时,应从划线基准开始。

(5)划线基准一般可根据以下三个原则来选择。

①以两个互相垂直的平面(或线)为划线基准,如图 6-14 所示。

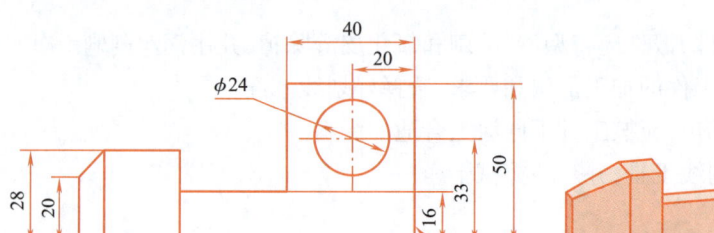

图 6-14　划线基准的选择原则一

②以两条中心线为划线基准,如图 6-15 所示。

③以一个平面和一条中心线为划线基准,如图 6-16 所示。

2. 划线的准备工作

(1)必须首先调试划线平台的水平,达到划线的要求。

(2)将划线平台擦拭干净,平台确保不存在任何问题。

(3)在使用过程中,尽量减少工件和划线平台工作面的碰撞,避免损坏划线平台的表面,工

115

件质量应不超过额定负载。

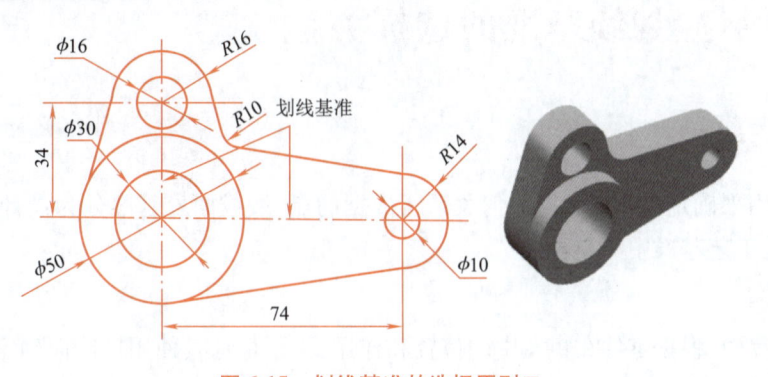

图 6-15　划线基准的选择原则二

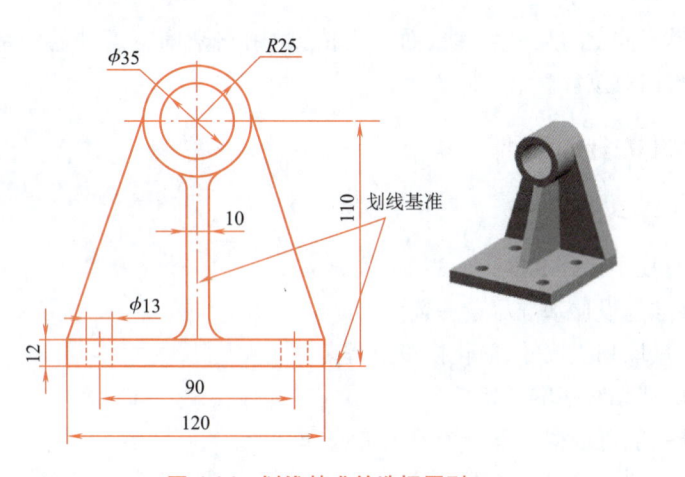

图 6-16　划线基准的选择原则三

（4）清理工件，对铸件、锻件应将型砂、毛刺和氧化皮等除掉，并用钢丝刷刷干净。

（5）分析图样，了解工件的加工部位和要求，选择好划线基准。

（6）在工件的划线部位，应按工件不同涂上合适的涂料。

（7）准备好所用的划线工具，并一一擦拭干净。

3. 划线的步骤

（1）看清图样，详细了解工件上需要划线的部位，明确工件及其划线有关部分在产品中的作用和要求，并了解有关后续的加工工艺。

（2）确定好划线基准。

（3）初步检查毛坯的误差情况，确定借料的方案。

（4）正确安放工件和选用工具。

（5）划线，先划基准线和位置线，再划加工线，即先划水平线，再划垂直线、斜线，最后划圆、圆弧和曲线。

（6）仔细检查划线的准确性及是否有线条漏划，对错划或漏划则应及时改正，保证划线的准确性。

（7）在线条上冲眼。冲眼必须打正，毛坯面要适当深些，已加工面或薄板件要浅些、稀些。

项目六　零件的划线和冲眼

精加工面和软材料上可不打样冲眼。

4.划线的操作方法

划线的目的是把尺寸和形状传递到工件上,划线的精度影响到工件的质量。只有在准确的划线后才能够继续加工工件。划线时要注意划针角度与工作角度,确保划针与工件保持适当倾斜,以确定划针尖在正确的位置,如图6-17所示。

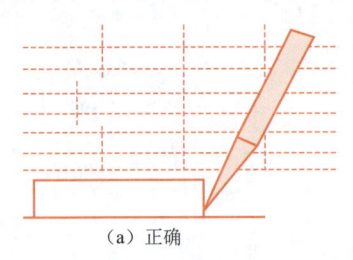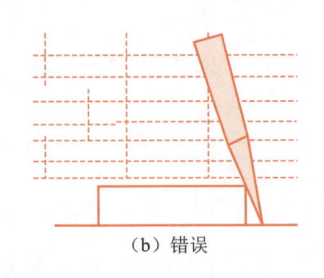

（a）正确　　　　　　　　　　　（b）错误

图6-17　注意划线的角度

5.划线操作时要注意的问题

划线时常使用直尺或角尺引导划针进行划线,如图6-18所示,划线操作时要细致谨慎,避免划伤手指及工件表面,同时要注意以下情况:

（1）把所有的尺寸准确、整洁地划在工件上。

（2）划线必须清晰可见,并且不要有重线。

（3）在测量时应使用钢尺和游标卡尺。

（4）在引导划针时使用直尺或者划线角尺。

（5）粗糙的表面划线时应涂上粉笔或者划线漆。

（6）划针、划规必须淬火和刃磨好。

（7）应用划针划线时,操作时不要有间断。

（8）轻金属和较薄的材料要用铅笔划线。

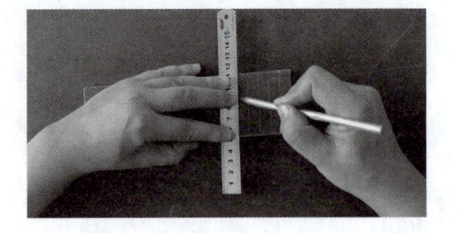

图6-18　使用直角尺或直尺引导划针进行划线

三、冲眼的操作方法

视　频

冲眼操作

冲眼的目的有三:一是钻孔时定心;二是划线的检测;三是冲眼放置划线工具的孔。冲眼时要对准位置,手要拿稳,然后一锤敲下去,如果没有跑偏,第一锤的眼浅,可以对准后再补一锤。

冲眼要点:样冲保持垂直,下冲点要准确。间距适当,转折点必冲眼。冲点清楚,大

117

小适当。冲眼的实施步骤见表6-1。

表6-1　冲眼的实施步骤

步骤	图示
（1）检测样冲的尖部是否磨削完好并且在中心位置	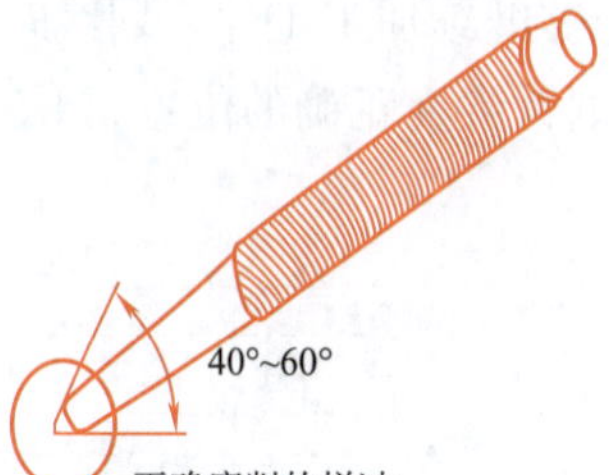 40°~60° 正确磨削的样冲
（2）用两个或者四个手指捏住样冲，为了便于更好地观察，把样冲倾斜的（约30°）放置在交点上	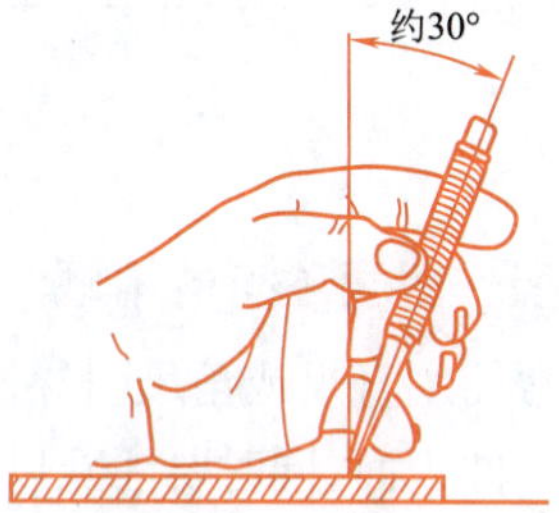 约30°
（3）垂直放置样冲，不要改变尖部的位置，手放在工件上起支撑作用	
（4）用钢锤垂直敲击样冲，让样冲把力传递到工件表面上，根据材料的硬度决定敲击力的大小	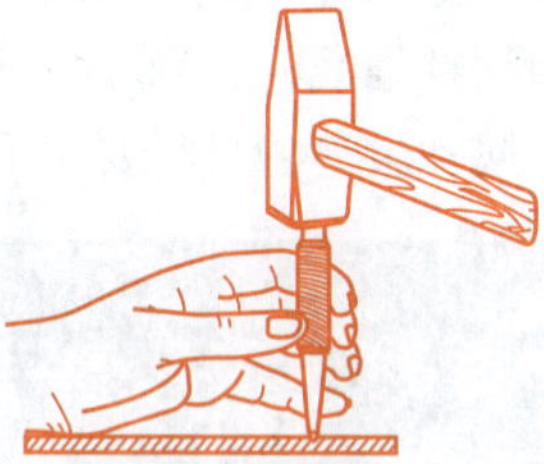

四、敲钢印

敲钢印即使用钢印在工件的表面敲上数字或者字母，如图6-19所示。钢印通常分为数字和字母钢印两种，有不同的规格大小，和凿子一样钢印头部涂层较硬，而杆部较软，敲钢印时要特别注意手持钢印的姿势，且要抓紧，防止钢印被敲飞而伤人。

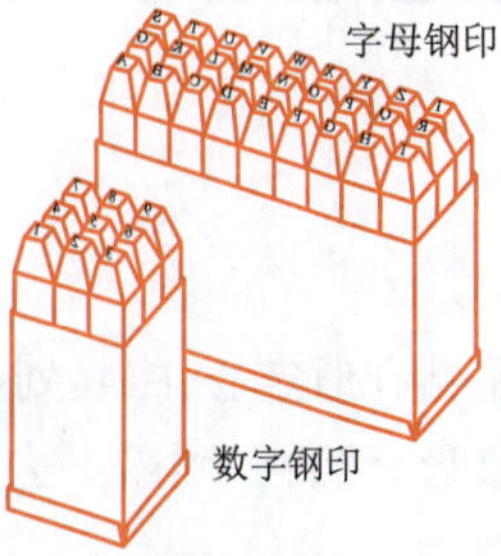

字母钢印

数字钢印

（a）钢印的种类 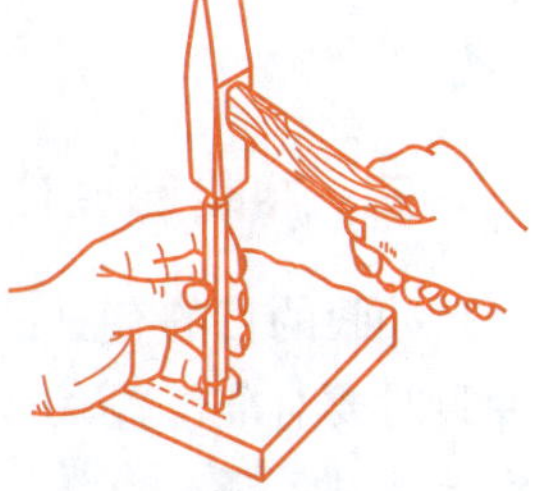　　　（b）敲钢印的姿势

图6-19　敲钢印

项目六 零件的划线和冲眼

任务三 动手练一练——零件的划线与冲眼

一、主要工量器具准备清单

通过前面的学习,可以认识常用的划线与冲眼器具,掌握零件划线与冲眼的基本知识及操作注意事项,并可以对操作时容易产生的问题进行分析。眼过百遍,不如动手一练,下面进行零件的划线与冲眼操作练习。主要工量器具准备清单见表6-2,可根据现场具体情况适当选用。

表6-2 主要工量器具准备清单

序号	名称	规格	数量	备注
1	大理石划线平台	1 500 mm×1 500 mm	1个	0级
2	高度游标卡尺	0.02 mm,300 mm	1把	
3	外径游标卡尺	0.02 mm,150 mm	1把	
4	钢直尺	150 mm,300 mm	各1把	
5	弯头划针	250 mm	1支	
6	合金划规	200 mm	1把	
7	样冲	125 mm	1支	
8	手工锤	500 g	1把	
9	平锉	200 mm,中齿	1把	
10	钢印	5 mm	1盒	数字码
11	V型块	105 mm×105 mm	1盒	
12				
13				可根据现场需要增加
14				
15				

二、练习件操作指导

1. 实践图样

划线与冲眼是零件手动加工的基本操作之一,也是保证零件生产质量的关键。通过划线与冲眼实践训练,应熟悉各类划线工具的综合应用、工件划线工具的合理选用和使用相关工具的动作要领。图6-20所示为划线与冲眼练习件图样,请同学们根据图样相关要求制订操作工艺,以保证划线与冲眼的质量,提升操作技能的水平。

2. 任务实施

通过分析划线与冲眼练习件图样,综合前面所述基本操作的相关知识,选取合适的划线与冲眼工具,制订合理的工作步骤。操作过程中,根据工作提示,对容易出现的问题如器具选用不

119

当、划线歪斜、尺寸精度较差、样冲容易脱落、冲眼质量较差等进行分析,从而尽量避免这些情况的发生。在实践操作过程中,要遵守安全文明操作要求,如实训室 7S 管理规范、安全操作规程、环保要求等。划线与冲眼练习任务实施见表 6-3。

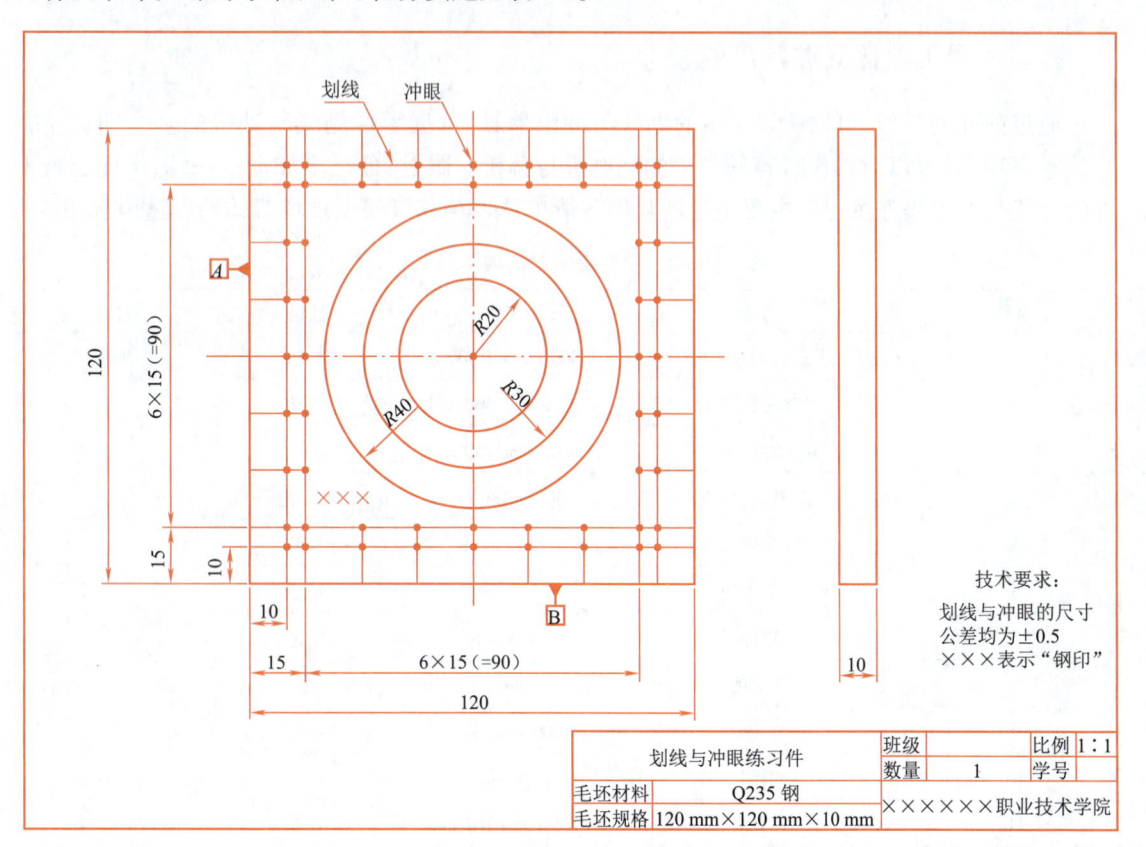

图 6-20　划线与冲眼练习件图

技术要求:
划线与冲眼的尺寸
公差均为±0.5
×××表示"钢印"

划线与冲眼练习件		班级		比例	1:1
		数量	1	学号	
毛坯材料	Q235 钢	×××××职业技术学院			
毛坯规格	120 mm×120 mm×10 mm				

表 6-3　划线与冲眼练习任务实施

工作步骤	工作提示
(1)选用合适的量具检测毛坯	
(2)准备好相关划线工具,如划线平台、V 型块、高度游标卡尺等,熟悉工件图样,选择好合适的划线基准	(1)根据图样分析,选择及准备好相应的划线工具
(3)以基准面 A 为划线基准,将基准面 A 贴合在划线平台上,用 V 型块紧靠工件,应用高度游标卡尺将 10 mm、15 mm、60 mm 等尺寸划线好,其中 6×15 mm 的线条划短线,中间部分不要划线,保证线条清晰、平直	(2)应用高度游标卡尺划线时,要及时对卡尺进行调零检验,并要准确调整好相关尺寸,以保证划线尺寸精度
(4)转动工件 90°,以基准面 B 为划线基准,将基准面 B 贴合在划线平台上,用 V 型块紧靠工件,应用高度游标卡尺将 10 mm、15 mm、60 mm 等尺寸线划好,其中 6×15 mm 的线条划短线,中间部分不要划线,保证线条清晰、平直	(3)应用划线平板与 V 型块作为基准划线工具时,要使工件的划线基准与划线平台和 V 型块的基准面紧密贴合,以保证划线尺寸精度

项目六 零件的划线和冲眼

续表

工作步骤	工作提示
（5）将工件平放在台虎钳砧台上，根据图样用样冲与手锤将各线交点进行冲眼，使冲眼清晰、匀称	（4）敲样冲时，要注意手持样冲的正确姿势，用力要适当，保证作标记用的冲眼深浅适当；敲样冲与敲钢印必须将工件放置在台虎钳的砧台位置
（6）将工件平放在划线平台上，根据图样用划规及钢直尺划出三个圆，保证尺寸正确，圆弧线条清晰	
（7）去毛刺，打钢印	（5）钢印位置要正，敲击时要稳，以防钢印飞出伤人或敲到手
安全生产	环保要求
（1）按安全操作规程要求穿戴安全防护用具	（1）铁屑放入指定容器，按环保要求处理
（2）清除工件毛刺，轻拿轻放工件，以防工件划伤划线工作台的表面；使用划针及划规时要注意用力适当，避免针尖伤人	（2）抹布、划线颜料、颜色涂抹剂在有标记的容器分类处理；相关润滑油要按环保要求进行选取与处理
（3）敲样冲时要姿势正确，用力可靠，避免敲击时样冲飞出伤人；也要避免手锤砸伤自己	（3）零件手工制作实训室产生的垃圾要分类进行收集与处理
（4）使用完毕，划线针和圆规尖要用软木或皮套包好再存放，以免扎伤	

3. 任务评价表

根据任务实施全过程进行考核评价，考核内容由职业素养、理论知识和实操质量等三部分进行，由此进行自评、互评和教师评价三个环节，以利于相互讨论与促进。根据三个环节的评分，进行划线与冲眼练习总结，对学到的知识、操作中出现的问题、进一步修正及提高操作技能方法进行个人总结与小组探讨，填写在表6-4中。

表6-4 划线与冲眼练习任务评价表

任务名称：划线与冲眼练习与考核						
考核内容		分值	评分标准	自评	互评	教师评价
职业素养	小组协作	5	根据各小组整体及成员个人的表现，酌情扣分，以1分为单位			
	学习纪律	5				
	学习态度	5				
理论知识	划线工具的选用	5	不会正确选用划线工具者扣1分/次；量具的选用与使用不当者扣1分/次；其他酌情扣分，以1分为单位			
	量具的使用	5				
实操质量	直线划线质量	28	8条长线，20条短线，要求尺寸公差±0.5 mm，超差不得分，每条线1分			
	冲眼质量	28	56个冲眼，要求冲于线的交点位置，深浅一致，每个点计0.5分			

121

续表

考核内容		分值	评分标准	自评	互评	教师评价
实操质量	圆弧划线质量	9	3 个圆弧,要求线条清晰,圆心点一致到位,每个圆弧计 3 分			
	安全文明操作	10	违反 7S 管理规范扣 2 分/次			
总　分			100			
任务考核最终分		100		(自评 30% + 互评 30% + 教师评价 40%)		

学生总结:(学到的知识、操作中出现的问题、进一步提高操作技能的方法)

专业班级		姓名		日期	

总结与思考

通过学习与思考,完成以下问题。

1. 你如何理解"划线"?

2. 列举出常用的划线工具,并说出你在生活中所见过的类似划线的事例。

项目六　零件的划线和冲眼

3. 为什么要在工件上冲眼?

4. 应用什么来保护划针尖?

5. 在冲眼时,你的目光要注视在哪个点上?

6. 你是怎样理解"划线基准"这个概念的?

7. 列举重要的测量和划线工具。

机械零件手动加工

8. 使用划针和样冲时要注意哪些安全问题?

_____

_____

_____

_____

9. 如果要将一圆周 12 等分,请问手柄需转多少圈?并请描述在万能分度头上如何具体操作。

_____

_____

_____

_____

10. 请根据图 6-21,判断图 a 与图 b 所示划线姿势是否正确,并结合自身划线实践操作看是否出现过此类型错误。

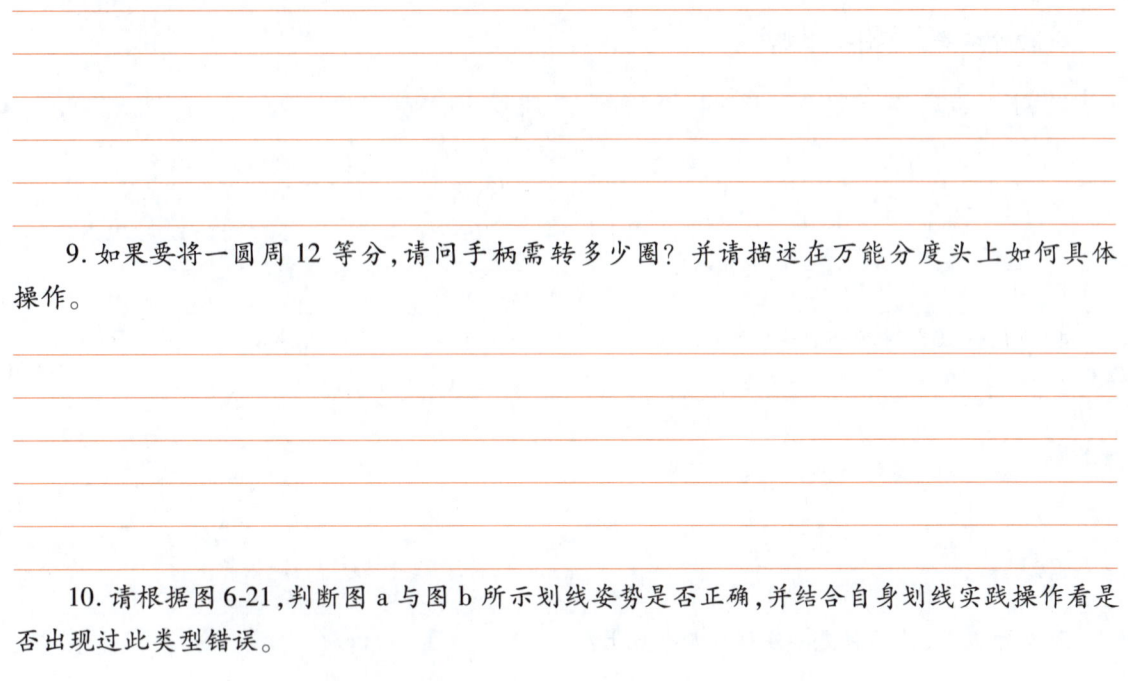

图 6-21　划针运用姿势练习图

11. 根据图 6-22 所示划线器具,实践操作完成在 ϕ30 mm 圆钢端面上划出 20 mm × 20 mm 的正方形,并写出划线步骤。

_____

_____

_____

_____

_____

图 6-22　圆柱体的划线操作

124

项目七
零件的孔类加工

项目描述

孔类加工是零件手动加工的重要知识内容,本项目介绍孔类加工刀具如麻花钻、中心钻、扩孔钻、铰刀等的结构与选用。孔类加工学习重点是掌握钻孔的相关知识与方法,对麻花钻的应用和刃磨是掌握孔类加工方法的重中之重,触类旁通掌握其他孔类加工技巧。学会正确使用台钻,能独立选取并调整转速、正确定位装夹零件、顺利完成孔的加工是本项目的主要目的。

学习目标

(1)培养学生具备"细致谨慎、刻苦求实"的优秀品质。

(2)了解常见的孔类加工知识,能合理选择孔的加工方法。

(3)认识麻花钻的结构及角度,并掌握麻花钻的刃磨技能。

(4)会独立、安全的操作台钻,并掌握钻孔的技能。

(5)继续加强7S管理规范执行,注意加工中的安全事项。

125

工作任务

任务一:认知孔加工基本知识

任务二:掌握麻花钻的基本知识及刃磨方法

任务三:掌握台钻的基本知识并熟练运用

任务四:动手练一练——零件的孔加工

总结与思考:总结本项目所学知识,并完成相关问题的作答

课前通过自主学习,收集相关信息资料:

案例场景

实践操作中,小明同学准备对零件进行钻削,他在钳工工具柜上选择了一支麻花钻,并用台钻进行钻削加工,在加工时他发现无论怎么用力都切削得很不顺畅,而且台钻还有抖动现象,加工效率很低,小明很疑惑。同学小王看到后告诉小明,说是麻花钻磨损了的原因,需要更换一支新的麻花钻,但小明认为是机床工作台没有锁紧的原因,两人争执起来。这时老师走过来询问了情况,然后重新换了一台钻床,小明一试感到钻削起来很轻松,效率也很高,而且表面质量也提高了。

讨论问题

1. 你认为小明出现钻削不顺畅的现象,应采取哪些措施来改进?

2. 老师通过更换钻床解决了问题,如果是你会怎么做?

任务一 认知孔加工基本知识

一、认识孔的常见加工方法

孔的加工一般分为钻孔、铰孔、扩孔、镗孔、拉孔等。可以选用钻头、镗刀、扩孔钻、铰刀、拉刀进行孔的加工。为了保证孔的质量,常选用合适尺寸的麻花钻、扩孔钻、铰刀对孔依次进行加工,如图 7-1 所示。

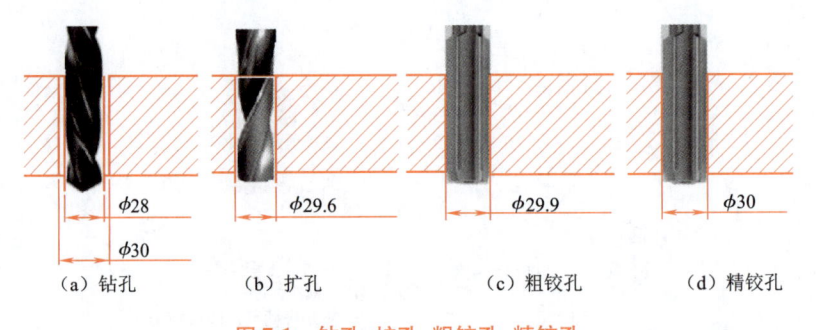

| （a）钻孔 | （b）扩孔 | （c）粗铰孔 | （d）精铰孔 |

图 7-1 钻孔、扩孔、粗铰孔、精铰孔

孔的加工方法有多种,为了选择合适的加工方法,必须对各种孔加工方法的工艺特点有所了解,掌握其应用范围,以便更好地进行选择。

1. 钻孔

用麻花钻在实心材料上加工出孔的方法称为钻孔。标准麻花钻又称钻头,常用的麻花钻结构如图 7-2 所示。钻孔的工艺特点:

（1）钻孔是孔的粗加工方法。

（2）可加工直径 0.05 ~ 125 mm 的孔。

（3）孔的尺寸精度在 IT10 以下。

（4）孔的表面粗糙度一般只能控制在 Ra 值 12.5 μm。所以对于精度要求不高的孔,如螺栓的贯穿孔、油孔以及螺纹底孔,可直接采用钻孔。

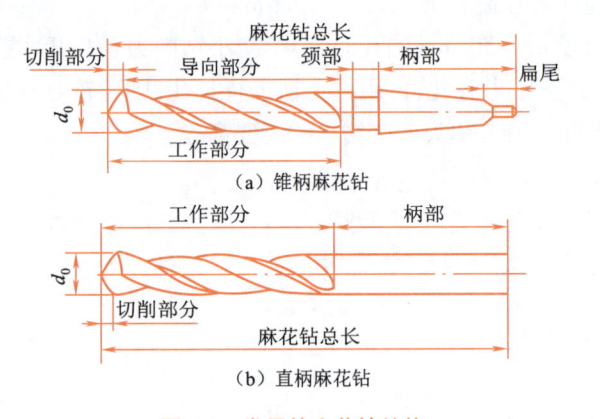

图 7-2 常用的麻花钻结构

2. 铰孔

铰孔是指用铰刀从工件孔壁上切除微量金属层,以提高其尺寸精度和孔表面质量的方法。常用的铰刀如图 7-3 所示。铰孔的工艺特点:

（1）铰孔是孔的精加工方法。

（2）可加工精度为 IT7、IT8、IT9 的孔。

（3）孔的表面粗糙度可控制在 Ra 3.2 ~ 0.2 μm。

（4）铰刀是定尺寸刀具。

127

（5）切削液在铰削过程中起着重要的作用。

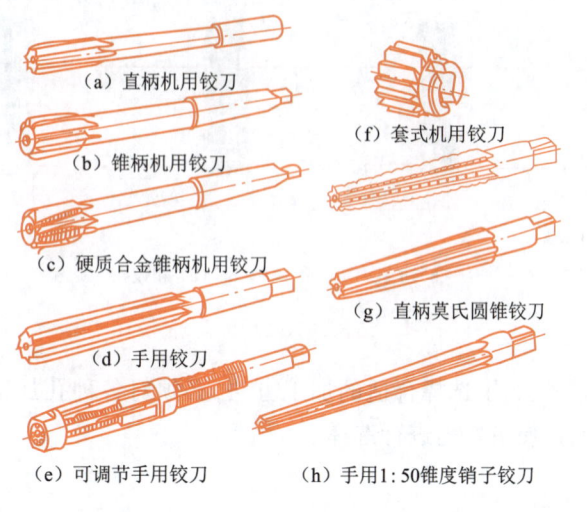

（a）直柄机用铰刀
（b）锥柄机用铰刀
（c）硬质合金锥柄机用铰刀
（d）手用铰刀
（e）可调节手用铰刀
（f）套式机用铰刀
（g）直柄莫氏圆锥铰刀
（h）手用1:50锥度销子铰刀

图 7-3　常用的铰刀

3. 扩孔

扩孔是指用扩孔钻在原有底孔的基础上将孔扩大的一种加工方法。常用扩孔钻的结构如图 7-4 所示。扩孔的工艺特点：

（1）扩孔是孔的半精加工方法。

（2）一般加工精度为 IT10 ～ IT9 的孔。

（3）孔的表面粗糙度可控制在 $Ra\,6.3 \sim 3.2\ \mu m$。

（4）当钻削底孔直径 $d_w > 30$ mm 的孔时，为了减小钻削力及扭矩，提高孔的质量，一般先用 $(0.5 \sim 0.7) d_w$ 大小的钻头钻出底孔，再用扩孔钻进行扩孔，则可较好地保证孔的精度和控制表面粗糙度，且生产率比直接用大钻头一次钻出时还要高。

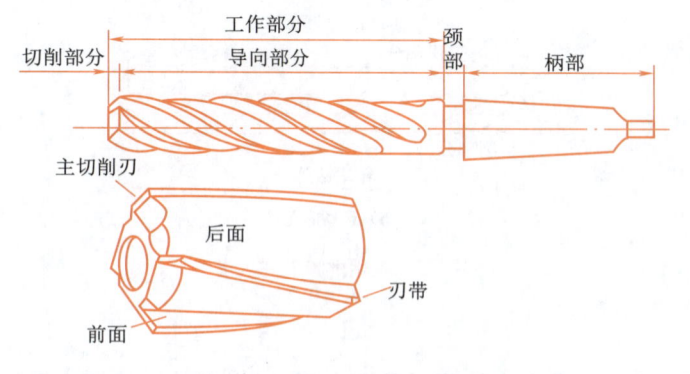

图 7-4　常用扩孔钻的结构

4. 镗孔

镗孔是在机床上用镗刀将底孔加工成精度更高、尺寸精准的孔的一种加工方法，也是大尺寸孔的唯一精加工方法。常用镗孔刀的结构如图 7-5 所示。镗孔的工艺特点：

（1）可对不同孔径的孔进行粗加工、半精加工和精加工。

（2）一般加工精度为 IT7～IT6 的孔。

（3）孔的表面粗糙度可控制在 $Ra\ 6.3～0.8\ \mu m$。

（4）能修正前工序所造成的孔轴线的弯曲、偏斜等形状位置误差。

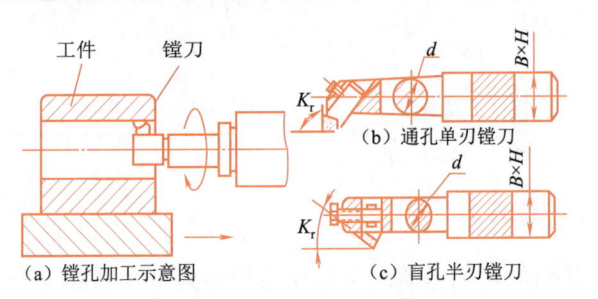

图 7-5　常用镗孔刀的结构

5. 拉孔

拉孔是用特制的拉刀在拉床上进行的一种高生产率的孔精加工方法。常用的拉刀如图 7-6 所示。拉孔的工艺特点：

（1）拉削生产率高。

（2）拉削精度高，质量稳定。拉削精度一般可达 IT9～IT7，表面粗糙度一般可控制在 $Ra\ 1.6～Ra\ 0.8\ \mu m$，拉削表面的形状、尺寸精度和表面质量主要依靠拉刀设计、制造及正确使用保证。

（3）拉削成本低，经济效益高。

（4）拉刀是定尺寸、高精度、高生产率专用刀具，制造成本很高。拉削加工只适用于批量生产，最好是大批量生产，一般不宜用于单件、小批生产。

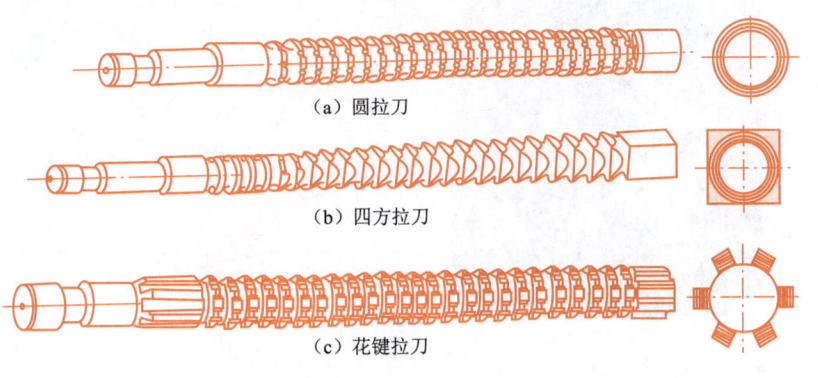

图 7-6　常用的拉刀

在进行孔的加工时，要根据加工要求对孔加工方法进行合理、经济的选择。常用孔加工方法的适用范围见表 7-1。

表 7-1　常用孔加工方法的适用范围

孔加工刀具	加工孔径范围/mm	尺寸精度	表面粗糙度 Ra 值/μm
麻花钻	<30	IT13～IT11	12.5～6.3
扩孔钻	10～100	IT10～IT9	6.3～3.2

续表

孔加工刀具	加工孔径范围/mm	尺寸精度	表面粗糙度 Ra 值/μm
铰刀	<80	IT9~IT5	1.6~0.2
镗刀	>80	IT7~IT6	6.3~0.4
拉刀	适用于大孔精加工	IT9~IT7	1.6~0.8

二、钻孔加工的运动方式

在钻削加工中,麻花钻的切削运动由主运动与进给运动两种运动合成,只有当主运动与进给运动共同进行时才能进行有效的钻削加工。

1.主运动

主运动是由机床或人力提供的运动,它使刀具和工件之间产生相对运动,从而使刀具前面接近工件并切除切削层。

2.进给运动

进给运动是由机床或人力提供的使刀具与工件之间产生附加的相对运动,加上主运动,可不断地或连续切除切削层,并得出具有所需要几何特性的加工表面。如图7-7所示,钻孔时,钻头安装在台钻主轴上绕轴线的旋转运动为主运动;钻头沿轴线方向的直线移动为进给运动。钻孔时这两种运动是要求同时连续进行,这样才能保证钻削运动的正常进行。

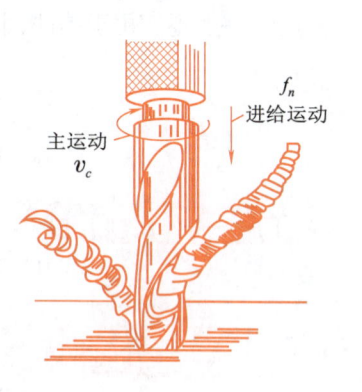

图7-7 钻削运动

任务二　掌握麻花钻的基本知识及刃磨方法

一、麻花钻的结构

麻花钻按其功用的不同,可以分为柄部、颈部和工作部分三部分,具体结构如图7-8所示。

1. 柄部

钻头的柄部是钻头上供装夹用的部分，并用以传递钻孔所需的动力（扭矩和轴向力）。柄部分圆锥形（莫氏圆锥）和圆柱形两种形式，钻头直径小于 13 mm 的采用圆柱形，钻头直径大于等于 13 mm 的一般采用圆锥形刀柄。

2. 颈部

钻头的颈部是位于刀体和钻柄之间的过渡部分。颈部通常用作砂轮退刀用的退刀槽，其上一般有钻头的材料、规格等。

3. 工作部分

钻头的工作部分由切削部分（即钻尖）和导向部分组成。

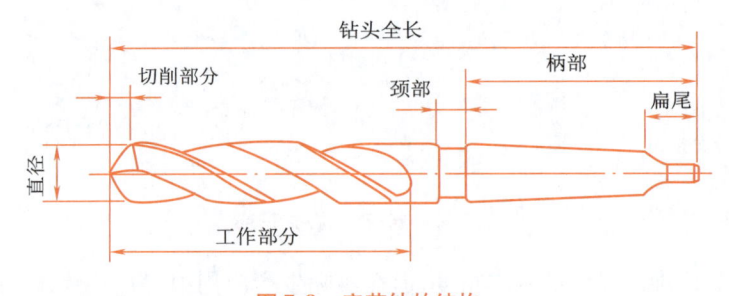

图 7-8　麻花钻的结构

二、麻花钻切削部分的几何参数

麻花钻切削部分的组成如图 7-9 所示，其螺旋槽表面为前刀面，切削顶端两个曲面为后面，钻头的棱边又称副后面。

麻花钻的基本角度保证了钻削的正常进行，麻花钻的几何参数如图 7-10 所示。其主要角度有：

1. 顶角 2ϕ

顶角又称锋角或钻尖角，它是两主切削刃在其平行平面上投影之间的夹角，标准麻花钻的顶角为 $(118 \pm 2)°$。

2. 前角 γ_o

由于麻花钻的前刀面是螺旋面，所以麻花钻的主切削刃上各点的前角是不同的。从外圆到中心，前角逐渐减小，刀尖处前角约为 30°，靠近横刃处则为 −30°左右。横刃上的前角为 −50° ~ −60°。

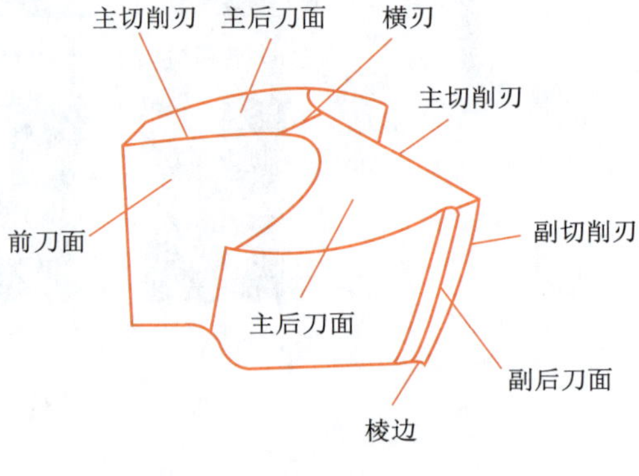

3. 后角 a_o

在主截面内，后刀面与切削平面之间的夹角称为后角。主切削刃上各点的后角不等。刃磨时，应使外缘处后角较小，越接近钻芯后角越大。外缘处 $a_o = 8° \sim 14°$，钻芯处 $a_o = 20° \sim 26°$，横刃处 $a_o = 30° \sim 36°$。

图 7-9　麻花钻切削部分的组成

4. 横刃斜角 ψ

横刃斜角是主切削刃与横刃在垂直于钻头轴线的平面上投影的夹角。当麻花钻后刀面磨出后,横刃斜角 ψ 自然形成。标准麻花钻的横刃斜角为 $50° \sim 55°$。

5. 螺旋角 ω

螺旋角 ω 是指主切削刃上最外缘处螺旋线的切线与钻头轴心线之间的夹角。

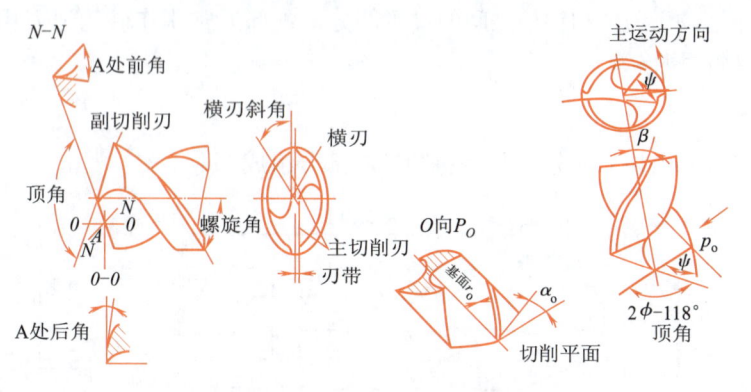

图 7-10 麻花钻的几何参数

以上介绍均为标准麻花钻的基本角度,但在实际生产应用中,为便于钻削加工,常根据工件材料的特性对麻花钻进行刃磨,通过改变其角度。经过刃磨的各种钻头如图 7-11 所示。

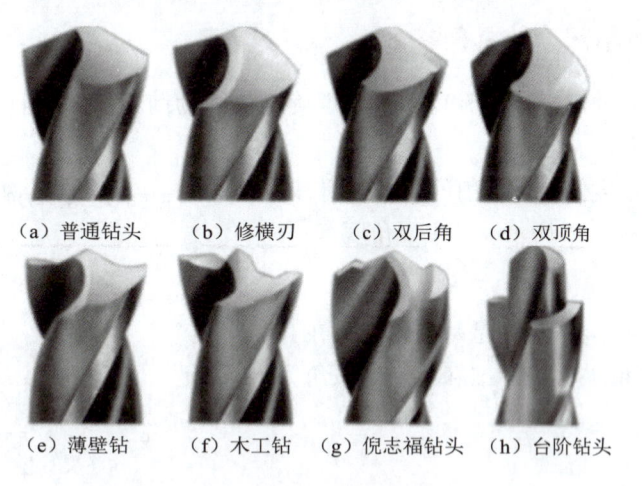

（a）普通钻头　（b）修横刃　（c）双后角　（d）双顶角

（e）薄壁钻　（f）木工钻　（g）倪志福钻头　（h）台阶钻头

图 7-11 经过刃磨的各种钻头

三、砂轮机的认识

砂轮机是用来刃磨各种刀具、工具的常用设备,也用于普通小零件进行磨削、去毛刺及清理等工作。其主要由底座、电机、砂轮片、托架、防护罩等组成。砂轮机可分为手持式砂轮机、立式砂轮机、悬挂式砂轮机、台式砂轮机等。图 7-12 所示为台式砂轮机的结构。

1. 台式砂轮机安全操作规程

台式砂轮机是在学习工作中常用的一种设备,由于其砂轮的构造特性以及高速旋转的特

项目七　零件的孔类加工

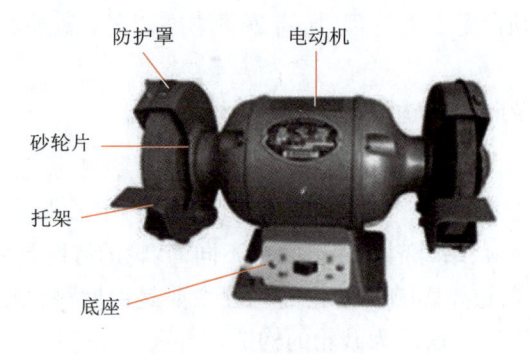

防护罩　　电动机

砂轮片

托架

底座

图 7-12　台式砂轮机的结构

点,砂轮机的安全使用是零件手动加工的生产安全重点,每一位操作者必须在使用前熟读其安全操作规程:

(1)使用者必须遵守《金属切削加工安全技术操作通则》。

(2)使用者必须熟知砂轮机构造、性能及维护保养知识。

(3)根据砂轮使用的说明书,选择与砂轮机主轴转数相符合的砂轮。新领的砂轮要有出厂合格证,或检查试验标志。安装前如发现砂轮的质量、硬度、粒度和外观有裂缝等缺陷时,不能使用。

(4)砂轮机必须安装牢固可靠,紧固螺钉不准松动或损坏。

(5)砂轮法兰盘必须大小一致,其直径不准小于砂轮直径的 1/3,砂轮与夹板之间必须有柔性垫片。

(6)拧紧螺帽时,要用专用的扳手,不能拧得太紧,严禁用硬的东西锤敲,防止砂轮受击碎裂。

(7)砂轮装好后,要及时安装防护罩。

(8)新装砂轮启动时,不要过急,先点动检查,经过 5 ~ 10 min 试转后,才能使用。实习人员不得更换砂轮。

(9)砂轮开动后,空转 2 ~ 3 min 后方可使用。

(10)砂轮抖动,没有防护罩、托刀架磨损、装卡不牢固时不准使用。砂轮与托刀架距离必须小于 3 mm。

(11)磨工件或刀具时不准用力过大或撞击砂轮。过大过小手控困难的工件及有色金属、非有色金属等,禁止在砂轮机上磨削。

(12)在同一砂轮上禁止两人同时作业,也不得在砂轮侧面磨工件。

(13)磨削时,工作者不准站在砂轮正面,必须戴防护镜及防尘口罩,磨削时间较长的工件,应及时进行冷却,防止烫手,禁止用棉纱等裹住工件进行磨削。

(14)经常修整砂轮表面的平衡度,保持良好的状态。

(15)砂轮磨削损耗到规定尺寸时要立即更换,否则禁止使用。

(16)检查、维护、调整间隙时必须停机操作。

(17)砂轮机必须配备良好的吸尘设备,安装位置便于操作,并必须有良好的照明装置,禁止在阴暗狭小的操作环境下工作。

133

（18）公用砂轮机必须设置专人管理，所有砂轮不准潮湿。砂轮在使用前应进行检查，合格后方可使用。

（19）刃磨结束后应及时关闭砂轮机电源。

2. 砂轮片的认知

砂轮是磨削加工中最主要的一类磨具。砂轮是在磨料中加入结合剂，经压坯、干燥和焙烧而制成的多孔体。由于磨料、结合剂及制造工艺不同，砂轮的特性差别很大，因此对磨削的加工质量、生产率和经济性有着重要影响。砂轮的特性主要是由磨料、粒度、结合剂、硬度、组织、形状和尺寸等因素决定。图 7-13 所示为砂轮的构造。

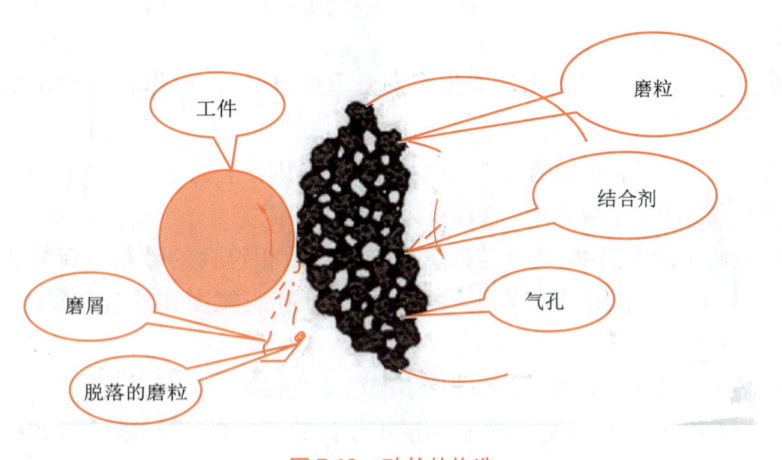

图 7-13　砂轮的构造

3. 砂轮的选择

组成砂轮的三大要素有磨料、结合剂和气孔。磨料直接对金属进行切削。结合剂将磨粒结合起来并使得砂轮在一定的速度下能安全回转。气孔是磨料与结合剂以外的间隙，可以帮助排出铁屑并保持磨削效果。在实践应用中，一般根据所要磨削的工件材料来选择适当的砂轮磨料，砂轮磨料的适用范围见表 7-2。

表 7-2　砂轮磨料的选择

类别	名称	代号	颜色	特点	适用范围
刚玉类	棕刚玉	A	棕褐色（陶瓷结合剂为蓝色）	硬度高，韧性大，抗弯强度高，抵抗破碎能力强	适于各种抗拉强度高的金属材料
	白刚玉	WA	白色	性能与棕刚玉相似，由于磨粒为微小尺寸的整个晶体组成且颗粒为球形，抗破坏性能好	适于精磨各种淬硬钢及其他易变形的工件
	单晶刚玉	SA	浅灰色淡蓝色	硬度和韧性都比白刚玉高，自锐性好	适于磨不锈钢、高速钢等韧性大硬度高的材料
	微晶刚玉	MA	棕黑色	强度高，韧性和自锐性好	适于磨不锈钢、轴承钢、特种球墨铸铁，也可用于超精磨削

项目七　零件的孔类加工

续表

类别	名称	代号	颜色	特点	适用范围
碳化物	黑碳化硅	TH	黑色 深蓝色	硬度高,韧性低而脆	适于磨铸铁、黄铜及其他非金属材料
	绿碳化硅	TL	绿色	硬度与黑碳化硅相近,而脆性更大	适于磨硬质合金、光学玻璃、钛合金
其他	立方氮化硼	CBN	棕黑色	硬度略低于金刚石,远高于其他磨料,耐热性和化学稳定性好	适于高速和超高速磨削,轴承钢、高速钢、耐热钢等

4. 麻花钻的刃磨

视频

刃磨麻花钻

麻花钻刃磨得不正确会影响钻孔质量。若后角磨得太小甚至成为负后角,则磨出的钻头不能正常使用。刃磨钻头时,使用的砂轮粒度一般为 46 ~ 80 粒,硬度最好采用中软级的氧化铝砂轮,且砂轮圆柱面和侧面都要平整。砂轮在旋转中不得跳动,在跳动大的砂轮上磨不出好的钻头。

（1）刃磨麻花钻的姿势和方法。

麻花钻的前角是由钻头上的螺旋角来确定的,通常不刃磨。麻花钻的顶角、后角和横刃斜角是通过磨钻头的后面时一起磨出的三个角度。

初学磨钻头,取新的标准钻头在砂轮停止转动的时候,用钻头与砂轮水平中心面的外圆处接触,按照钻头上的角度和后面,以刃磨的姿势,缓慢转动,并始终使钻头与砂轮之间贴合,一比一磨,一磨一比,掌握刃磨要领。

刃磨时,右手握住钻头的头部作为定位支点,使钻头的主切削刃成水平,主切削刃轻轻地接触砂轮水平中心面的外圆,如图 7-14（a）所示,即磨削点在砂轮中心的水平位置,钻头中心线和砂轮轴线之间的夹角等于顶角一半（58° ~ 59°）。左手握住钻头柄部,以右手为定心支点,慢慢地使钻头绕中心转动,如图 7-14（b）所示。把钻尾往下压,并做上下扇形摆动,摆动角度约等于钻头后角角度,同时顺时针转动约 45°,转动时逐渐加重手指的力量,将钻头压向砂轮,

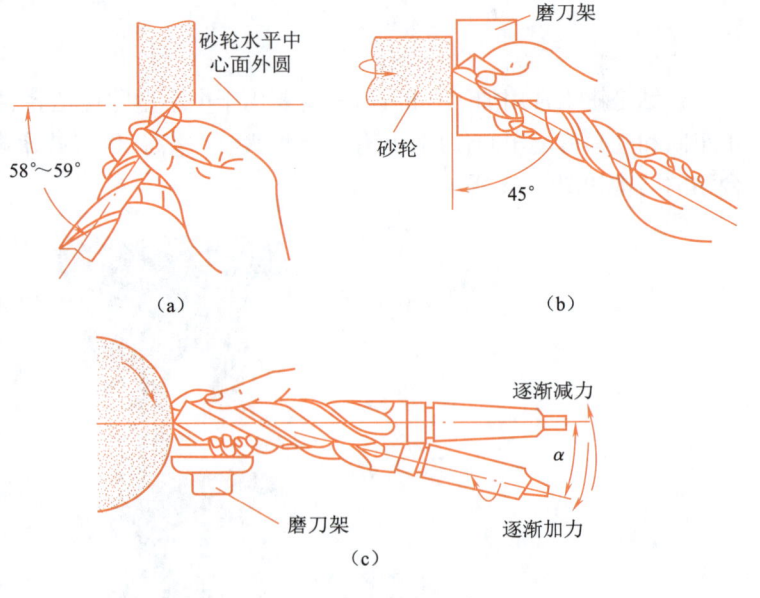

（a）

（b）

（c）

图 7-14　麻花钻的刃磨

如图 7-14（c）所示,这一动作要协调,直到钻头符合要求为止。

135

（2）麻花钻刃磨后的检测方法。

根据以上刃磨麻花钻的姿势与方法，可以总结归纳为以下 28 个字：刃口摆平轮面靠，钻轴斜放出锋角，由刃向背磨后面，上下摆动尾别翘。在麻花钻的刃磨练习中反复实践，用心体会，以掌握其刃磨方法。麻花钻刃磨完后一般要检测其刃磨质量，常用的有目测法、万能角度尺检测法、实践检验法。图 7-15 所示为通过目测法和万能角度尺检测法来对刃磨后的麻花钻相关角度进行检测。

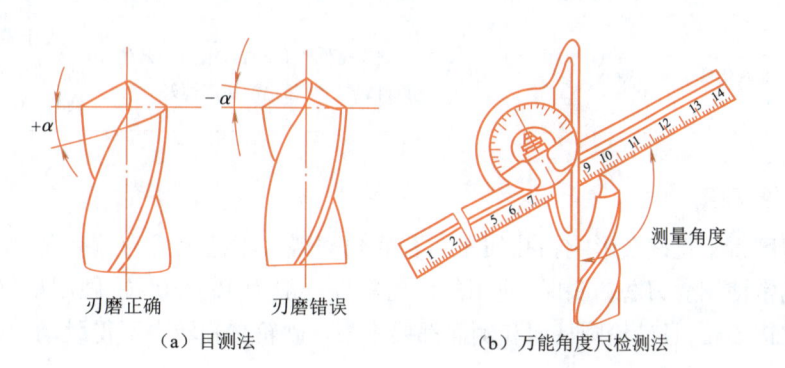

（a）目测法　　　　　　　　（b）万能角度尺检测法

图 7-15　麻花钻的刃磨质量检测

任务三　掌握台钻的基本知识并熟练运用

一、掌握台钻的基本知识

1. 台钻的结构

台钻是钳工常用加工孔的设备，主要用于中小型零件钻孔、扩孔、铰孔、攻螺纹等工作，在加工车间和模具修配车间使用，具有灵活性大、转速高、生产效率高、使用方便、易于维护等特点。台钻的结构如图 7-16 所示。

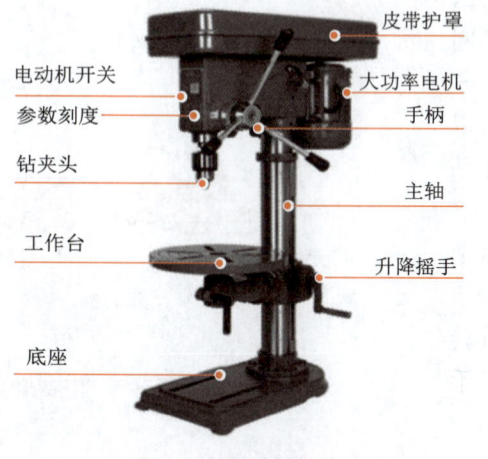

图 7-16　台钻的结构

项目七 零件的孔类加工

2. 麻花钻在台钻上的安装

（1）钻夹头是台钻上用来夹持麻花钻的主要工具，从结构上分，钻夹头有手紧式和扳手式两大类。手紧式钻夹头可以靠操作者握住前后套来拧紧夹头，主要用于手电钻；扳手式钻夹头则需用钻夹头钥匙来拧紧，主要用于机床行业，如台钻上。台钻常用的钻夹头及其结构如图7-17所示。

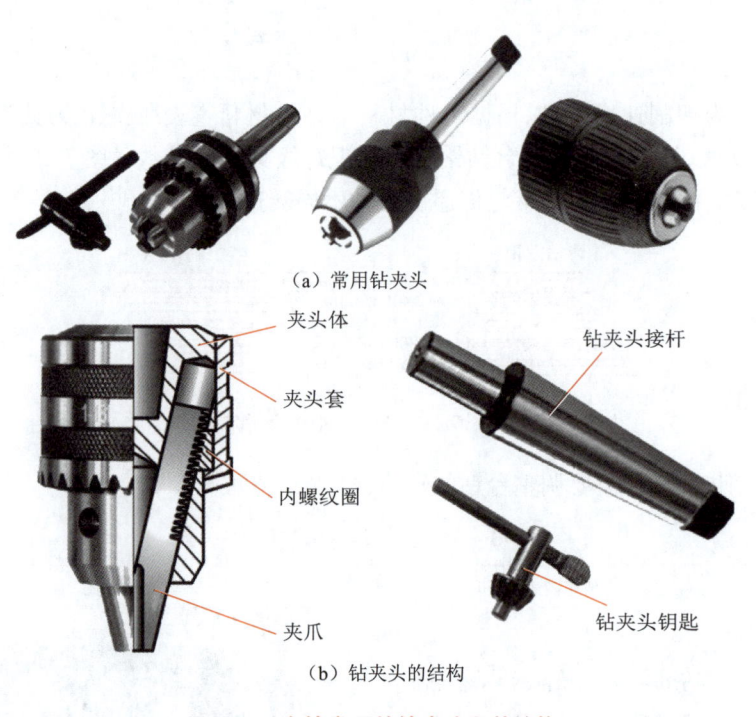

（a）常用钻夹头

夹头体
夹头套
钻夹头接杆
内螺纹圈
夹爪
钻夹头钥匙

（b）钻夹头的结构

图7-17 台钻常用的钻夹头及其结构

（2）直柄麻花钻可以直接通过钻夹头装入台钻主轴中，如图7-18（a）所示；锥柄麻花钻则可以通过锥度配合直接装入台钻主轴中，若锥柄型号不匹配，则可以根据麻花钻锥柄型号适当选取过渡套进行安装，如图7-18（b）所示；要将台钻主轴上的麻花钻拆卸时，可以通过楔铁插入槽中进行敲击，要防止麻花钻掉落砸伤，如图7-18（c）所示。

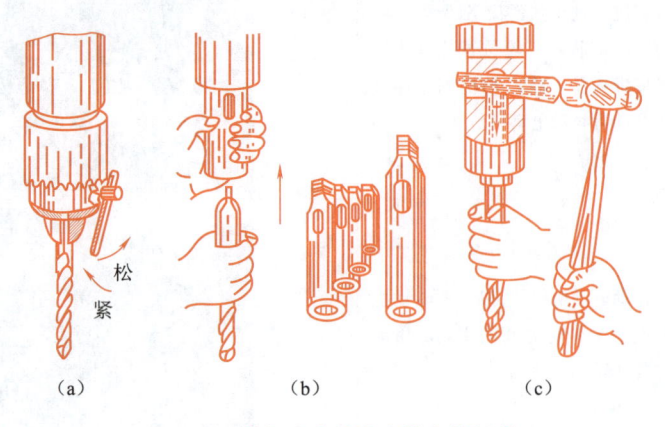

松
紧

（a）　　　　　（b）　　　　　（c）

图7-18 锥柄麻花钻在台钻上的拆装

137

二、台钻的使用方法

1. 台钻主轴转速的确定

在钻孔前必须对台钻的主轴转速进行调整。一般来说,麻花钻直径越大,所需钻削速度就应越低。具体的转速 n 为

$$n = \frac{1\,000 \times v_c}{\pi d}$$

式中,v_c 为切削速度,可以根据工件材料与钻头材料查表所得;d 为钻头直径。台钻的钻速由 5 级带轮控制,通过台钻铭牌可知识每级具体的转数。图 7-19 所示为 Z4112 型台钻主轴变速机构,两宝塔形状的带轮传递出五种不同转速。

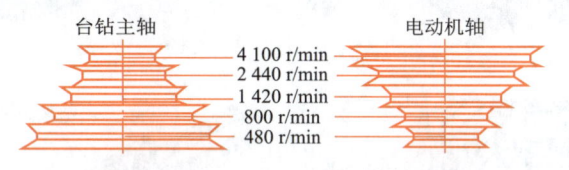

图 7-19　Z4112 型台钻主轴变速机构

确定台钻钻削转速后,需要调整台钻的转速,具体方法见表 7-3。

表 7-3　台钻高轴转速调整的方法

操作步骤	操作内容	示意图
(1)打开防护罩	关停台钻,确定已断电,将台钻顶端的紧固螺母与垫圈取下,然后将防护罩打开,打开后检查皮带是否破损	
(2)松螺钉	因皮带处于张紧状态,所以要将两宝塔形状的带轮位置拉近才能使皮带松弛。将电动机固定螺钉旋开即可移动电动机位置	
(3)调整间距	移动电动机位置,以缩短电动机与主轴 V 带轮之间的距离。移动时要注意均匀使劲	

项目七 零件的孔类加工

续表

操作步骤	操作内容	示意图
(4)调整皮带	按钻削所需速度及台钻铭牌标志转速调整主轴上的宝塔带轮的位置。调整皮带时要注意防夹手	
(5)调整间距	根据转速要求皮带调整到位后，移动电动机，调紧电动机与V带之间的距离，然后锁紧电动机固定螺钉	
(6)关防护罩	最后关上防护罩，拧紧螺母，可开机试运转台钻，如果没有异响即可正常进行钻削操作	

2. 工件在钻孔时的装夹

钻孔前要按工件的大小、形状、数量和钻孔直径，选用适当的装夹方法和夹具。手虎钳适用于对薄壁工件、小工件进行小孔钻削；平口钳适用于平整的中小型工件；钻削圆柱形工件用V型块夹持；大件或不规则外形的工件，可用螺栓、压板直接夹持在钻床工作台上，如图7-20所示。

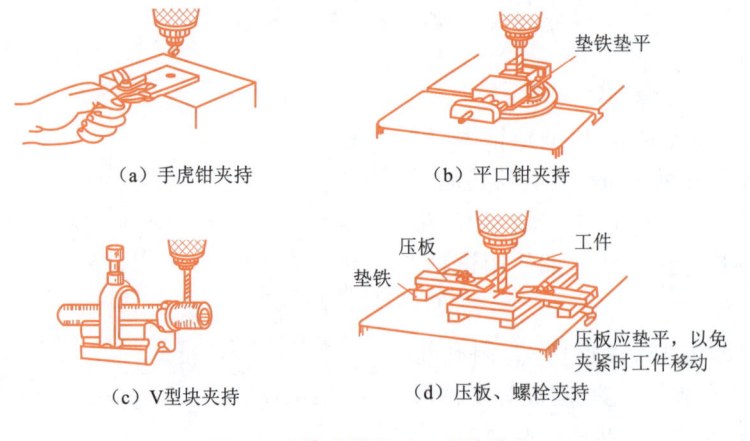

(a) 手虎钳夹持　　　　(b) 平口钳夹持

(c) V型块夹持　　　　(d) 压板、螺栓夹持

图7-20 钻孔操作时工件的装夹

139

当工件的生产批量比较大时，为了提高生产效率并保证零件的互换性，需要使用专用的钻孔夹具，即钻模，如图 7-21 所示。不论采用何种夹持方法，都应使孔中心线与钻床工作台垂直，且夹持稳固。

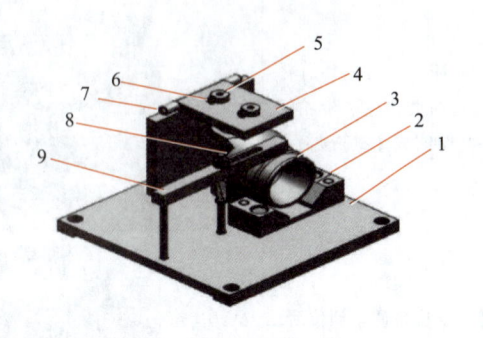

图 7-21　使用钻模进行钻削

1—夹具体；2—V 型块；3—轴类工件；4—钻模板；5—钻套；6—螺钉；7—销子；8—心轴；9—压紧杠杆

3. 中心钻

中心钻用于孔加工的精确定位，引导麻花钻进行孔加工，可减少误差。中心钻常用的有 A 型和 B 型两种型式，如图 7-22 所示。

（1）A 型：不带护锥的中心钻，A 型中心钻只有 60°锥孔。

（2）B 型：带护锥的中心钻，B 型中心钻外端的 120°锥面又称保护锥面，用以保护 60°锥孔的外缘不被碰坏。

标准中心钻的顶角一般为 118°。加工直径 $d = 2 \sim 10$ mm 的中心孔时，通常采用不带护锥的中心钻（A 型）；尺寸较大、精度要求较高的工件，为了避免 60°定心锥被损坏，一般采用带护锥的中心钻（B 型）。

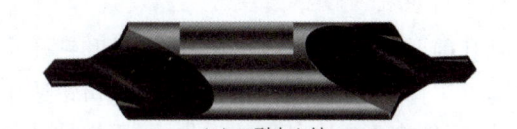

（a）A 型中心钻　　　　　　　　　　（b）B 型中心钻

图 7-22　常用的中心钻

4. 锪钻

锪钻也称埋头钻、倒角刀、倒角钻等，用于对孔的端面进行平面、柱面、锥面及其他型面加工。在已加工出的孔上加工圆柱形沉头孔、锥形沉头孔和端面凸台时，都使用锪钻，如图 7-23 所示。

锪钻常分柱形锪钻、锥形锪钻、斜孔锪钻、带引导柱型斜孔锪钻、锪孔端面等多种形状。图 7-24 所示为锥形锪钻与柱形锪钻。

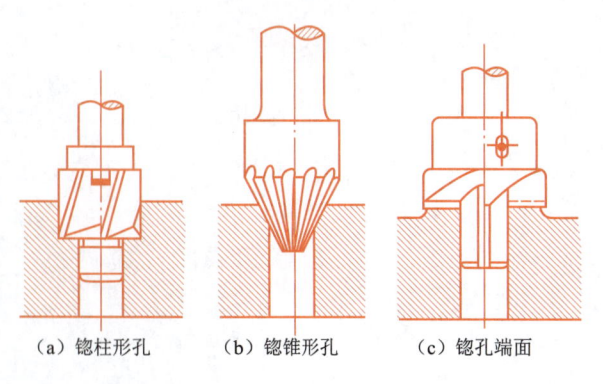

（a）锪柱形孔　　（b）锪锥形孔　　（c）锪孔端面

图 7-23　锪钻加工

項目七　零件的孔类加工

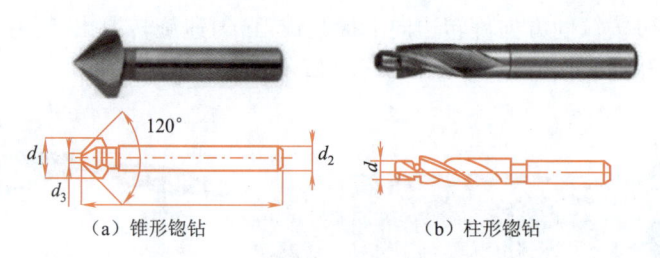

（a）锥形锪钻　　　　　　　（b）柱形锪钻

图 7-24　锥形锪钻与柱形锪钻

5. 铰刀

铰刀是具有一个或多个刀齿,用以切除已加工孔表面薄层金属的旋转刀具。铰刀具有直刃或螺旋刃的旋转精加工刀具,用于扩孔或修孔。常用铰刀材料由高速钢 HSS 或硬质合金制成,其结构大部分由工作部分及柄部组成。工作部分主要起切削和校准作用,校准处直径有倒锥度。而柄部则用于被夹具夹持,有直柄和锥柄之分。铰刀的分类如图 7-25 所示。

视　频

手动铰孔操作

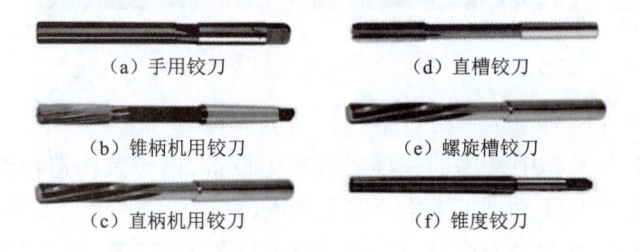

（a）手用铰刀　　　　　　　（d）直槽铰刀

（b）锥柄机用铰刀　　　　　（e）螺旋槽铰刀

（c）直柄机用铰刀　　　　　（f）锥度铰刀

图 7-25　铰刀的分类

铰刀因切削量少而加工精度要求通常高于钻头。可以手动操作或安装在钻床上工作,其铰削余量参考见表 7-4。

表 7-4　铰削余量参考

铰孔直径/mm	铰削余量/mm
≤6	0.05 ~ 0.1
6 ~ 18	0.1 ~ 0.2
18 ~ 30	0.2 ~ 0.3
30 ~ 50	0.3 ~ 0.5

机铰铰削速度 v_c 的选择:铰钢件 $v_c = 4 \sim 8$ m/min ;铰铸铁 $v_c = 6 \sim 8$ m/min ;铰铜件 $v_c = 8 \sim 12$ m/min。手工铰孔是利用手用铰刀和绞杠进行的一种孔加工方法。首先将手用铰刀正确安装在绞杠上,如图 7-26（a）所示;然后通过双手的配合即可在底孔的基础上进行孔的铰削加工,如图 7-26（b）所示。在手工铰孔过程中,起铰很关键,用右手掌按住绞杠中部,沿铰刀轴线用力加压,左手配合作顺向旋进;保证铰刀中心线与孔中心线重合,若不重合可用直角尺进行校正,在转动铰刀的同时,要加入切削液或机油,起到润滑作用。正常铰削时用双手平衡施压,顺时针进行铰削,保持铰刀中心线与工件表面的垂直,注意切削液的润滑;铰削到底时,注意退出铰刀

141

时要双手均衡用力,边按铰削方向旋转边向上提起铰刀,匀速旋转退出,切忌双手将铰刀直接提出来,这样容易损坏孔的表面质量,如图7-26(c)所示。

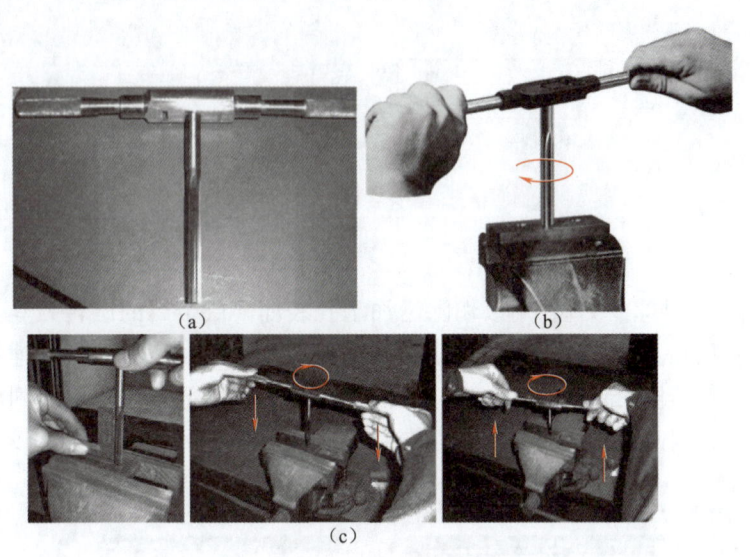

（c）

图7-26　铰削操作方法

6. 台钻的安全操作规程

台式钻床是在学习工作中常用的一种机械加工设备,由于其构造特性以及高速旋转的特点,台钻的安全使用是零件手动加工的生产安全重点,每一位操作者必须要加强安全防范,比如操作时必须戴防护眼镜,必须穿安全鞋,禁止戴手套(见图7-27)等,并在使用设备前熟读其安全操作规程。

图7-27　钻削安全防范

（1）工作前。

操作者必须全面了解和掌握本机床的结构原理,熟悉机床的加工知识。

检查操作手柄是否在正确位置,操纵是否灵活,安全装置是否齐全、可靠。

空车低速运转3～5 min,观察运转状况是否正常,按润滑图表规定做好润滑工作。如有异常应立即停机检查或报告维修人员。

（2）工作中。

①严禁超性能使用。

②禁止戴手套操作机床。

③机床边的工件要摆放整齐,要便于拿放。严禁在机床上面摆放任何工量具、产品、杂物等。

项目七　零件的孔类加工

④装卸钻头时,应停止主轴转动;装卸钻夹头时,将主轴锥孔、锥套表面擦净,装夹时锥面接触应牢固;卸下时应使用标准斜铁,轻轻敲打。

⑤工件、工装要正确固定,禁止徒手扶持工件工作。采用机动进给,当孔接近钻通时,改用手动慢进给,以避免损坏工件及刀具。

⑥钻加工时,工件底面必须加垫铁,以避免钻伤工作台面。

⑦根据工件材质、钻削深度,合理选择切削用量。在钻深孔时,必须经常提起钻头,清除切屑,合理冷却。

⑧钻头绊上长铁屑时,应先按停止开关,随后用刷子或铁钩清除铁屑,禁止徒手清除,以防划伤。

⑨不准用刀刃磨钝的钻头进行钻削。

⑩钻头在钻孔过程中不得停机。反转时,必须在主轴停止转动后再启动。

⑪在进行主轴变速、变换进给量、测量工件、更换工件及钻头时,都必须停机进行。

⑫机床运行中出现异常现象,应立即停机,查明原因,及时处理。

⑬机床运转时,操作者不准擅自离开工作岗位及闲谈、打闹、玩手机等,杜绝醉酒、疲劳、听音乐操作机床。

⑭严禁在工作台面上敲打、校直工件。

(3)工作后。

①操作完毕后,卸下钻头和夹具并放回原处。

②主轴恢复原位,切断电源。

③保管好工量具,放置好加工工件,清除钻床上的铁屑。进行机床日常维护保养工作。

三、钻孔操作的步骤

钻孔的具体操作步骤见表7-5。请在实践操作时按其具体步骤进行,每一个步骤要认真做到位,这样才能保证钻削加工的顺利进行以及孔的加工质量。

表 7-5　钻孔的具体操作步骤

操作步骤	操作内容	示意图
(1)划线	根据图样尺寸,利用划线平台、V型铁、高度游标卡尺等工量具划出孔加工的相关线条	
(2)冲眼	在所划的交点(即孔的中心位置)打上清晰的样冲眼,若钻削前不预先钻中心孔来引导的话,就务必要将此样冲眼打深、打正,以便顺利引导钻头找正孔的中心	

143

续表

操作步骤	操作内容	示意图
(3)装夹工件	利用合适规格的垫铁将工件正确装夹在平口钳上,装夹时要准确定位,清理铁屑等,并用橡胶锤敲紧,同时要注意孔钻穿后不会破坏垫铁	
(4)钻中心孔	为便于麻花钻正常钻削,选用合适的中心钻找正样冲眼,并钻出中心锥孔,以正确引导下一步钻孔,钻中心孔时台钻主轴转速要高	
(5)换装麻花钻	根据零件图样要求选用合适尺寸规格的麻花钻,然后利用钻钥匙正确安装麻花钻,要注意钻头柄部要全部装入夹头中,并保证麻花钻不要歪斜	
(6)对正	转动钻床操作手柄,使麻花钻钻尖接触样冲眼或中心钻,调整工件在钻床中的位置,使钻尖对准钻孔中心	
(7)试钻	对正后抬起操作手柄,使钻尖与工件表面相距10 mm左右后启动钻床,对工件进行试钻,试钻时只需要将工件刮出痕迹来即可,以判断麻花钻是否对正孔中心	

项目七　零件的孔类加工

续表

操作步骤	操作内容	示意图
（8）正确钻削	试钻后停机试查，当试钻达到钻孔位置要求后，调整好冷却润滑液与手动进给速度，正常进行钻削。切削时注意断屑及冷却润滑	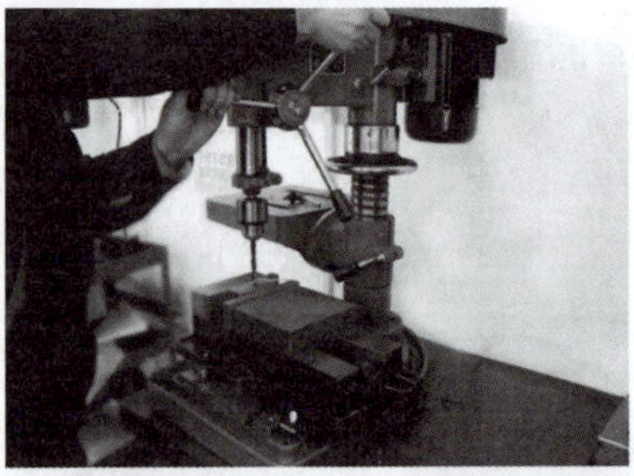
（9）测量	钻孔完成后，停机，去毛刺。用毛刷将铁屑刷干净。移动平口钳使工件偏离麻花钻中心位置，用游标卡尺对孔径、孔距进行检验	  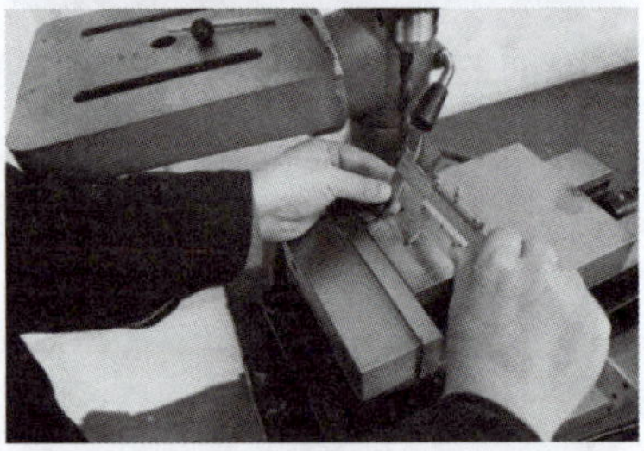
（10）孔口倒角	选用合适的倒角刀或较大尺寸的麻花钻对已钻削的孔进行孔口倒角，倒角尺寸根据图样要求确定	

四、钻孔操作质量分析

当孔加工完成后，如果检测出质量问题，如孔大于图样规定尺寸、孔的内壁粗糙、孔歪斜等，

145

要学会进行原因分析，找出具体的原因后进行改进。钻孔质量的原因分析见表7-6。

表7-6 钻孔质量的原因分析

质量情况	原因分析
孔大于规定尺寸	(1)麻花钻两切削刃长度不等，高低不一致。 (2)主轴径向偏摆或工作台未锁紧。 (3)麻花钻弯曲或装夹不好，使麻花钻有较大的径向圆跳动
孔壁粗糙	(1)麻花钻不锋利。 (2)进给量太大。 (3)切削液选择不当或供应不足。 (4)麻花钻过短，排屑槽堵塞
孔歪斜	(1)工件上相关平面与钻床主轴不垂直或主轴与台面不垂直。 (2)安装工件时，安装接触面上的切屑未消除干净。 (3)工件装夹不稳，钻孔时产生歪斜或工件有砂眼。 (4)进给量过大使麻花钻产生弯曲变形
孔位偏移	(1)工件划线不正确。 (2)麻花钻横刃太长，定心不准，起钻过偏而没有找正

任务四 动手练一练——零件的孔加工

一、主要工量具准备清单

通过前面的学习，可以掌握孔加工的基本知识及操作注意事项后，并可以对钻孔时容易产生的质量问题进行分析与诊断。眼过百遍，不如动手一练，下面进行零件的孔加工操作练习。主要工量器具准备清单见表7-7，可根据现场具体情况适当选用器具。

表7-7 主要工量器具准备清单

序号	名称	规格	数量	备注
1	高度游标卡尺	0.02 mm,300 mm	1把	
2	外径游标卡尺	0.02 mm,150 mm	1把	
3	钢直尺	150 mm	1支	
4	麻花钻		各1支	按图样要求选用
5	锪钻		各1支	按图样要求选用
6	V型块	105 mm×105 mm×78 mm	1对	
7	弯头划针	250 mm	1支	
8	合金划规	8英寸	1支	
9	中心钻	A型	1支	
10	手工锤	500 g	1把	
11	样冲	125 mm	1支	

项目七　零件的孔类加工

续表

序号	名称	规格	数量	备注
12	钢印	5 mm	1 盒	数字码
13	平行垫铁		1 盒	根据平口钳规格选用
14	平锉	中齿,200 mm	1 把	
15	手持式夹钳		1 把	
16	机用平口钳	150 mm	1 台	
17				可根据现场
18				需要增加

二、练习件操作指导

1. 实践图样

孔的加工是零件手动加工的基本操作之一,钻削基本技能的训练是零件手动加工的重点,通过钻削实践训练,重在掌握孔加工的相关常识、麻花钻的刃磨、麻花钻的选用及安装、台钻的调试与使用。图 7-28 所示为钻削练习件加工图样,请同学们根据图样相关要求制订钻削操作工艺,以保证钻削后的工件质量。

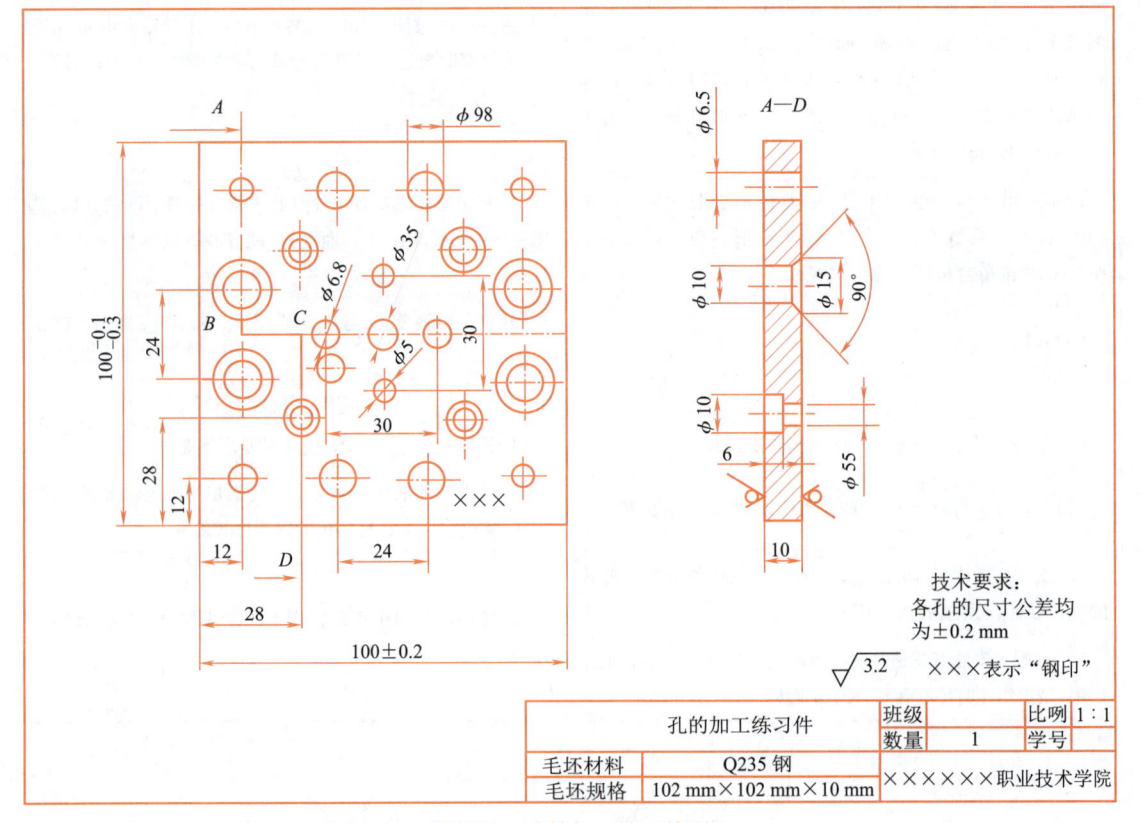

图 7-28　孔的加工练习件图

147

2. 任务实施

通过分析孔的加工练习件图样,综合前面所述孔加工操作的基本知识,选取合适的刀具进行正确安装,制订合理的工作步骤。钻削过程中,根据工作提示,对容易出现的问题如麻花钻刃磨及安装不当、麻花钻加工不顺畅、麻花钻易停转或折断等进行分析,从而避免这些情况的发生。在实践操作过程中,要遵守安全文明操作要求,如实训室 7S 管理规范、安全操作规程、环保要求等,见表 7-8。

表 7-8　孔的加工练习任务实施

工作步骤	工作提示
(1)选用合适量具检测毛坯尺寸	(1)选择孔加工刀具时要根据图样尺寸认真选取,如麻花钻的尺寸规格、锪钻的种类等;安装钻削刀具时要注意操作规范,并调整好台钻的主轴转速
(2)根据练习件图样,综合前面所学知识与技能,将工件外轮廓尺寸锉削到位,再将图中各孔的尺寸线一一划到位	
(3)通过手持式虎钳夹持工件,安装 A 型中心钻,将划线的交点进行中心孔的钻削,要求位置准确	(2)因图样所示各孔尺寸均小,在钻孔时通过手持式夹持工件要稳,用力要适当;锪孔时由于切削力较大,采用平口钳装夹工件,要选用合适的平行垫铁进行找正装夹
(4)安装 ϕ5 mm 麻花钻,将 2 个 ϕ5 mm 的孔钻削完成;去毛刺,更换 ϕ5.5 mm 麻花钻,将 4 个 ϕ5.5 mm 的孔钻削完成;去毛刺,更换 ϕ6.5 mm 麻花钻,将 4 个 ϕ6.5 mm 的孔钻削完成;去毛刺,更换 ϕ6.8 mm 麻花钻,将 2 个 ϕ6.8 mm 的孔钻削完成;去毛刺,更换 ϕ8.5 mm 麻花钻,将 1 个 ϕ8.5 mm 的孔钻削完成;去毛刺,更换 ϕ9.8 mm 麻花钻,将 4 个 ϕ9.8 mm的孔钻削完成	(3)钻孔时要适当添加冷却液,注意麻花钻横刃准确进入中心孔中,以保证孔加工位置的正确;注意钻孔时进给速度,快钻穿时要适当降低进给速度;要及时去毛刺,以防毛刺影响加工精度
(5)采用平口钳装夹工件,更换柱形锪钻,完成 4 个 ϕ10 mm 的柱形锪孔;去毛刺,更换锥形锪钻,完成 4 个 ϕ15 mm 的锥形锪孔,尺寸如图样所示	(4)利用平口钳安装工件时要注意安装的正确性,以免钻床主轴中心线与工件表面歪斜;注意锪孔的深度尺寸是否到位
(6)打钢印	(5)钢印位置要正,敲击时要稳,以防钢印飞出伤人或敲到手
安全生产	环保要求
(1)按安全操作规程要求穿戴安全防护用具	(1)铁屑放入指定容器,按环保要求处理
(2)工件在夹持过程中,以防掉落伤人;严禁戴手套操作	(2)钻削冷却液按环保要求进行选取与处理。抹布、划线颜料、颜色涂抹剂在有标记的容器分类处理
(3)女生要戴帽子,防止长头发及衣服边角须带卷入旋转的麻花钻上,规范操作保证用电安全	(3)零件手工制作实训室产生的垃圾要分类进行收集与处理
(4)刃磨及安装麻花钻时要注意安全,去毛刺时,小心工件伤手;敲击钢印时小心砸到自己与他人	

3. 任务评价表

根据任务实施全过程进行考核评价,考核内容由职业素养、理论知识和实操质量等三部分进行,由此进行自评、互评和教师评价三个环节,以利于相互讨论与促进。根据三个环节的评

项目七　零件的孔类加工

分,进行孔的加工练习总结,对学到的知识、操作中出现的问题、进一步修正及提高操作技能方法进行个人总结与小组探讨,填写在表7-9中。

表7-9　孔的加工练习任务评价表

任务名称:孔的加工练习与考核						
考核内容		分值	评分标准	自评	互评	教师评价
职业素养	小组协作	4	根据各小组整体及成员个人的表现,酌情扣分,以1分为单位			
	表达能力	4				
	学习态度	4				
理论知识	麻花钻的认知与刃磨	10	麻花钻结构的认知2分;麻花钻的刃磨5分;麻花钻的安装3分			
	台钻的调整与使用	10	台钻转速确定及调整5分;钻削时工件的正确安装5分			
实操质量	21个不同尺寸孔的钻削	42	每个尺寸2分,各孔尺寸公差±0.2 mm,超差不得分			
	台钻的调整与使用	16	台钻转速调整占5分;孔加工刀具的安装占5分;工件的装夹占5分;工件表面质量整体无伤痕占5分。可酌情扣分			
	安全文明操作	10	违反7S管理规范扣2分/次			
总　分		100				
任务考核最终分		100		(自评30% + 互评30% + 教师评价40%)		

孔加工练习总结:(学到的知识、操作中出现的问题、进一步提高操作技能方法)

专业班级		姓名		日期	

149

总结与思考

通过学习与思考,完成以下问题。

1. 钻孔时在机用平口钳上装夹工件要注意哪些事项?

2. 使用砂轮机刃磨麻花钻时要注意哪些事项?

3. 请写出图7-29所示钻头用引线所标示的名称。

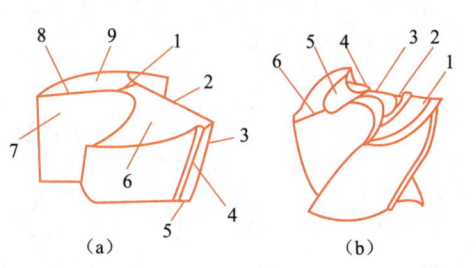

图7-29 两种麻花钻的结构认知练习

(a):1—(   );2—(   );3—(   );4—(   );
    5—(   );6—(   );7—(   );8—(   );9—(   )
(b):1—(   );2—(   );3—(   );4—(   );
    5—(   );6—(   )

4. 请问钻削时钻头的几何角度对加工有何影响?

项目七　零件的孔类加工

5.请简要写出在进行钻孔加工时的操作步骤。

6.哪种钻头直接在钻夹头中夹紧?

7.请写出切削速度的公式,并说明在钻孔时如何选择合适的台钻转速。

8.当你磨削高速钢麻花钻时,选用哪种砂轮? 当你磨削硬质合金麻花钻时,又选用哪种砂轮? 请说明选择的理由。

9.查阅资料,请写出以下麻花钻的几何参数的概念,并在实践操作中掌握。

顶角:

螺旋角:

前角:

横刃斜角:

横刃长度:

151

10.请写出图 7-30 所示麻花钻的各结构名称,并在实践中认识麻花钻。

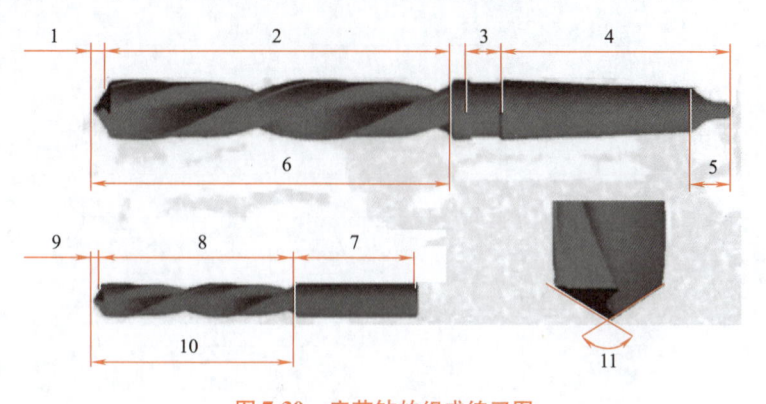

图 7-30 麻花钻的组成练习图

1—(   );2—(   );3—(   );4—(   );
5—(   );6—(   );7—(   );8—(   );
9—(   );10—(   );11—(   )

11.查阅资料,写出图 7-31 所示设备的各结构名称。

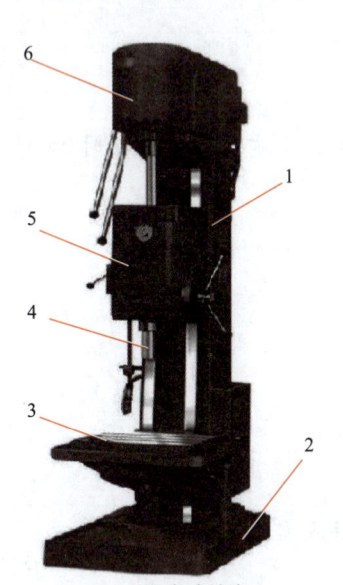

（a）立式钻床

（b）摇臂钻床

图 7-31 钻床的结构认知练习图

（a）:1—(   );2—(   );3—(   );4—(   );
　　5—(   );6—(   )
（b）:1—(   );2—(   );3—(   );4—(   );5—(   );
　　6—(   );7—(   );8—(   );9—(   )

12. 请分别在图 7-32 中中心钻下的（　　）内标注 A 型和 B 型。

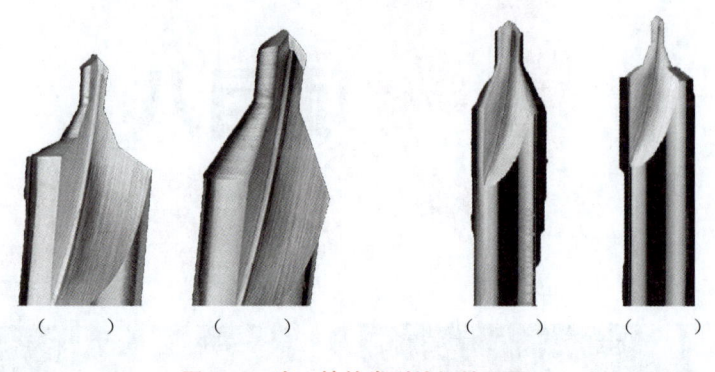

（　　）　　　　（　　）　　　　（　　）　　　　（　　）

图 7-32　中心钻的类型认知练习图

项目八
螺纹的手动加工

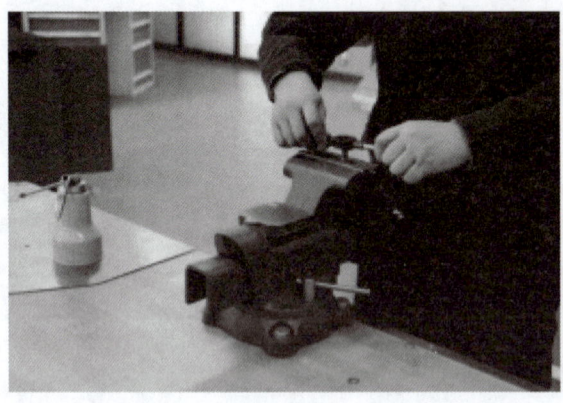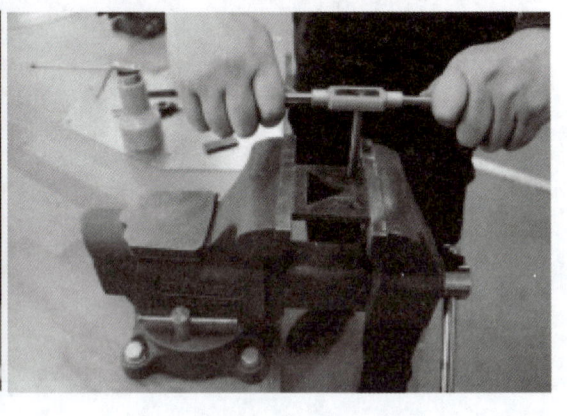

项目描述

　　手动螺纹加工是用成型刀具(丝锥或板牙)在工件上进行螺纹加工的一种方法,在工作和生活中应用广泛。由于螺纹已标准化,要掌握这项操作技能,首先要学习螺纹的相关知识,按技能操作标准完成项目训练,达到熟悉螺纹基本知识、正确选用丝锥或板牙规格、加工出合格螺纹的教学要求。本项目练习主要以攻螺纹加工为主,要求同学们触类旁通,进而掌握套螺纹的加工知识与方法。

学习目标

(1)培养学生具备"恪尽职守,爱岗敬业"的优秀品质。

(2)熟悉螺纹的基本知识。

(3)能根据加工要求正确选用合适规格的丝锥或板牙。

(4)能独立、安全地完成螺纹孔的手动加工。

(5)继续加强实训室7S管理规范的执行,注意加工中的安全。

工作任务

任务一:认知螺纹的基本知识

任务二:掌握内螺纹加工知识及应用

任务三:掌握外螺纹加工知识及应用

任务四:动手练一练——攻螺纹

总结与思考:总结本项目所学知识,并完成相关问题的作答

154

项目八　螺纹的手动加工

课前通过自主学习,收集相关信息资料:

 **案例场景**

实践操作中,小明同学准备进行攻螺纹练习,他在实训室工具柜内选择了一支丝锥就开始操作,但他发现无论怎么使劲都很难切入,而且好不容易切入后,接下来的加工效率也很低,小明感觉很困惑。同学小李看到后告诉小明,应该是丝锥磨损了需要更换,但小明认为是丝攻扳手选择不正确,两人争执起来。这时老师走过来询问了情况,然后重新更换了丝锥与丝攻扳手,再叫小明一试,他顿时感觉到加工起来很轻松,并且效率很高,加工质量也提高了。

讨论问题

你认为小明出现攻螺纹很难切入与加工吃力的情况是什么原因引起的? 应采取哪些措施加以改进?

_____

_____

_____

任务一　认知螺纹的基本知识

视 频

三角形螺纹的检测

螺纹是指在圆柱或圆锥母体表面上制出的螺旋线形的、具有特定截面的连续凸起部分。螺纹按其截面形状(牙型)分为三角形螺纹、矩形螺纹、梯形螺纹和锯齿形螺纹等。其中三角形螺纹主要用于连接,矩形、梯形和锯齿形螺纹主要用于传动。常见的螺纹种类及用途见表8-1。

表8-1　常见的螺纹种类及用途

螺纹种类			特征代号	外形图	用　途
联接螺纹	普通螺纹	粗牙	M		最常用的联接螺纹
		细牙			用于细小的精密或薄壁零件
	管螺纹		G		用于水管、油管、气管等薄壁管子上,用于管路的联接
传动螺纹	梯形螺纹		Tr		用于各种机床的丝杠,作传动用
	锯齿形螺纹		B		只能传递单方向的动力

155

一、螺纹的五要素

螺纹的五要素分别是牙型、公称直径、旋向、螺距(或导程)和线数。

1. 牙型

在通过螺纹轴线的剖面区域上，螺纹的轮廓形状称为牙型。常见牙型的有矩形、三角形、梯形、锯齿形等，如图8-1所示。

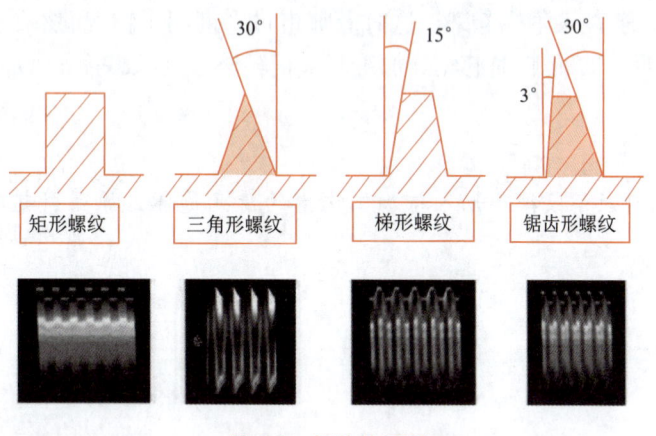

图8-1　螺纹的牙型

2. 公称直径

螺纹公称直径有大径(d、D)、中径(d_2、D_2)、小径(d_1、D_1)之分。大径是指和外螺纹的牙顶、内螺纹的牙底相重合的假想圆柱面或锥面的直径，外螺纹的大径用d表示，内螺纹的大径用D表示。小径是指和外螺纹的牙底、内螺纹的牙顶相重合的假想圆柱面或锥面的直径，外螺纹的小径用d_1表示，内螺纹的小径用D_1表示。在大径和小径之间，设想有一圆柱面(或锥面)，在其轴剖面内，素线上的牙宽和槽宽相等，则该假想柱面的直径称为中径。根据国家标准，普通螺纹的公称直径就是指螺纹大径，如图8-2所示。

d	外螺纹大径 （公称直径）	D	内螺纹大径 （公称直径）
d_1	外螺纹小径	D_1	内螺纹小径
d_2	外螺纹中径	D_2	内螺纹中径
P	螺距	φ	螺旋升角
β	牙型角		

图8-2　螺纹的相关参数

3. 旋向

螺纹的旋向有左旋和右旋之分。逆时针旋转时旋入的螺纹称为左旋螺纹；顺时针旋转时旋入的螺纹称为右旋螺纹。将螺纹沿轴线垂直放置，可以看到螺纹有一定的倾斜角度。如果左边高于右边则为左旋螺纹，如果右边高于左边则为右旋螺纹。

(1)左旋螺纹：符合左手定则，左手握拳，将左手的大拇指指向螺旋件的运动方向，其余四指指向螺旋件的旋转方向，如图8-3(a)所示。

(2)右旋螺纹：符合右手定则，右手握拳，将右手的大拇指指向螺旋件的运动方向，其余四指方向指向螺旋件的旋转方向，如图8-3(b)所示。

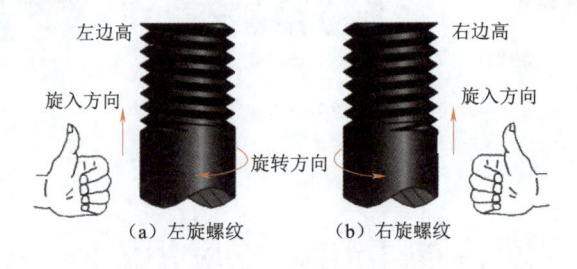

图8-3　螺纹的旋向

4. 螺距(或导程)和线数

螺距是螺纹上任意一点沿同一条螺旋线转一周所移动的轴向距离，符号为 S。单线螺纹的螺距等于导程；如果是双线螺纹，一个导程就包括两个螺距，则螺距 = 导程/2，如图8-4所示；若是三线螺纹，则螺距 = 导程/3。因此，螺距和导程之间的关系可以用下式表示：螺距 = 导程/线数，即 $S = nP$。

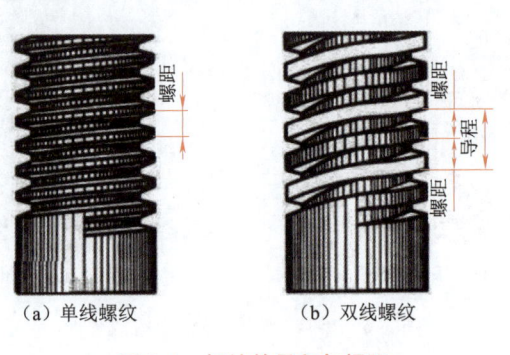

图8-4　螺纹的导程与螺距

二、螺纹的加工方法

螺纹类零件在生活工作中都很常见，那螺纹是怎样制造出来的呢？其实，加工螺纹的方法有很多种，根据不同的生产要求可以采用不同的生产方式，利用的生产条件也相差很大。常见的螺纹加工方法主要有攻螺纹与套螺纹、车削螺纹、滚压螺纹、铣削螺纹、磨削螺纹等，如图8-5所示。

157

机械零件手动加工

视 频

手动攻螺纹
操作

（a）车削螺纹

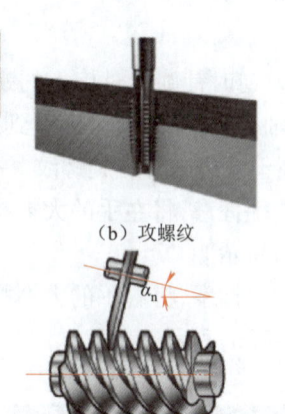

（b）攻螺纹

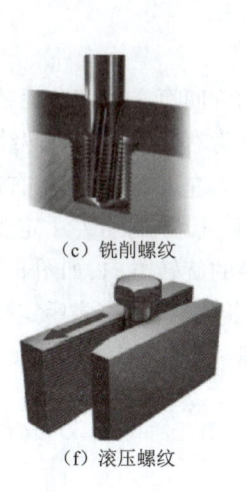

（c）铣削螺纹

（d）旋风铣螺纹

（e）磨削螺纹

（f）滚压螺纹

图 8-5　常见加工螺纹的方法

任务二　掌握内螺纹加工知识及应用

在圆柱内表面上形成的螺纹称为内螺纹,钳工利用丝锥在圆柱内表面上加工出的螺纹操作称为攻螺纹。丝锥是一种加工内螺纹的工具,也称丝攻,是一种成型多刃刀具。丝锥可以通过手用攻螺纹,也可以在机床设备上来攻螺纹,如图 8-6 所示。攻螺纹要用丝锥、绞杠和保险夹头等工具。

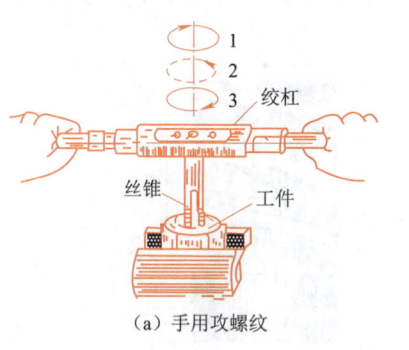

（a）手用攻螺纹

（b）机用攻螺纹

图 8-6　手用攻螺纹与机用攻螺纹

一、丝锥

（1）丝锥的种类。

丝锥有很多种类,根据螺纹标准可分为公制丝锥、英制丝锥、美制丝锥等;根据丝锥材质可分为高速钢丝锥、粉末高速钢丝锥、硬质合金丝锥等;按照切削类型可分为切削丝锥与挤压丝锥,其中切削丝锥按照排屑方式又可分为直槽丝锥、螺旋槽丝锥和螺尖丝锥(先端丝锥)等。图 8-7所示为常用的各类丝锥。

158

项目八　螺纹的手动加工

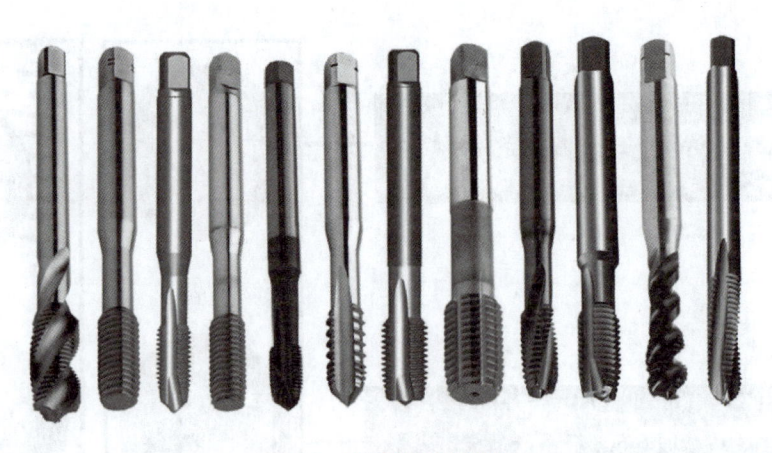

图 8-7　常用的各类丝锥

直槽丝锥加工容易,精度略低,产量较大,排屑顺畅,切削效果好,适于加工浅盲孔和通孔,如图 8-8(a)所示;螺尖丝锥(先端槽丝锥)前部有容屑槽,多用于通孔的加工,如图 8-8(b)所示。螺旋槽丝锥通过上升旋转排出碎屑,适用于切削高韧性材料,不适合铸铁等切削成细碎的材料,多用于加工深孔与盲孔用,加工速度较快,精度高,排屑较好,如图 8-8(c)所示。

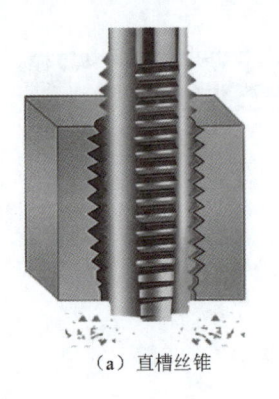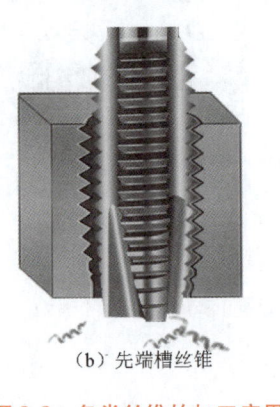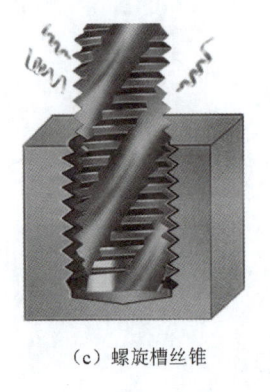

(a)直槽丝锥　　　　　　　(b)先端槽丝锥　　　　　　　(c)螺旋槽丝锥

图 8-8　各类丝锥的加工应用

丝锥按照使用环境又分为机用丝锥和手用丝锥。机用丝锥是通过攻螺纹夹头装夹在机床上使用的一种丝锥,它的形状与手用丝锥相仿。不同的是其柄部除铣有方榫外,还割有一条环槽。因机用丝锥攻螺纹时的切削速度较高,故常采用 18Cr4V 高速钢制造,一般是单独一支。

手用丝锥是手工攻螺纹时用的一种丝锥,它常用于单件小批生产及各种修配工作中。手用丝锥工作时的切削速度较低,通常都用 9SiCr、GCr9 钢制造,一般由两支或三支组成一组。对于成组丝锥,为了减少切削力和延长其使用寿命,一般将整个切削量分配给几支丝锥来承担。通常 M6～M24 的丝锥一套为两支,称为头锥、二锥。

手用丝锥的头锥与二锥区分方法(见图 8-9):①二锥前端螺纹比头锥清晰;②二锥前端螺纹比头锥宽。M6 以下及 M24 以上一套有三支,即头锥、二锥、三锥。

(2)丝锥的结构。

丝锥由工作部分和柄部组成,工作部分包括切削部分和校准部分。切削部分磨出锥角,校准部分具有完整的齿形,柄部有方榫,如图 8-10 所示。

159

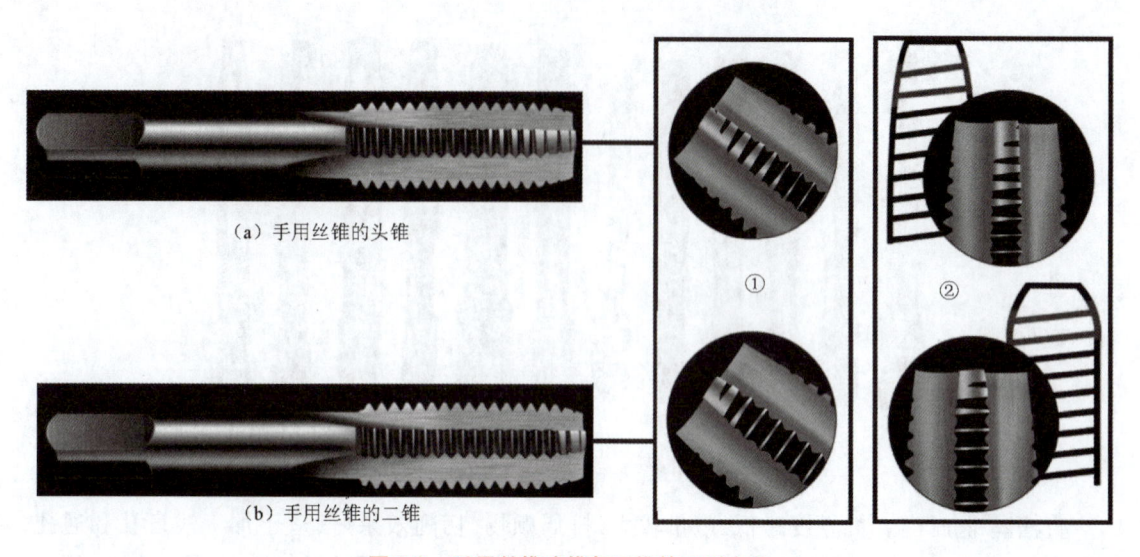

（a）手用丝锥的头锥

（b）手用丝锥的二锥

①

②

图 8-9　手用丝锥头锥与二锥的区别方法

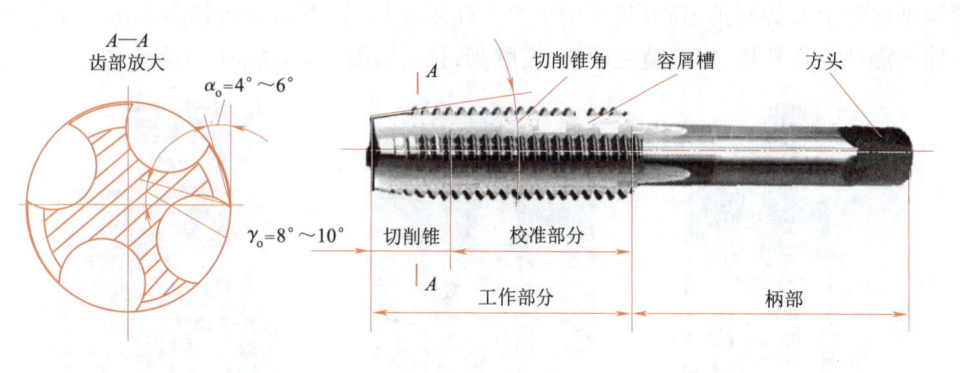

图 8-10　丝锥的结构

（3）绞杠。

绞杠是手工攻螺纹时用的必备辅助工具，绞杠分普通绞杠和丁字绞杠两大类，普通绞杠又分为固定式和可调式两种。丁字绞杠主要用于攻工件凸台旁的螺纹或箱体内部的螺纹，活络式绞杠可以调节夹持丝锥方榫，如图 8-11 所示。

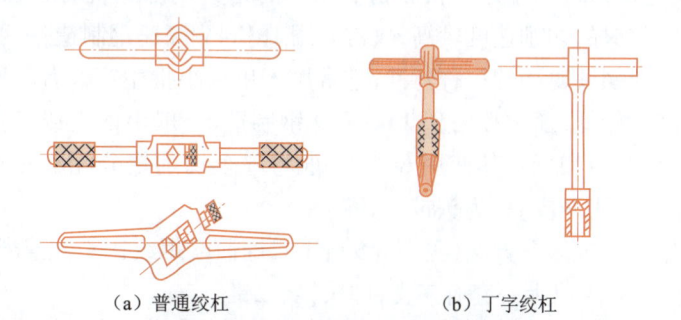

（a）普通绞杠　　　　　　　　　（b）丁字绞杠

规格/mm	150	225	275	375	475	600
适用范围	M5 ~ M8	M8 ~ M12	M12 ~ M14	M14 ~ M16	M16 ~ M24	M24 以上

图 8-11　绞杠的分类及选用

项目八　螺纹的手动加工

二、攻螺纹前的准备

（1）攻螺纹前底孔直径的计算。

丝锥在攻螺纹的过程中，切削刃主要是切削金属，但还有挤压金属的作用，因而造成金属凸起并向牙尖流动的现象，所以攻螺纹前，钻削的孔径（即底孔）应大于螺纹内径。

对于普通螺纹来说，底孔的直径可查《机械加工工艺手册》或按下面的经验公式计算：

①脆性材料（铸铁、青铜等）：

$$D_{底} = D - (1.05 \sim 1.1)P$$

②韧性材料（钢、紫铜等）：

$$D_{底} = D - P$$

式中，$D_{底}$ 为底孔直径；D 为螺纹大径；P 为螺距。

例如，要在材质为碳钢的方头锤上攻 M10 螺纹，请问底孔直径应该为多少？

根据国家标准可查出粗牙螺纹 M10 的螺距为 1.5 mm，再由公式可得

$$D_{底} = D - P = 10 - 1.5 = 8.5 (\text{mm})$$

除计算外，查阅《机械加工工艺手册》得到其底孔直径数值，见表8-2。

表8-2　螺纹底孔直径选取参照表　　　　　　　　　（单位：mm）

螺纹大径 D	螺距 P	钻头直径 d	
		铸铁、青铜、黄铜	钢、可锻铸铁、纯铜
5	0.8	4.1	4.2
	0.5	4.5	4.5
6	1	4.9	5
	0.75	5.2	5.2
8	1.25	6.6	6.7
	1	6.9	7
	0.75	7.1	7.2
10	1.5	8.4	8.6
	1.25	8.6	8.7
	1	8.9	9
	0.75	9.1	9.2
12	1.75	10.1	10.2
	1.5	10.4	10.5
	1.25	10.6	10.7
	1	10.9	11
14	2	11.8	12
	1.5	12.4	12.5
	1	12.9	13

续表

螺纹大径 D	螺距 P	钻头直径 d	
		铸铁、青铜、黄铜	钢、可锻铸铁、纯铜
16	2	13.8	14
	1.5	14.4	14.5
	1	14.9	15
18	2.5	15.3	15.5
	2	15.8	16
	1.5	16.4	16.5
	1	16.9	17
20	2.5	17.3	17.5
	2	17.8	18
	1.5	18.4	18.5
	1	18.9	19

（2）攻螺纹前底孔深度的计算。

攻不通孔螺纹时，由于丝锥切削部分有锥角，前端不能切出完整的牙型，所以钻孔深度应大于螺纹的有效深度 $H_孔$（见图 8-12）为

$$H_孔 = h_{有效} + 0.7D$$

式中，$H_孔$ 为底孔深度；$h_{有效}$ 为螺纹有效深度；D 为螺纹大径。

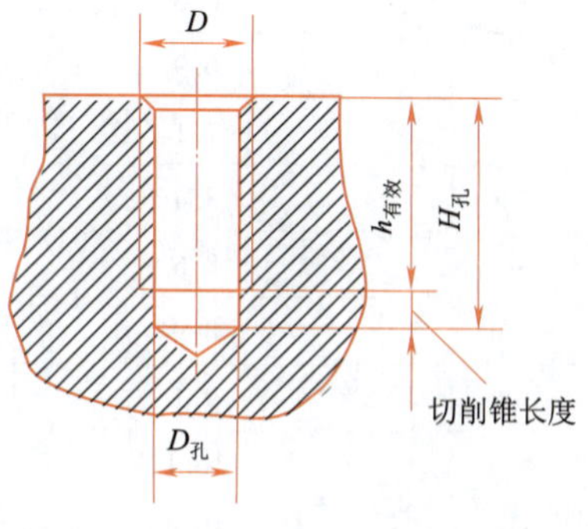

图 8-12　攻螺纹前底孔深度示意图

（3）孔口倒角。

倒角刀属于立铣刀，按照刃数可以分为单刃倒角刀、三刃倒角刀等，按照度数可以分为 60°、90°等，见表 8-3。

项目八　螺纹的手动加工

表 8-3　常用倒角刀的样式

倒角刀种类	优点	适用	注意事项
	三刃倒角刀工作时三个刃同时切削,效率高,耐磨损	适合加工中心等精度较高的设备使用,加工模具钢、不锈钢、钢轨等硬料的倒角及切削	不建议加工软料、薄料材质,不建议用于手电钻
	单刃倒角刀工作时一个刃切削,加工质量光滑、圆润,效果好	适合普通台钻使用,以及软料、薄料的倒角与去毛刺等,操作简单,适合初学者	不建议高速使用,转速200 r/min左右为宜

攻螺纹前要在底孔的孔口进行倒角,以利于丝锥的定位和切入,倒角的深度一般要大于螺纹的螺距,可选用合适的倒角刀进行孔口倒角操作。如图 8-13 所示,根据图样要求选用倒角刀进行倒角,保证倒角尺寸合格及表面光滑无震纹。

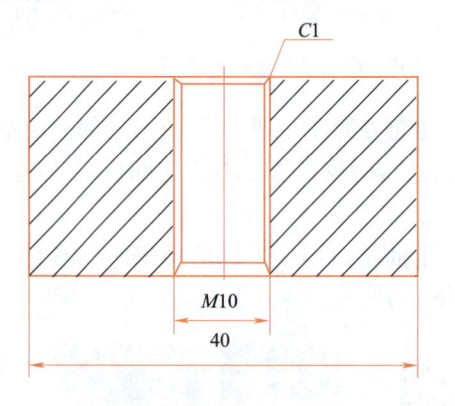
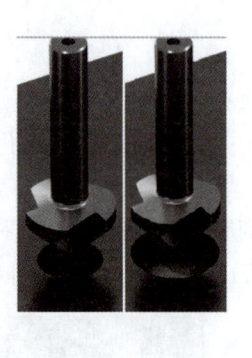

图 8-13　螺纹孔口倒角

三、攻螺纹的具体操作方法

目前,手用攻螺纹在机械加工中仍具有广泛的应用,在进行攻螺纹操作时,要遵守其操作方法,这样才能保证有效地进行攻螺纹操作。具体操作步骤如下:

(1)攻螺纹时,先用头锥,再用二锥。用右手掌按住绞杠中部,沿丝锥轴线用力加压,左手配合作顺向旋进;保证丝锥中心线与孔中心线重合。在转动的同时,要加入切削液或机油,起到润滑作用,在铸铁件上攻螺纹时,可用煤油进行冷却润滑,如图 8-14 所示。

(2)当丝锥旋入 1~2 圈后,取下绞杠,用角尺检查丝锥与孔端面的垂直度,若不垂直,应立即校正,然后再进行正常攻螺纹操作,如图 8-15 所示。

(3)当切削部分已切入工件后,每转 1~2 圈后应反转 1/4 圈,以便于切屑碎断和排出,同时不能再施加压力,以防丝锥崩牙。

163

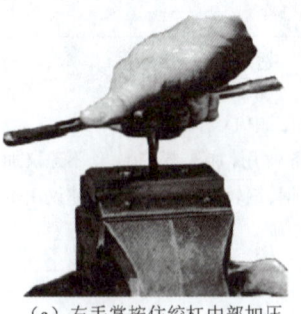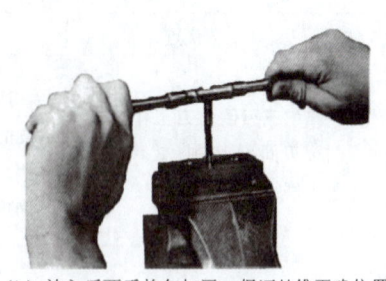

（a）右手掌按住绞杠中部加压　　　　（b）放入后两手均匀加压，保证丝锥正确位置

图8-14　手用攻螺纹的起攻方法

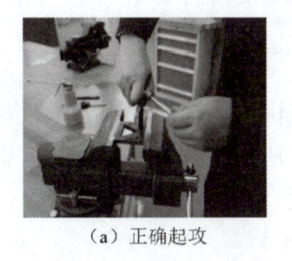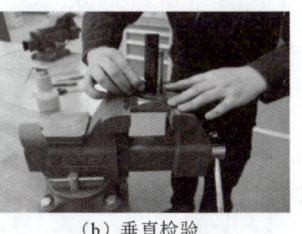

（a）正确起攻　　　　　　　（b）垂直检验　　　　　　　（c）正常攻螺纹

图8-15　攻螺纹时要注意丝锥与工件表面垂直

（4）在加工通孔时，为了使排屑顺利，也可在直槽标准丝锥的切削部分前端加以修磨，以形成刃倾角 $\lambda = -5° \sim -15°$。在攻通孔时，丝锥的校准部分不要全部攻出，以避免扩大或损坏孔口最后几道螺纹。

（5）攻螺纹到底后，要反向旋出，对产生的铁屑要用毛刷清理干净，为避免铁屑吹入自己或他人的眼睛中，禁止用气枪清理，如图8-16所示。

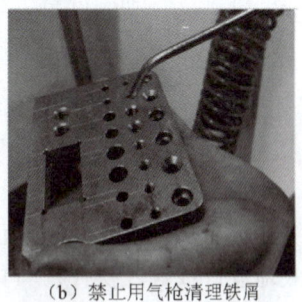

（a）用毛刷清理铁屑　　　　　　（b）禁止用气枪清理铁屑

图8-16　正确清理铁屑

四、攻螺纹用切削液的选择

在塑性或韧性材料工件上攻螺纹时，要加注切削液，以减小切削阻力，减小螺纹孔的表面粗糙度值，延长丝锥的使用寿命。在钢件上攻螺纹时，使用机油或浓度较高的乳化液，对于精度要求较高的螺纹可用工业植物油；在铸铁件上攻螺纹时可用煤油；在不锈钢材料工件上攻螺纹时，可用32号 L-AN 全损耗系统用油或硫化油。

项目八　螺纹的手动加工

任务三　掌握外螺纹加工知识及应用

视频

手动套螺纹
操作

在圆柱外表面上形成的螺纹称为外螺纹,零件手动加工中利用板牙在圆柱外表面上加工出的螺纹操作称为套螺纹,如图8-17所示。板牙相当于一个具有很高硬度的螺母,螺孔周围制有几个排屑孔,一般在螺孔的两端磨有切削锥,套螺纹要用板牙、绞杠等工具。

图8-17　套螺纹

一、圆板牙

板牙是用来切削外螺纹的工具,它由切削部分、校准部分和排屑孔组成,板牙按外形和用途分为圆板牙、方板牙(四方板牙)、六方板牙(六角板牙)、管型板牙等,其中以圆板牙应用最广,规格范围为 M0.25～M68 mm,如图8-18所示。板牙的排屑孔形成刃口,切削部分是指板牙两端的锥形部分,其锥角为30°～60°,前角约为15°,后角约为8°。校准部分在板牙的中部,起导向和修光作用。

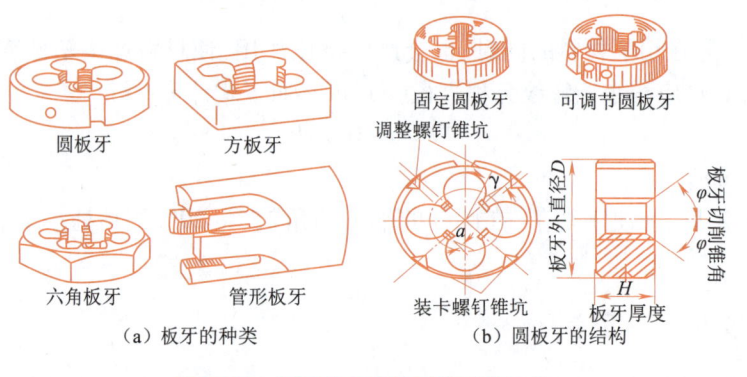

图8-18　板牙的种类及圆板牙的结构

圆板牙两端都有切削部分,一端磨损后可换另一端使用。但圆锥管螺纹板牙只在一面制成切削锥,所以圆锥管螺纹板牙只能单面使用。

165

二、绞杠

绞杠是用来安装板牙并带动板牙旋转切削的工具,通常又称"板牙架"。板牙架是手工套螺纹时的辅助工具。板牙架外圆旋有两个调整板牙螺钉和两个紧固板牙螺钉,以及一个调松螺钉,如图 8-19(a)所示。使用时,紧固板牙螺钉将板牙紧固在板牙架中,并传递套螺纹的转矩。当使用的圆板牙带有 V 型调整通槽时,通过调节上面紧定螺钉和调整螺钉,可使板牙在一定范围内变动。将板牙装入板牙架时要注意观察其切削锥度以及定位槽要对准紧固螺钉,如图 8-19(b)所示。

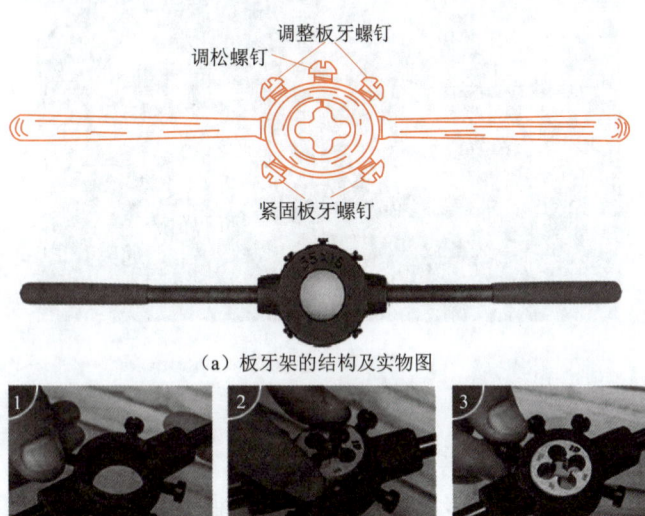

（a）板牙架的结构及实物图

（b）正确将板牙装入板牙架中

图 8-19　板牙架及其使用

三、套螺纹时圆杆直径的确定

套螺纹时,板牙在切削材料的同时,也会产生挤压作用,使材料产生塑性变形。所以,套螺纹前的圆杆直径(D)应稍小于螺纹公称直径(d),可参照下式计算:

$$D = d - 0.13P$$

式中,P 为螺距,mm。

圆杆直径确定后,为便于切削,在圆杆的端尖倒角 $15° \sim 20°$,倒角处小端直径应小于螺纹小径。

四、套螺纹时的注意事项

(1)套螺纹前,圆杆端部应倒成 $15° \sim 20°$ 的锥角,形成圆锥体,最小直径要小于螺纹小径,以便板牙切入,且螺纹端部不出现锋口。

(2)圆杆应衬木板或其他软垫在台虎钳中夹紧。套螺纹部分伸出应尽量短,其圆杆最好沿铅垂线方向放置。

(3)套螺纹开始时,要将板牙放正,其轴心线应与圆杆轴线重合。然后转动板牙架并施加轴

项目八 螺纹的手动加工

向力,压力要均匀,转动要慢,同时在圆杆的前、后、左、右方向观察板牙是否歪斜。待板牙旋入工件时,只转动板牙架,不施加压力。

（4）为了断屑,板牙转动一圈左右要倒转 1/2 圈进行排屑,如图 8-20 所示。

（5）在钢件上套螺纹要加切削液润滑,以保证螺纹质量,延长板牙的使用寿命,使切削省力。

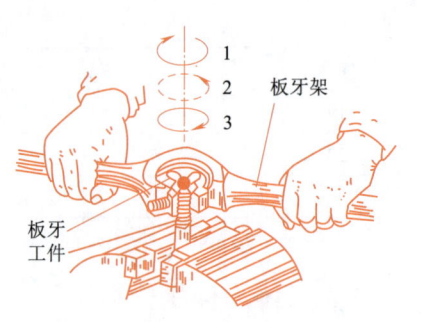

图 8-20　套螺纹操作示意图

任务四　动手练一练——攻螺纹

一、主要工量具准备清单

通过前面的学习,可以掌握螺纹的基本知识与攻螺纹操作方法,并可以对攻螺纹时的注意事项进行分析。眼过百遍,不如动手一练,下面进行零件的攻螺纹操作练习。主要工量器具准备清单见表 8-4,可根据现场具体情况适当选用。

表 8-4　主要工量器具准备清单

序号	名称	规格	数量	备注
1	高度游标卡尺	0.02 mm,300 mm	1 把	
2	外径游标卡尺	0.02 mm,150 mm	1 把	
3	麻花钻		各 1 支	规格按图样要求选用
4	倒角刀		1 把	
5	丝锥及绞杠		1 付	
6	铰刀及绞杠		1 套	
7	钢直尺	150 mm	1 把	
8	弯头划针	250 mm	1 支	
9	合金划规	8 寸	1 支	
10	中心钻	A 型	1 支	
11	手工锤	500 g	1 把	
12	样冲	125 mm	1 支	
13	钢印	5 mm	1 盒	数字码
14	平行垫铁		1 盒	视平口钳规格定
15	刀口直尺	125 mm,0 级	1 把	
16	刀口直角尺	100×63 mm,1 级	1 把	
17	平锉刀	300 mm	各 1 把	多种规格
18	圆锉	150 mm,φ6 mm	各 1 把	

167

续表

序号	名称	规格	数量	备注
19				可根据现场 需要增加
20				
21				

二、练习件操作指导

1. 实践图样

攻螺纹与套螺纹是零件手动加工的基本操作之一,掌握其操作技能是零件手动加工学习的重点,通过攻螺纹实践训练,重在掌握丝锥的选择与应用、内螺纹底孔直径的确定、攻螺纹时的动作要领。触类旁通,掌握了攻螺纹操作,就会对套螺纹操作同样掌握。图 8-21 所示为攻螺纹练习件加工图样,请同学们根据图样相关要求制订加工工艺,以保证螺纹孔的顺利加工。

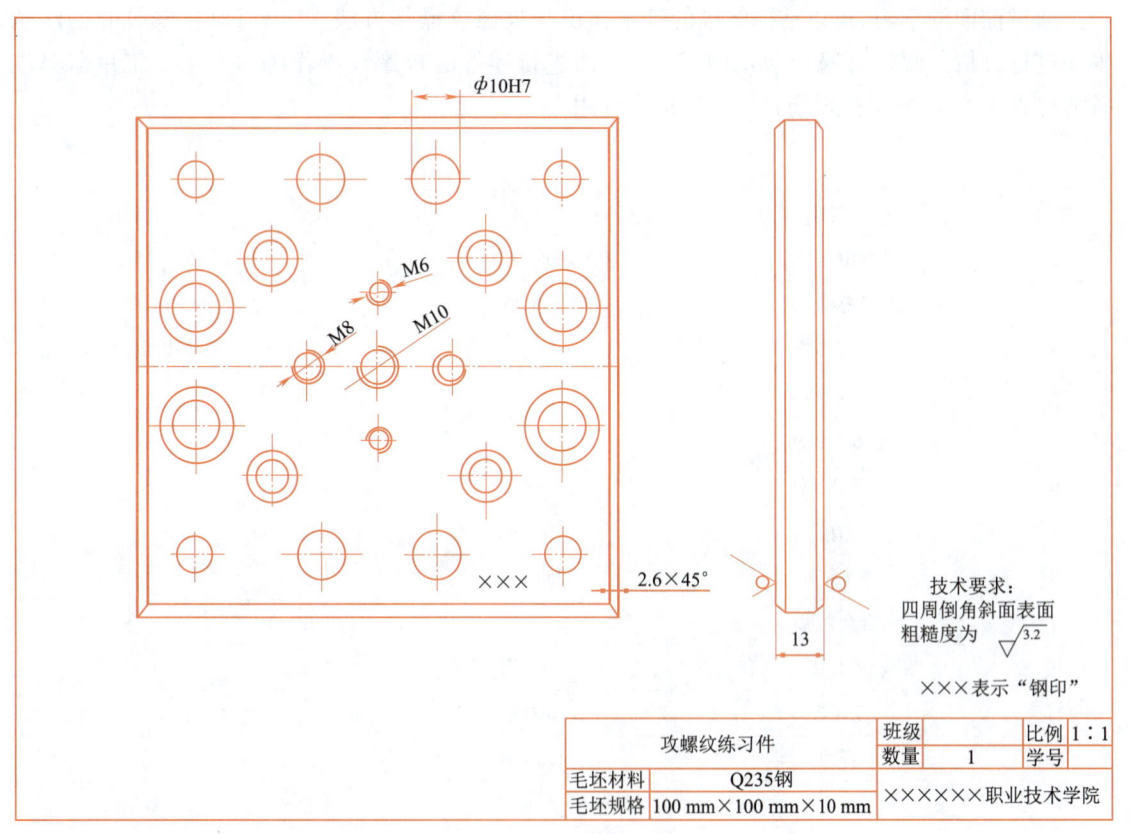

图 8-21 攻螺纹练习件图

2. 任务实施

通过分析攻螺纹练习件图样,综合前面所述螺纹基本知识和攻螺纹的操作方法,选取合适的丝锥与绞杠,制订合理的工作步骤。攻螺纹过程中,根据工作提示对容易出现的问题,如内螺

项目八　螺纹的手动加工

纹底孔直径确定不当、手用丝锥头攻与二攻应用不当、绞杠选择不当、加工时丝锥与工件表面不垂直、丝锥难以正常切削、丝锥卡住或断裂等进行分析,从而避免这些情况的发生。触类旁通,在掌握攻螺纹操作的基础上,进行孔的铰削加工。在实践操作过程中,要遵守安全文明操作要求,如实训室 7S 管理规范、安全操作规程、环保要求等,见表 8-5。

表 8-5　攻螺纹练习任务实施

工作步骤	工作提示
(1)选用合适量具检测工件尺寸,工件为前面孔的加工练习件	(1)斜面锉削时要注意控制好锉刀的运动方向,边锉削边观察所划的线条,注意用力要适当
(2)进行四周倒角加工,首先根据图样进行划线操作,然后选择合适的锉刀粗、精锉各斜面,并达到表面粗糙度 $Ra \leqslant 3.2~\mu m$ 的要求	(2)确定好内螺纹底孔直径尺寸及铰孔前的底孔直径尺寸,并检测工件上的孔是否满足加工要求
(3)进行攻螺纹加工,首先计算好内螺纹底孔直径,检测已加工孔是否满足螺纹底孔要求,如孔的直径尺寸是否达到要求、孔口倒角是否合适等。选择合适的攻螺纹工具,对 M10、M8、M6 等内螺纹进行加工	(3)攻螺纹时要对手用丝锥的头攻、二攻进行辨别和准确运用;丝锥攻入孔时要时刻保证丝锥中心线与工件表面的垂直
(4)进行铰孔加工,根据图样要求查表确定好铰削余量,检测已加工孔是否满足铰削要求。选择合适的铰削工具,对 $\phi 10H7$ 孔进行铰削操作	(4)攻螺纹和铰孔时要适当加入切削液,注意攻螺纹的操作技巧,避免用力过猛而导致丝锥卡住或断裂
(5)去毛刺,锐边倒钝,打钢印	(5)钢印位置要正,敲击时要稳,以防钢印飞出伤人或敲到手
安全生产	环保要求
(1)按安全操作规程要求穿戴安全防护用具	(1)切屑放入指定容器,按环保要求处理。抹布、划线颜料、颜色涂抹剂在有标记的容器分类处理
(2)斜面锉削时小心锉刀用力不当而伤人;攻螺纹时双手用力要均匀且适当,避免用力过猛而撞到自己	(2)量具、台虎钳等器具的润滑油及切削液要按环保要求进行选取与处理
(3)防止清理切屑时飞入眼睛;敲击钢印时小心砸到自己与他人	(3)零件手工制作实训室产生的垃圾要分类进行收集与处理

3. 任务评价表

根据任务实施全过程进行考核评价,考核内容由职业素养、理论知识和实操质量等三部分进行,由此进行自评、互评和教师评价三个环节,以利于相互讨论与促进。根据三个环节的评分,进行攻螺纹和铰孔操作练习总结,对学到的知识、操作中出现的问题、进一步修正及提高操作技能方法,并进行个人总结与小组探讨,填写在表 8-6 中。

表 8-6　攻螺纹练习任务评价表

任务名称:攻螺纹练习与考核						
考核内容		分值	评分标准	自评	互评	教师评价
职业素养	小组协作	5	根据各小组整体及成员个人的表现,酌情扣分,以 1 分为单位			
	学习纪律	5				
	学习态度	5				

169

续表

考核内容		分值	评分标准	自评	互评	教师评价
理论知识	螺纹基本知识	5	螺纹五要素知识,每个要素占1分			
	丝锥、铰刀的选用	4	手用丝锥头攻与二攻的判别,占1分;内螺纹底孔的确定,占1分;铰刀的选用及铰削余量的确定,占1分;攻丝工具的正确使用方法,占1分			
实操质量	倒角斜面尺寸及表面粗糙度 Ra3.2 μm	8	倒角尺寸 C2 及 Ra3.2 μm,每处斜面占1分			
	M10 螺纹孔	8	M10 螺栓能旋入则计8分			
	M8 螺纹孔(2 处)	16	M8 螺栓能旋入则计8分,2处共16分			
	M6 螺纹孔(2 处)	16	M6 螺栓能旋入则计8分,2处共16分			
	ϕ10H7 孔	8	表面质量好,无划痕则计8分			
	攻螺纹与铰孔姿势	10	攻螺纹操作与铰孔操作姿势与要领是否到位,每处错误扣2分,扣完为止			
	安全文明操作	10	违反7S管理规范扣2分/次			
总　分		100				
任务考核最终分		100		（自评30%＋互评30%＋教师评价40%）		

攻螺纹练习总结:(学到的知识、操作中出现的问题、进一步提高操作技能的方法)

专业班级		姓名		日期	

项目八　螺纹的手动加工

 **总结与思考**

通过学习与思考,完成以下问题。

1.螺纹的种类有哪些? 请举例说明。

2.写出螺纹的表示方法。

3.如果要在铸铁工件上攻 M10 螺纹,请问底孔直径应该是多少?

4.铰孔 ϕ10H7 的加工余量是多少?

5.为什么手动铰刀不适合铰盲孔?

171

机械零件手动加工

6. 写出螺纹底孔的计算公式。

_____

_____

_____

_____

_____

7. 通过选用铰刀进行孔的铰削加工,写出图 8-22 所示三种铰刀的名称。

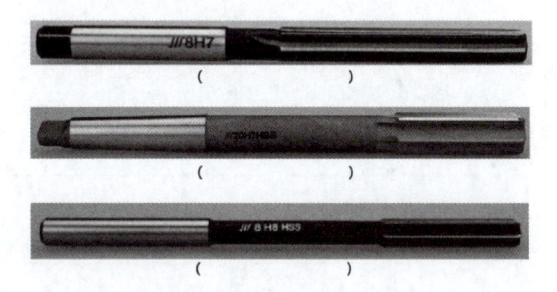

( )　　　　　( )

( )　　　　　( )

( )　　　　　( )

图 8-22　铰刀认知练习图

8. 查阅资料,写出图 8-23 所示物品的名称及用途。

图 8-23　认知器具练习图

_____

_____

_____

9. 图 8-24 所示为两对手用丝锥,请仔细辨别并写出头攻与二攻。

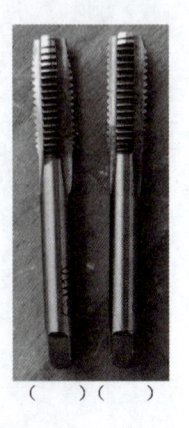

( )　( )　　　( )　( )

图 8-24　手用丝锥头攻与二攻认知练习图

172

10. 查阅资料，写出图 8-25 所示物品的名称。

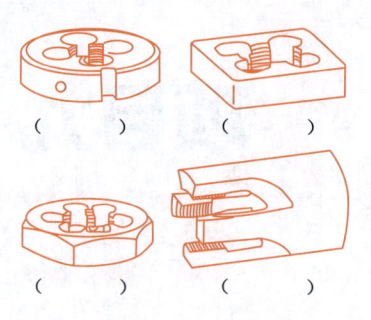

(　　)　　(　　)

(　　)　　(　　)

图 8-25　板牙种类的认知练习图

项目九

典型镶配件的加工

项目描述

镶配件的加工需要综合运用零件手动加工基本操作技能和测量技术,通过镶配件的加工,能进一步掌握制订工件的钳工加工工艺,并综合运用已学钳工知识与技能完成典型镶配件的加工。

学习目标

(1)培养学生具备"善学善用、创新求实"的优秀品质。

(2)掌握零件图的识读方法。

(3)掌握尺寸公差与配合公差、形位公差应用。

(4)会独立、安全的综合运用钳工相关技能与知识。

(5)继续加强7S管理规范执行,注意加工中的安全事项。

项目九 典型镶配件的加工

工作任务

任务一:认知锉配的基本知识
任务二:认知錾削的基本知识
任务三:动手练一练——燕尾锉配件的手动加工
总结与思考:总结本项目所学知识,并完成相关问题的作答

课前通过自主学习,收集相关信息资料:

案例场景

　　实践操作中,有同学为了保护零件已加工表面不被夹伤,准备利用1 mm 厚的铜片制作软钳口,但采取什么样的手工制作方法将铜片制作成合适的尺寸呢? 大家对此各有意见,争论不休。小明同学准备拿出钢锯进行锯削加工,小李同学则说铜片太薄了,不能锯削加工,他准备用錾子进行錾削加工。他们两人对各自的加工方法都表示满意,但认为对方的加工方法不合适。

讨论问题

　　1.你知道软钳口是什么吗? 软钳口有什么作用?

_____
_____
_____
_____
_____
_____

　　2.小明同学和小李同学利用铜片制作软钳口的加工方法可行吗? 具体操作时各要注意什么问题?

_____
_____
_____
_____
_____
_____
_____

175

任务一　认知锉配的基本知识

一、锉配的应用

锉配也称镶嵌,是利用锉削加工的方法使两个或两个以上的零件达到一定配合精度要求的加工方法。锉配时通常先锉好配合工件中的外表面零件,然后以该零件为标准,锉配内表面零件,使之达到配合精度要求。

由于锉配形式多样、灵活,锉配应用十分广泛,因此熟练掌握锉配技能具有十分重要的意义。如日常生活中的配钥匙,工业生产中制作各种专用检测的样板,冲裁模具的制造,装配调试修理等都离不开锉配。

1.锉配的类型

(1)按其配合形式不同可分为平面锉配、角度锉配、圆弧锉配和上述三种锉配形式组合在一起的混合锉配。

(2)按配合的方向不同可分为:

①对配——锉配件可以面对面地修锉配合,一般的多为对称,要求翻转配合,正反配均能达到配合要求,如图9-1所示。

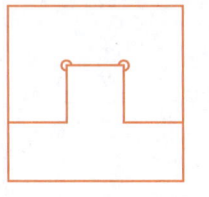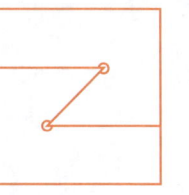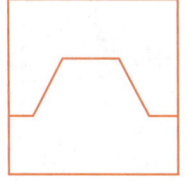

图9-1　对配

②镶配——像燕尾槽一样,只能从材料的一个方向插进去,一般要求翻转配合。正反配均能达配合要求,如图9-2所示。

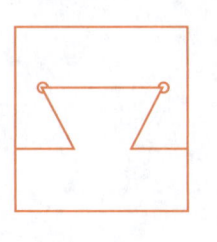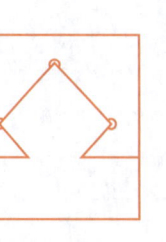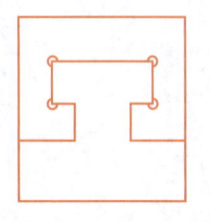

图9-2　镶配

③嵌配(镶嵌)——是把工件嵌装在封闭的形体内,一般要求的方位错次翻转配合,如图9-3所示。

④盲配(暗配)——要求对称,不许对配与互配的锉配。由他人在检查时锯下,判断配合是否达到规定要求,如图9-4所示。

项目九　典型镶配件的加工

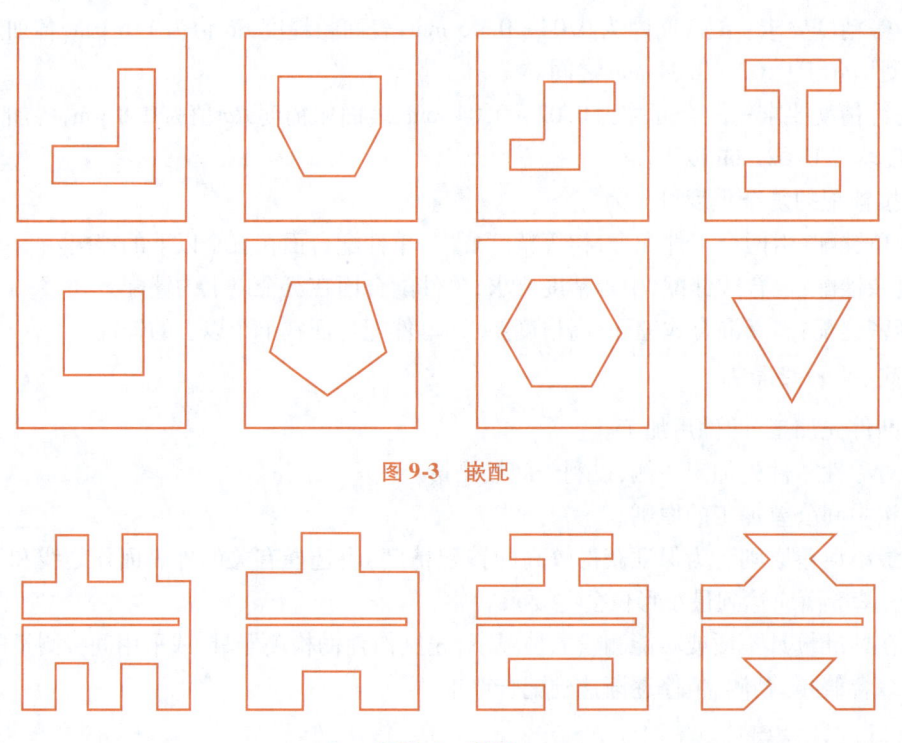

图 9-3　嵌配

图 9-4　盲配

⑤多件配——多个配合件组合在一起的锉配,要求互相翻转,变换配合件中的任一件的一定位置均能达到配合要求,如图 9-5 所示。

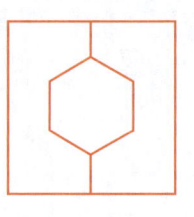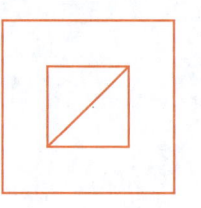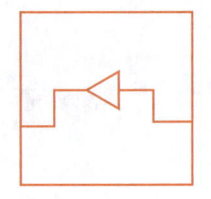

图 9-5　多件配

⑥旋转配——旋转配合件,多次在不同固定位置均能达到配合要求,如图 9-6 所示。

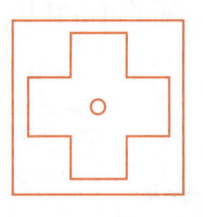

图 9-6　旋转配

(3)按锉配的精度要求不同可分为:

①初等精度要求:配合间隙为 0.06 ~ 0.10 mm,表面粗糙度 Ra 值为 3.2 μm,各加工面平行度、垂直度均介于 0.04 ~ 0.06 mm 之间。

177

②中等精度要求：配合间隙为 0.04 ~ 0.06 mm，表面粗糙度 Ra 值为 1.6 μm，各加工面平行度、垂直度均介于 0.02 ~ 0.04 mm 之间。

③高等精度要求——配合间隙为 0.02 ~ 0.04 mm，表面粗糙度 Ra 值为 0.8 μm，各加工面平行度、垂直度均在 0.02 mm 以下。

（4）按锉配的复杂程度可分为：

①简单锉配：由两个工件配合，初等精度要求，单件配合面在五个以下的锉配。

②复杂锉配：混合式锉配，中等精度要求，单件配合面在五个以上的锉配。

③精密锉配：多级混合式锉配，高精度要求，单件配合面在十个以上的锉配。

2. 锉配的一般原则

（1）凸件先加工，凹件后加工。

（2）对称性零件先加工一侧，以利于间接测量。

（3）按中间公差加工的原则。

（4）最小误差原则。为保证获得较高的锉配精度，应选择有关的外表面作划线和测量的基准。因此，基准面应达到最小形位公差要求。

（5）在标准量具不便或不能测量的情况下，先制作辅助检测器具，或采用间接测量的方法。

（6）综合兼顾、勤测、慎修逐渐达到配合要求。

3. 锉配的注意事项

（1）循序渐进，忌急于求成。

（2）精益求精，忌粗制滥造。

（3）勤于总结，莫苛求完美。

任务二　了解錾削的基本知识

一、錾子

錾子是錾削中的主要工具。錾子一般用碳素工具钢 T7 、T8 锻制而成，并经淬硬热处理，热处理后硬度可达 56 ~ 62HRC。錾子由切削刃、斜面、柄部、头部四个部分组成，如图 9-7 所示。

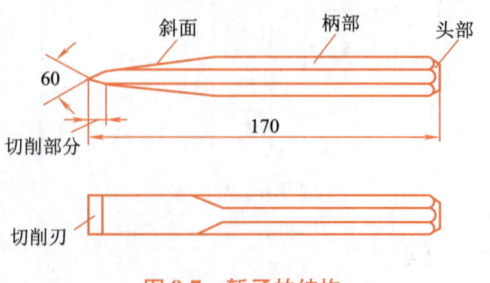

图 9-7　錾子的结构

1. 錾子的种类及应用

錾子的形状是根据工件不同的錾削要求而设计的,钳工常用的錾子有扁錾、尖錾和油槽錾三种类型,见表9-1。

表9-1 常用的錾子

名称	图形	用途
扁錾		切削部分扁平,刃口略带弧形。用来錾削凸缘、毛刺和分割材料,应用最广泛
尖錾		切削刃较短,切削刃两端侧面略带倒锥,防止在錾削沟槽时錾子被槽卡住。主要用于錾削沟槽和分割曲形板料
油槽錾		切削刃很短且呈圆弧形,錾子斜面制成弯曲形,便于在曲面上錾削沟槽,主要用于錾削油槽

2. 錾子的切削角度及选用

运用錾子切削金属,必须具备两个基本条件:一是錾子切削部分材料的硬度应该比被加工材料的硬度大;二是錾子切削部位要有合理的几何角度,主要是其楔角。錾子在錾削时的工作角度如图9-8所示。

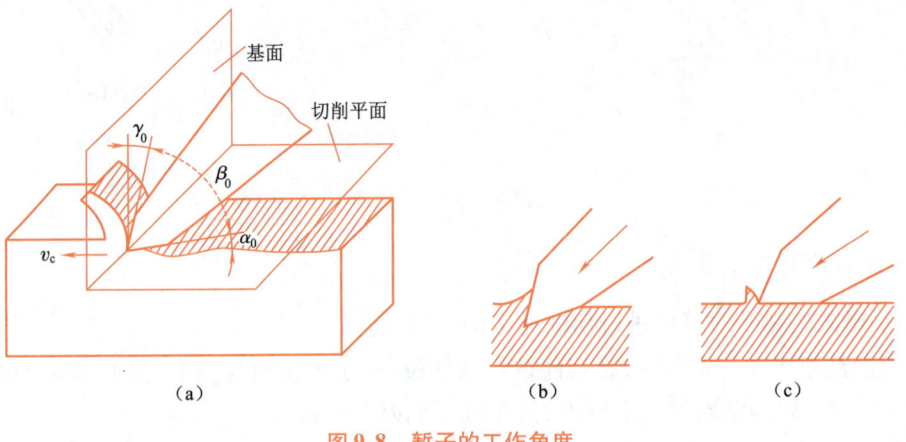

图9-8 錾子的工作角度

①前角 γ_0:它是前面与基面之间的夹角。前角的作用是减小錾削时的切屑变形,前角越大,被切金属的切屑变形越小,切削越省力,如图9-8(a)所示。

②后角 α_0:錾子后面与切削平面之间的夹角,它的大小取决于錾子被握持的方向,其作用是减小后面与切削表面之间的摩擦,使錾子容易切入材料。錾削时后角一般取5°~8°,后角太

大会使錾子切入材料太深，錾不动，甚至损坏錾子刃口，如图9-8（b）所示；若后角太小，錾子容易从材料表面滑出，不能切入，即使能錾削，由于切入很浅，效率也不高，如图9-8（c）所示。在錾削过程中应握稳錾子使后角 α_0 不变，否则将使工件表面錾得高低不平。由于基面垂直于切削平面，存在 $\alpha_0 + \beta_0 + \gamma_0 = 90°$ 的关系。当后角 β_0 一定时，前角 γ_0 由楔角 β_0 的大小来决定。

③楔角 β_0：它是錾子前面与后面之间的夹角，楔角由刃磨形成，其大小对切削性能有直接影响。楔角越小，錾子刃口越锋利，錾削越省力。但楔角过小，会造成刃口薄弱，錾子强度差，刃口易崩裂；而楔角过大时，刀具强度虽好，但錾削很困难，錾削表面也不易平整。所以，錾子的楔角应在其强度允许的情况下，选择尽量小的数值。錾子錾削不同软硬材料，对錾子强度的要求不同。因此，錾子楔角主要应该根据工件材料软硬来选择，见表9-2。

表9-2　錾子楔角的应用

材料	楔角 β_0 的取值范围
中碳钢、硬铸铁等硬材料	60°～70°
一般碳素结构钢、合金结构钢等中等硬度材料	50°～60°
低碳钢、铜、铝等软材料	30°～50°

3. 錾子的刃磨

錾子在磨削时，手握錾子的方法如图9-9所示。錾子的刃磨部位主要是前刀面、后刀面及侧面。刃磨时，錾子在砂轮的全宽上做左右平行移动，这样既可以保证磨出的表面平整，又能使砂轮磨损均匀，两刃面要对称，刃口要平直。

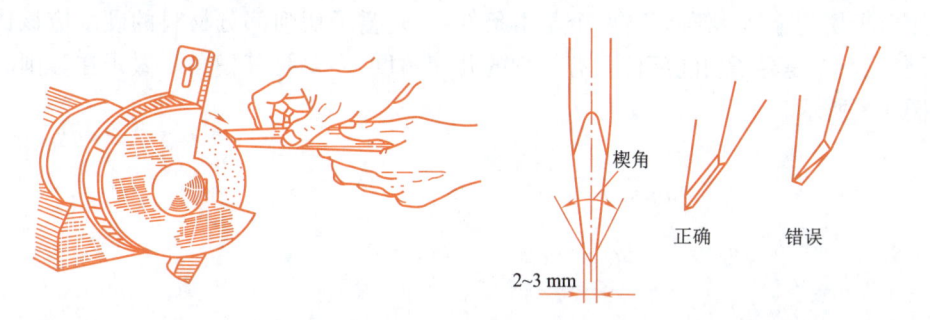

图9-9　錾子的刃磨

4. 錾子的使用

利用手锤敲击錾子对工件进行切削加工即为錾削。

（1）錾削注意事项。錾削时，眼睛注视切削部位，右手锤击时应从肩部（臂挥时）出锤，且保证出锤力量一致，要经常对錾子进行刃磨，保持錾子刃口锋利。

（2）錾子的握法。錾削就是使用锤子敲击錾子的顶部，通过錾子下部的刀刃将毛坯上多余的金属去除。由于錾削方式和工件的加工部位不同，因此手握錾子和挥锤的方法也有区别。图9-10所示为錾削时三种不同的常用握錾方法，即正握法、反握法、立握法。正握法适用于錾削较大平面和在台虎钳上錾削工件；反握法适用于錾削工件的侧面和进行较小加工余量錾削；立握法适用于由上向下錾削板料和小平面。

（a）正握法　　　　　（b）反握法　　　　　（c）立握法

图 9-10　常用握錾方法

5. 手锤的握法

（1）手锤的握法分紧握锤和松握锤两种。

①紧握法，即用右手食指、中指、无名指和小指紧握锤柄，锤柄伸出 15～30 mm，大拇指压在食指上，如图 9-11 所示。

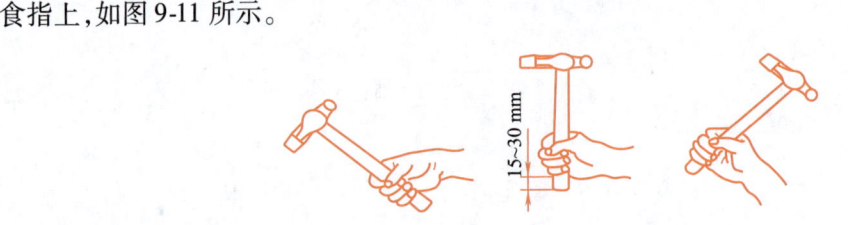

图 9-11　紧握法握锤

②松握法，即只有大拇指和食指始终握紧锤柄，如图 9-12 所示。

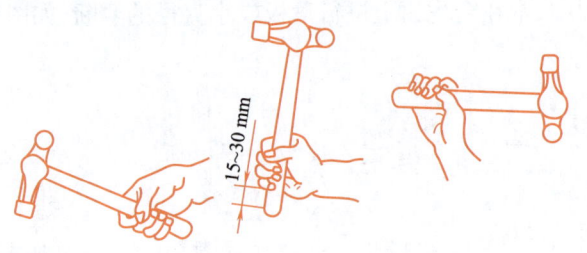

图 9-12　松握法握锤

（2）挥锤的常用方法有腕挥、肘挥和臂挥三种，如图 9-13 所示。

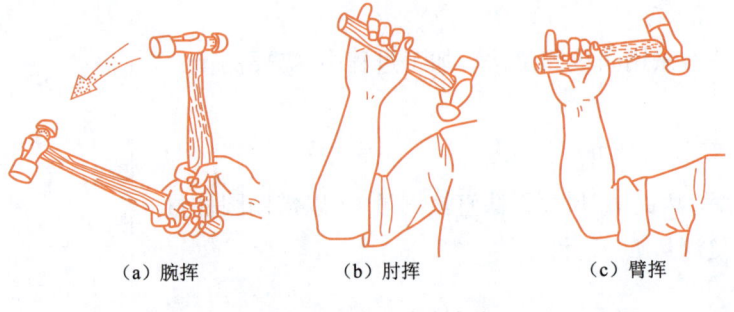

（a）腕挥　　　　　（b）肘挥　　　　　（c）臂挥

图 9-13　挥锤的常用方法

①腕挥：只是手腕的运动挥锤，锤击力较小。一般用于錾削的开始和收尾，或油槽、打样冲

181

眼等用力不大的地方。

②肘挥：用手腕和肘部一起挥锤，它的运动幅度大，锤击力较大，应用广泛。

③臂挥：用手腕、肘部和整个臂一起挥动，其锤击力大，用于需要大力錾削的场合。

6.錾削姿势

錾削时，操作者的步位和姿势应便于用力。錾削时，两脚互成45°（左脚30°，右脚75°），左脚跨前半步（250~300 mm），右脚稍微朝后，身体的重心偏于右腿，挥锤要自然，眼睛要正视錾刃，而不是看錾子的头部，正确姿势如图9-14所示。

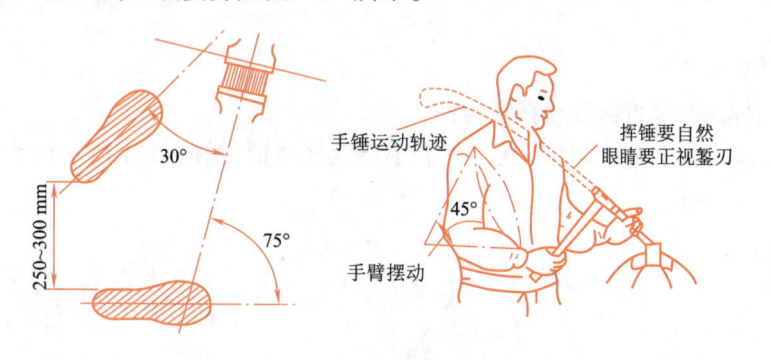

图9-14　錾削姿势

7.錾削的应用

錾削常用于平面的錾削、油槽的錾削中，这需要选用合适的錾子及较高的技能，初学者实际应用很少。在学习过程中，常在台虎钳上进行薄板或小直径的錾断，如图9-15所示。

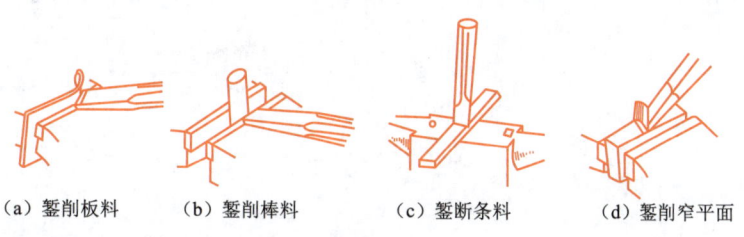

（a）錾削板料　　（b）錾削棒料　　（c）錾断条料　　（d）錾削窄平面

图9-15　錾削的具体运用

二、燕尾的测量计算

燕尾的测量一般采用间接测量法。加工过程中，需要测量单燕尾和双燕尾。

1.单燕尾角度测量计算

如图9-16所示，因为L_0尺寸无法直接测量，所以借助圆柱量棒d测量L值间接测量L_0尺寸。

公式如下：

$$L_1 = \frac{d}{2}\cot\frac{\alpha}{2} + \frac{d}{2}$$

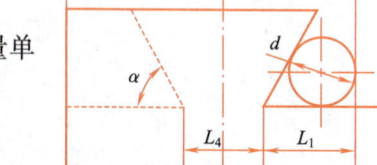

图9-16　单燕尾测量计算

$$L_0 = \frac{L_3}{2} + \frac{L_4}{2}$$

$$L = L_0 + L_1 = \frac{L_3}{2} + \frac{L_4}{2} + L_1$$

式中，d 为圆柱量棒的直径尺寸，mm；α 为燕尾的角度值。

例如，圆柱量棒直径 $d = 10$ mm，$\alpha = 60°$，$L_3 = 48$ mm，$L_4 = 12$ mm，试求 L 值。

$$L_1 = \frac{d}{2}\cot\frac{\alpha}{2} + \frac{d}{2} = \frac{10}{2}\cot 30° + \frac{10}{2} = 5 \times \sqrt{3} + 5 = 13.66(\text{mm})$$

$$L = \frac{48}{2} + \frac{12}{2} + L_1 = 24 + 6 + 13.66 = 43.66\ (\text{mm})$$

2. 双燕尾角度斜面测量

图 9-17 所示为双燕尾角度斜面测量，因为 L_4 尺寸无法直接测量，所以借助双圆柱量棒测量 L 值间接测量 L_4 尺寸。

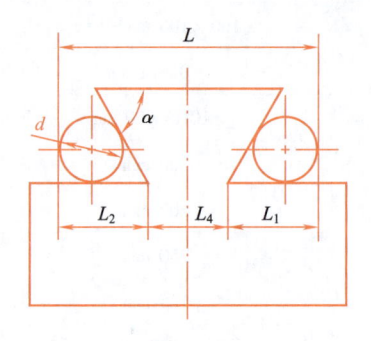

图 9-17　双燕尾测量计算

公式如下：

$$L_1 = \frac{d}{2}\cot\frac{\alpha}{2} + \frac{d}{2}$$

$$L = L_4 + L_1 + L_2$$

例如，圆柱量棒直径 $d = 10$ mm，$\alpha = 60°$，$L_4 = 12$ mm，试求 L 值。

$$L_1 = \frac{d}{2}\cot\frac{60°}{2} + \frac{d}{2} = \frac{10}{2}\cot 30° + \frac{10}{2} = 5 \times \sqrt{3} + 5 = 13.66(\text{mm})$$

$$L = L_4 + L_1 + L_2 = 12 + 13.66 + 13.66 = 39.32\ (\text{mm})$$

式中，d 为圆柱量棒的直径尺寸，mm；α 为燕尾的角度值。

任务三　动手练一练——燕尾锉配件的手动加工

一、主要工量具准备清单

通过前面的学习，可以掌握零件手动加工相关知识与操作方法，并可以对常用工量器具的使用及注意事项进行分析,在掌握前面各项操作技能后,接下来我们进行锉配件的练习。眼过百遍,不如动手一练,下面进行零件的锉配操作练习。主要工量器具准备清单见表9-3,可根据现场具体情况适当选用。

表9-3　主要工量器具准备清单

序号	名称	规格	数量	备注
1	钢直尺	150 mm	1把	
2	高度游标卡尺	0.02 mm,0~300 mm	1把	
3	外径游标卡尺	0.02 mm,0~150 mm	1把	
4	万能游标角度尺	0~320°,2′	1把	
5	深度游标卡尺	0~200 mm,0.02 mm	1把	
6	深度千分尺	0~25 mm,0.01 mm	1把	
7	刀口形直尺	125 mm,0级	1把	
8	刀口直角尺	160×100 mm,I级	1把	
9	塞尺	0.02~1 mm	1把	
10	芯棒	ϕ10H6×20 mm	1付	
11	手工钢锯	300 mm	1把	可调式
12	锯条	300 mm	若干	各种规格
13	弯头划针	250 mm	1支	
14	样冲	125 mm	1支	
15	手锤	500 g	1把	
16	合金划规	200 mm	1个	
17	V型块	105 mm×105 mm×78 mm	1对	
18	錾子	扁錾,200 mm	1把	
19	锉刀	粗、中、细齿,200 mm	各1把	规格多样
20	什锦锉	ϕ5 mm×180 mm×10支	1套	
21	麻花钻	ϕ3 mm、ϕ4 mm	各2支	
22	毛刷	25 mm、50 mm、75 mm	各1把	
23	计算器		1个	
24	软钳口	铜质或铝质	1套	数字码
25	钢印	5 mm	1盒	
26	木柄钢丝刷		1把	
27				可根据现场
28				
29				需要增加
30				

項目九　典型镶配件的加工

二、练习件操作指导

1. 实践图样

燕尾锉配在零件手动加工中是一个非常典型的课题,在制作中涉及小平面的锉削、间接尺寸的计算、角度的测量、对称度的测量和斜面的控制。在掌握前面常用钳工加工方法之后,通过燕尾锉配加工的练习,对综合掌握零件手动加工相关知识与技能有很大的帮助。图9-18所示为"燕尾形配件"图样,请操作者认真分析零件图样,核实加工要素,清晰加工要求,为制定锉配加工步骤作准备。燕尾形锉配为一典型的锉配类工件,制作该零件涉及燕尾角度的测量等难点,且其配合精度要求较高,在加工过程中需通过划线、锯削、锉削和錾削的加工来达到图样要求。通过本工件的学习和训练,掌握间接测量在实际加工中的运用,掌握配合件的加工过程和方法。

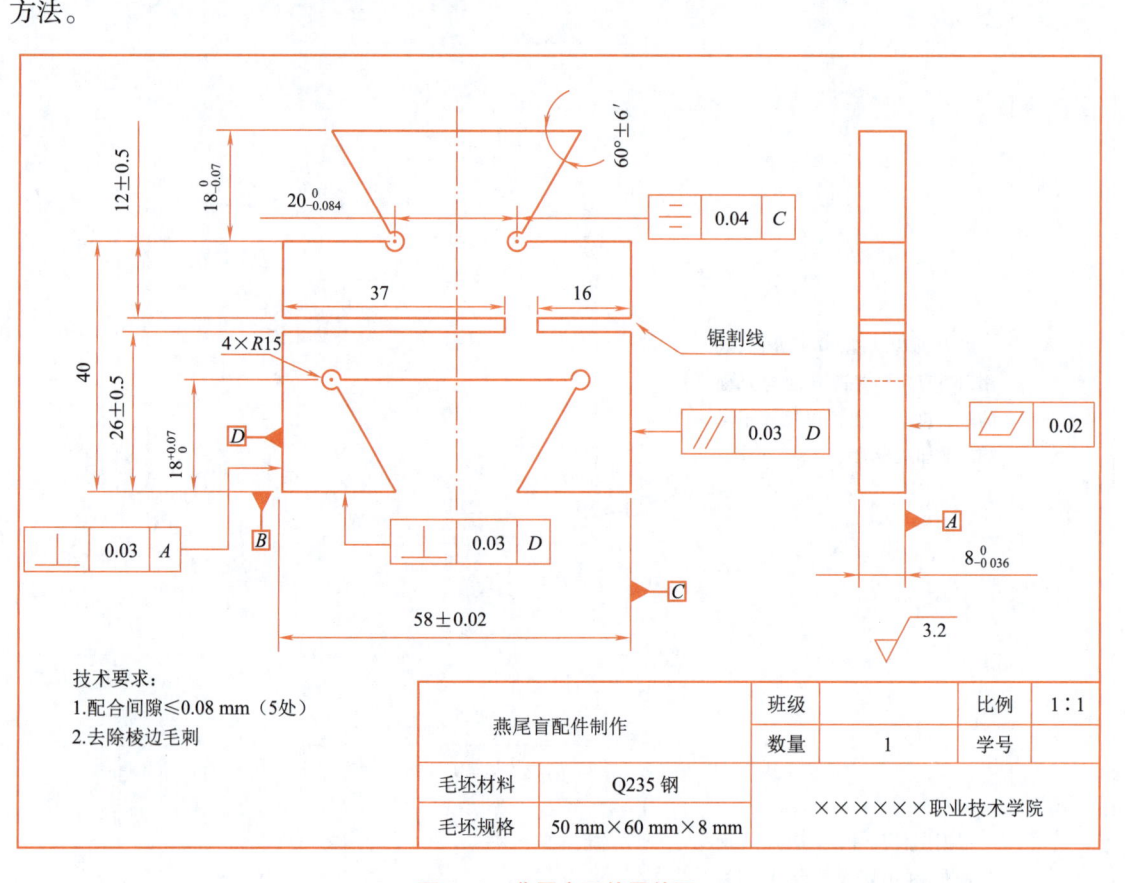

技术要求:
1. 配合间隙≤0.08 mm（5处）
2. 去除棱边毛刺

燕尾盲配件制作		班级		比例	1:1
		数量	1	学号	
毛坯材料	Q235 钢	××××××职业技术学院			
毛坯规格	50 mm×60 mm×8 mm				

图 9-18　燕尾盲配件零件图

2. 任务实施

通过分析燕尾盲配件练习件图样,综合前面所述零件手动加工操作的基本知识与方法,选取合适的工量器具,制订合理的工作步骤,见表9-4。

185

表 9-4　燕尾盲配件手动加工步骤

加工步骤	加工内容	加工简图
1	根据图样尺寸进行划线,粗、精锉基准面 D 面,利用刀口直尺、刀口直角尺等量具来保证与 A 面的垂直度。注意预留尺寸不影响后面加工步骤	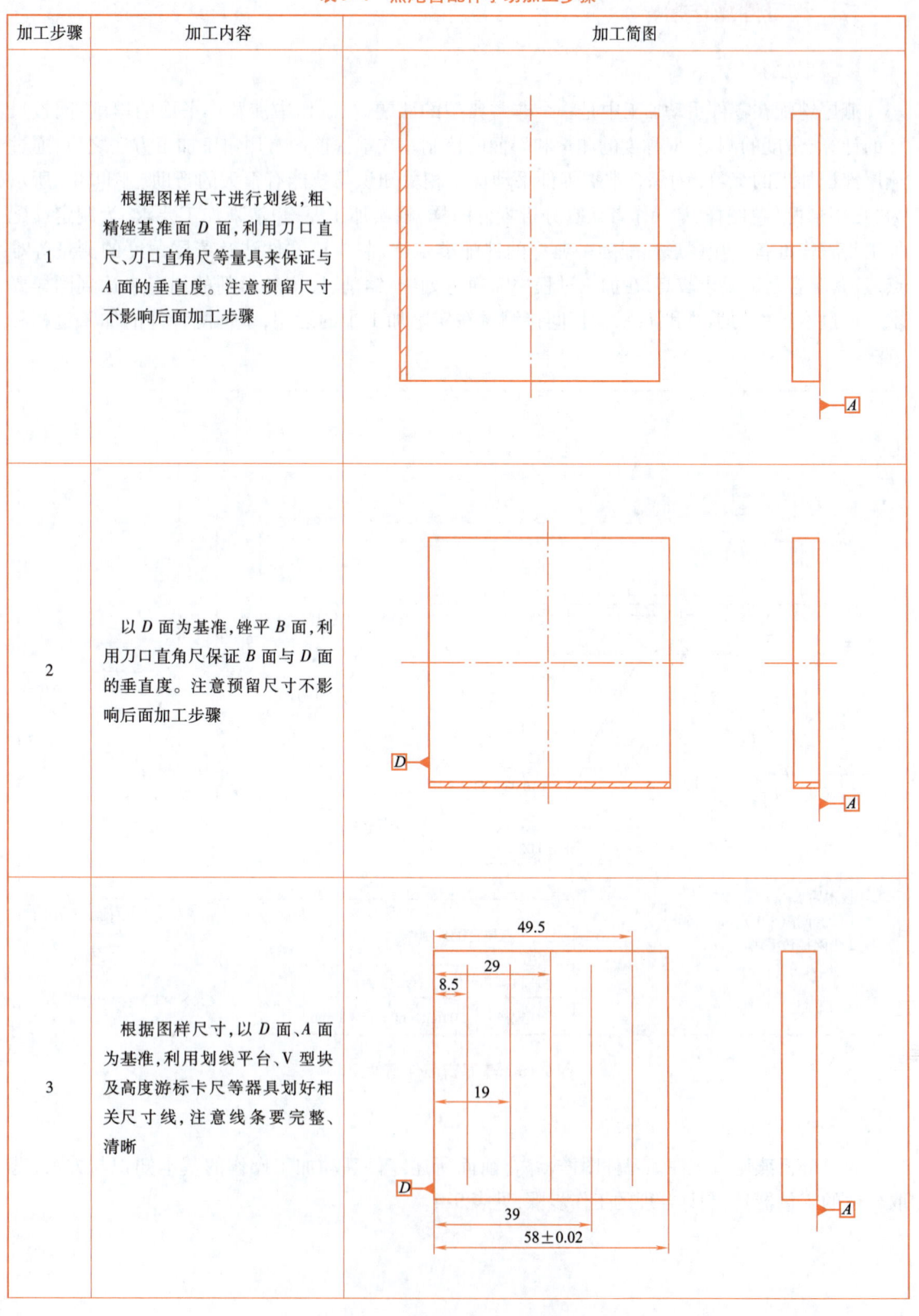
2	以 D 面为基准,锉平 B 面,利用刀口直角尺保证 B 面与 D 面的垂直度。注意预留尺寸不影响后面加工步骤	
3	根据图样尺寸,以 D 面、A 面为基准,利用划线平台、V 型块及高度游标卡尺等器具划好相关尺寸线,注意线条要完整、清晰	

续表

加工步骤	加工内容	加工简图
4	根据图样尺寸,以 *B* 面、*A* 面为基准,利用划线平台、V 型铁及高度游标卡尺等器具划好相关尺寸线,注意正确计算燕尾相关尺寸,所划线条要完整、清晰	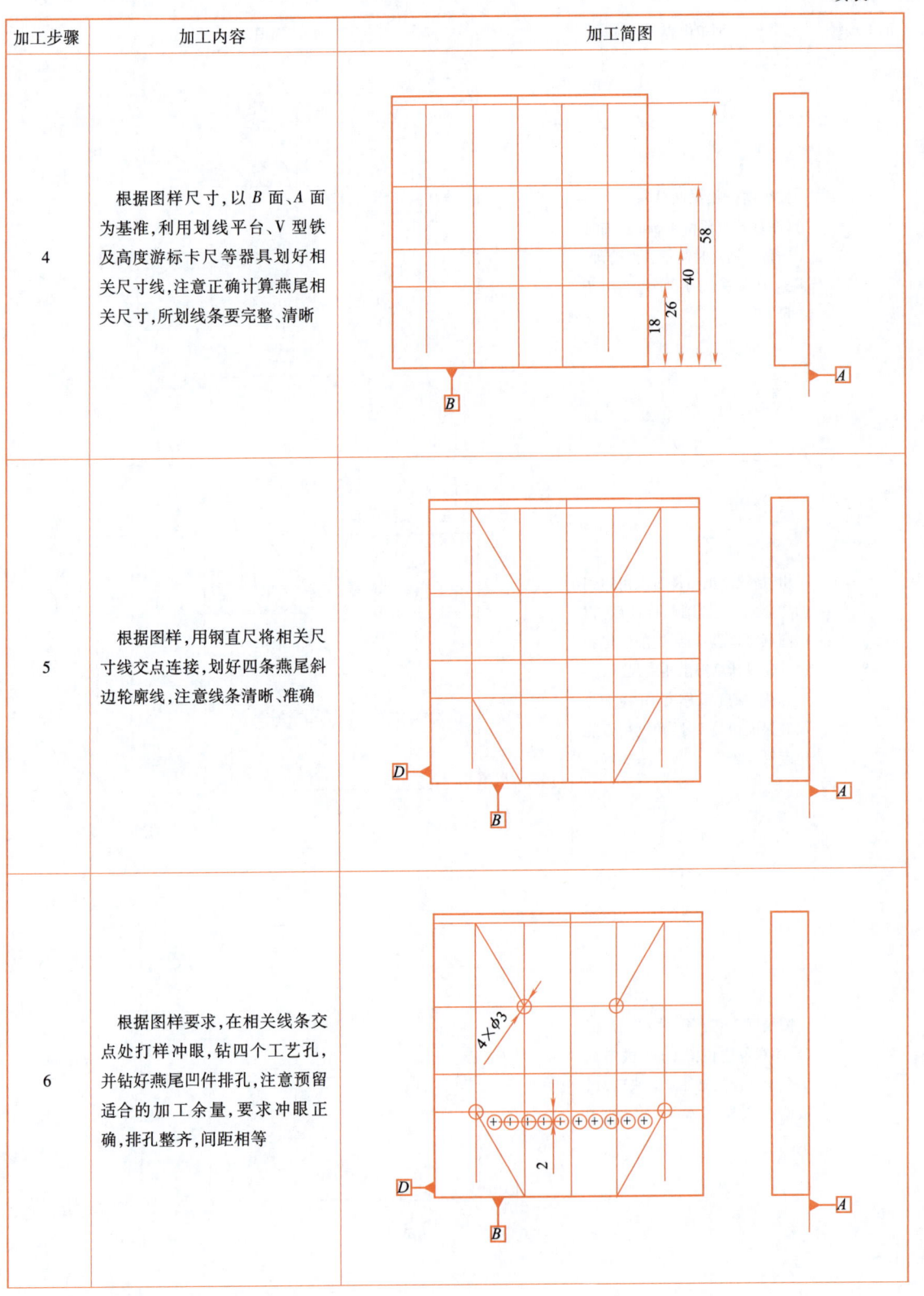
5	根据图样,用钢直尺将相关尺寸线交点连接,划好四条燕尾斜边轮廓线,注意线条清晰、准确	
6	根据图样要求,在相关线条交点处打样冲眼,钻四个工艺孔,并钻好燕尾凹件排孔,注意预留适合的加工余量,要求冲眼正确,排孔整齐,间距相等	

续表

加工步骤	加工内容	加工简图
7	按线锯去燕尾凸件右上角部分，注意各边预留 1 mm 左右加工余量。锯削时注意装夹合理，根据个人锯削水平确定加工余量	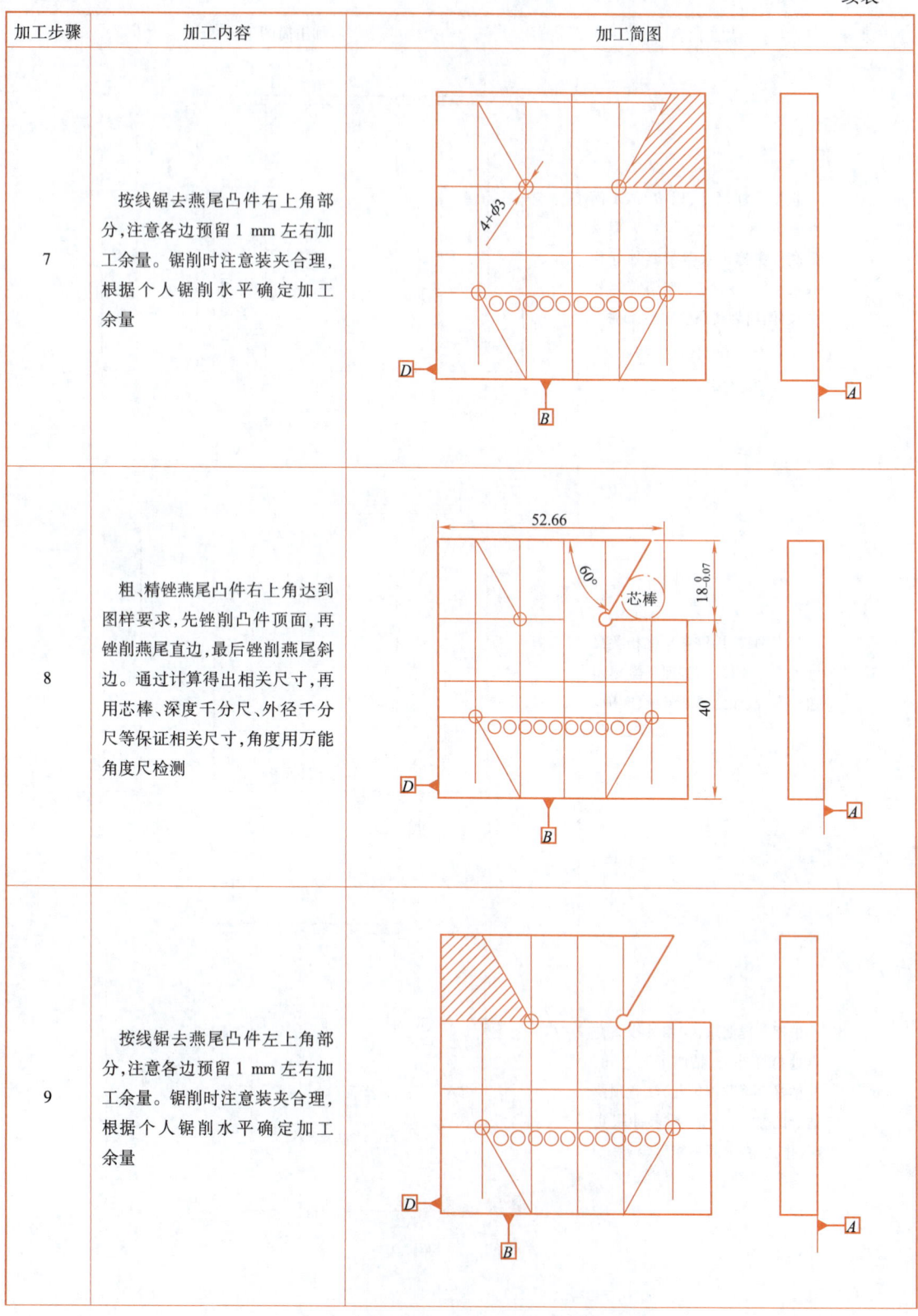
8	粗、精锉燕尾凸件右上角达到图样要求，先锉削凸件顶面，再锉削燕尾直边，最后锉削燕尾斜边。通过计算得出相关尺寸，再用芯棒、深度千分尺、外径千分尺等保证相关尺寸，角度用万能角度尺检测	
9	按线锯去燕尾凸件左上角部分，注意各边预留 1 mm 左右加工余量。锯削时注意装夹合理，根据个人锯削水平确定加工余量	

188

续表

加工步骤	加工内容	加工简图
10	粗、精锉燕尾凸件左上角达到图样要求,先锉削燕尾直边,最后锉削燕尾斜边。通过计算得出相关尺寸,再用芯棒、深度千分尺、外径千分尺等保证相关尺寸,角度用万能角度尺检测	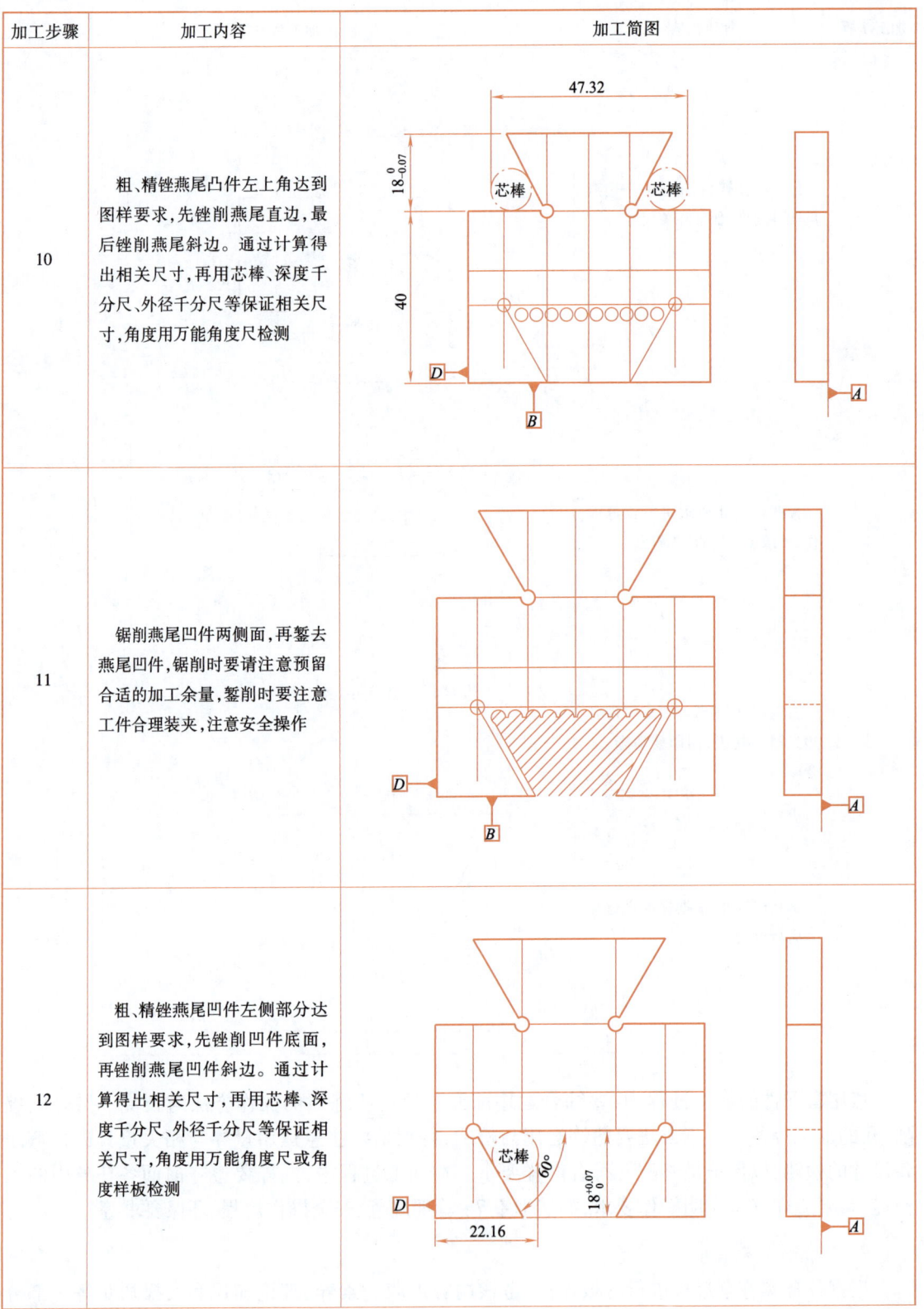
11	锯削燕尾凹件两侧面,再錾去燕尾凹件,锯削时要请注意预留合适的加工余量,錾削时要注意工件合理装夹,注意安全操作	
12	粗、精锉燕尾凹件左侧部分达到图样要求,先锉削凹件底面,再锉削燕尾凹件斜边。通过计算得出相关尺寸,再用芯棒、深度千分尺、外径千分尺等保证相关尺寸,角度用万能角度尺或角度样板检测	

续表

加工步骤	加工内容	加工简图
13	同上一步骤粗、精锉另一边燕尾凹件角度,保证相关尺寸	
14	按图样尺寸要求进行锯缝操作,要求锯缝平直,不锯断	
15	去毛刺,打钢印。要求零件各边光滑不扎手,钢印要清晰、无杂印	
16	锯断连接处,根据标准进行配合质量检测	

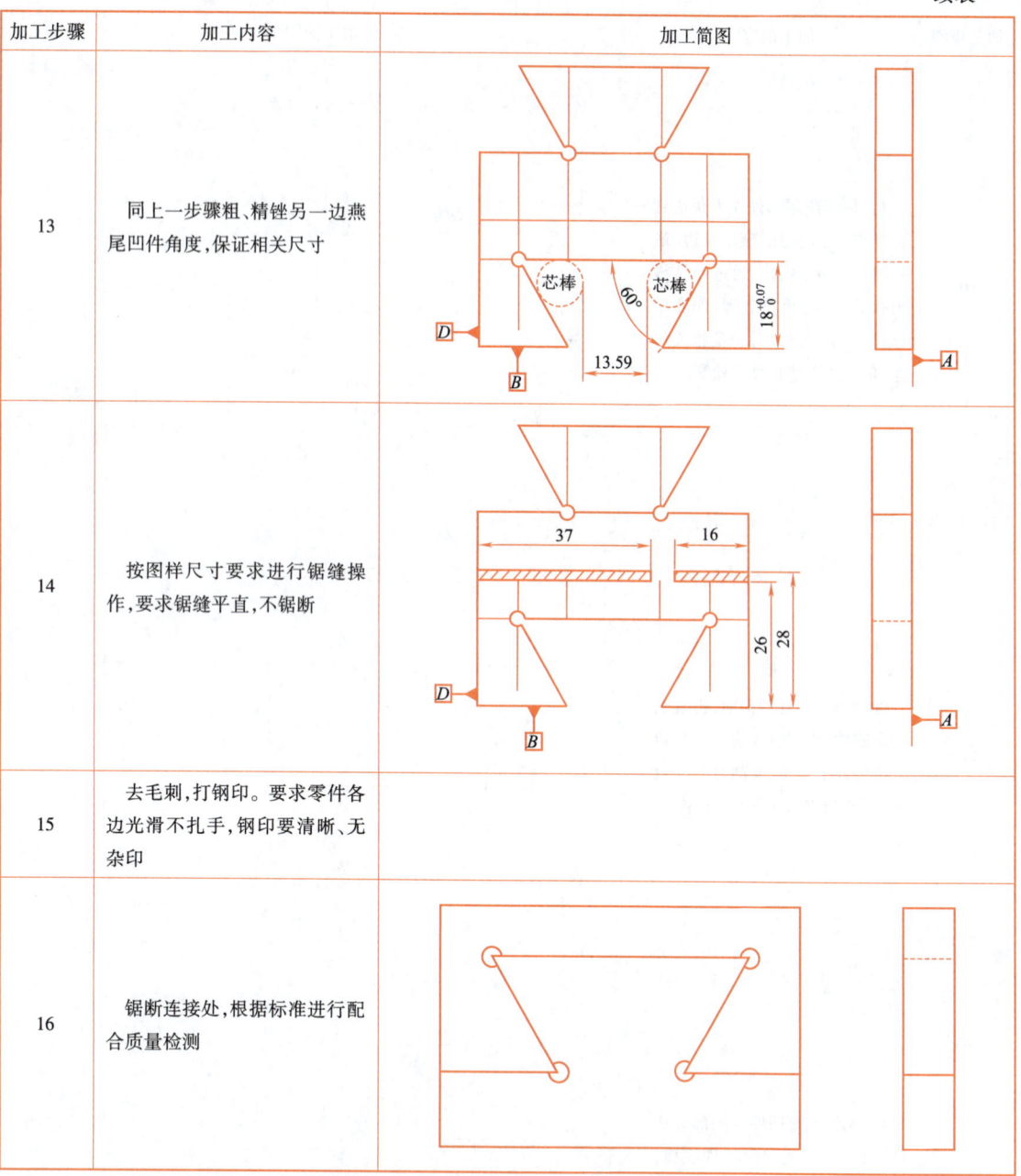

　　燕尾盲配件的加工过程中,要综合运用前面各项目所练习的操作方法与技能,对锯削、锉削、孔的加工等各种加工方法要熟练运用与检测,特别是要注意运用量棒与相关量具进行燕尾各尺寸的检测,以保证最终配合符合图样要求。在加工过程中,同样要遵守前面各任务中的工作提示,要遵守安全文明操作要求,如实训室7S管理规范、安全操作规程、环保要求等。

3. 任务评价表

　　根据任务实施全过程进行考核评价,考核内容由职业素养、理论知识和实操质量等三部分

项目九　典型镶配件的加工

进行,由此进行自评、互评和教师评价三个环节,以利于相互讨论与促进。根据三个环节的评分,进行锉削练习总结,对学到的知识、操作中出现的问题、进一步修正及提高操作技能的方法进行个人总结与小组探讨,填写在表9-5中。

表9-5　"燕尾盲配件"加工项目考评表

任务　"燕尾盲配件"的手动加工					
考核内容		分值	自评	互评	教师评价
职业素养	小组协作	5			
	学习纪律	5			
	表达能力	5			
	学习态度	5			
理论知识	单燕尾计算方法	10			
	双燕尾计算方法	10			
实操质量	凸燕尾　14 mm ± 0.02 mm 两处	2×2.5			
	凸燕尾　60° ±6′,两处	2×3			
	凸燕尾　表面粗糙度 Ra 值≤3.2	1×7			
	凸燕尾　12 mm ± 0.02 mm	5			
	凹燕尾　$48^{+0.02}_{-0.03}$	5			
	凹燕尾　14 mm ± 0.02 mm	5			
	凹燕尾　表面粗糙度 Ra 值≤3.2	1×7			
	锉配　配合间隙≤0.04 mm,5 处	2×5			
	安全文明生产	10			
总分		100			
任务考核 最终分		100	（自评30% + 互评30% + 教师评价40%）		

练习总结:对"燕尾盲配件"工件制作中出现的问题进行逐一总结分析,对最终工件质量扣分的原因进行详细描述,并说明改进方法及相关注意事项。

专业班级		姓名		日期	

191

总结与思考

通过学习与思考,完成以下问题。

1. 简述单燕尾的测量方法。

2. 简述双燕尾的测量方法。

3. 如图 9-19 所示,已知圆柱量棒直径 $d = 10$ mm,$\alpha = 60°$,试求 M 值。

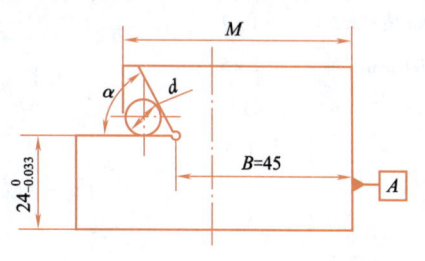

图 9-19 单燕尾尺寸计算练习图

项目十

"方头锤"零件的手动加工

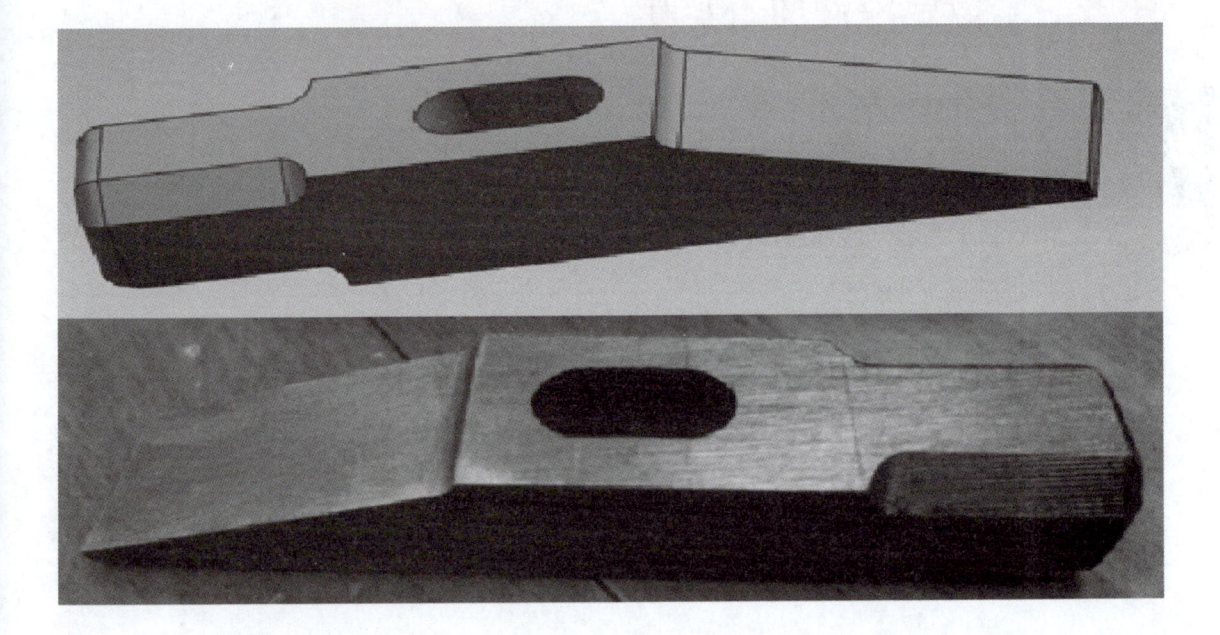

项目描述

"方头锤"零件是典型的钳工制作件,其尺寸大小适中,外形美观,可用作生活中常用的小工具,拥有平面、斜面、倒角、圆弧、孔等加工要素,适合作为初学者系统地进行钳工常用加工方法的练习件,且其实用美观的特点可以提升学生手动加工的兴趣。在加工过程中,要学会综合运用前面已学专业知识与技能,根据图样拟定手动加工步骤,善于选取合适的量具与工具,通过工件的制作掌握划线、锯削、锉削、钻削等知识与技能,在实践操作过程中养成严格遵守7S管理规范的良好职业素质。

学习目标

(1)培养学生具备"锲而不舍,热爱劳动"的优秀品质。

(2)分析图样,拟定零件加工步骤。

(3)准备所需工量器具,综合运用已学专业知识与技能进行加工。

(4)能分析并解决实践操作中所出现的加工质量问题。

(5)加强7S管理规范的落实,注意加工中的安全事项。

193

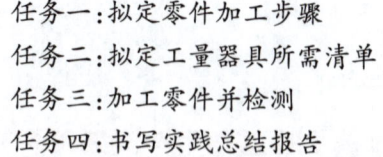

工作任务

任务一:拟定零件加工步骤
任务二:拟定工量器具所需清单
任务三:加工零件并检测
任务四:书写实践总结报告

任务一　拟定零件加工步骤

视 频

方头锤的手工
制作

零件材料:45 钢。

毛坯尺寸:方钢,24 mm×24 mm×540 mm(一根方钢供 5 件零件毛坯)。

图 10-1 所示为"方头锤"零件图样,请操作者认真分析零件图样,核实加工要素,清晰加工要求,综合前面所学零件手动加工知识与技能,制订工作步骤,完成表 10-1 的填写。

技术要求:
工件柄部可倒角或倒圆,要求
样式一致、美观即可。

全部 √3.2

方头锤练习件		班级		比例 1:1
		数量	1	学号
毛坯材料	45钢	××××××		
毛坯规格	24 mm×24 mm×103 mm	职业技术学院		

图 10-1　"方头锤"零件图

项目十 "方头锤"零件的手动加工

表 10-1 拟定"方头锤"零件的加工步骤

加工步骤	加工简图	加工内容
1		
2		
3		
4		
5		

195

续表

加工步骤	加工简图	加工内容
6		
7		
8		
9		

任务二　拟定工量器具所需清单

　　根据图样分析及加工步骤的拟定,在表 10-2 中详细写出手动加工"方头锤"零件所需的工具、量具及相关设备。

196

项目十 "方头锤"零件的手动加工

表 10-2 主要工量器具准备清单

序号	名称	规格	数量	备注

任务三　加工零件并检测

根据零件质量检测评分表对自己所手动加工的"方头锤"零件进行检测自评,再由其他一位同学进行互评,最后上交零件由老师进行师评。在评分的过程中请正确使用量具进行检测,以保证测评的正确性,将所测量尺寸值及评价分填写在表 10-3 中。

表 10-3 "方头锤"零件质量考核评分表 （单位:mm）

序号	项目内容	配分	评定标准	自评	互评	师评
1	两个主要尺寸: 20 ± 0.2	各15, 共30	每偏差 0.1 扣 1 分			
2	环形孔	5	两孔之间锉削不平整者不得分,圆弧面破坏者每处扣 1 分			
3	柄部及端部倒角修锉	10	5 处,每处 2 分,按尺寸要求且无损伤			
4	斜面	10	按尺寸要求且斜面直线度0.1,不合格扣 5 分,圆弧与斜面不平滑过渡扣 5 分			

197

机械零件手动加工

续表

序号	项目内容	配分	评定标准	自评	互评	师评
5	(100±0.3)mm 及 3 mm 尺寸	8	各4分,每偏差0.1扣1分, 扣完为止			
6	主基准面平面度检测	8	不达0.05要求者不得分			
7	相邻主基准面垂直度	8	不达0.1要求者不得分			
8	另相邻主基准面 垂直度	8	不达0.1要求者不得分			
9	主基准面与对面 平行度	8	超差0.2不得分			
10	去毛刺,整体美观	5	去毛刺,各表面无创伤,一处 有损扣2分			
工件质量评分						

根据任务实施全过程进行考核评价,考核内容由职业素养、7S 管理规范、工件质量评分三部分进行"方头锤"零件加工项目的考评。工件质量评分完成后,将其自评、互评和教师评价分值以 60% 的比例换算后填入表 10-4 中工件评分栏中,并完成表中其他分值的填写。

表 10-4　"方头锤"零件加工项目考评表

任务:"方头锤"零件的手动加工					
考核内容		分值	自评	互评	教师评价
职业素养	小组协作	5			
	学习纪律	5			
	表达能力	5			
	学习态度	5			
7S 规范	对照 7S 管理标准	20			
工件评分	工件评分 (将表 9-3 中的最终工件分 ×60%)	60			
总分		100			
最终考评分		100	(自评 30% + 互评 30% + 教师评价 40%)		

任务四　书写实践总结报告

"零件手动加工"课程实践总结报告

课程名称:＿＿＿＿＿＿＿＿＿＿　　　　学生姓名:＿＿＿＿＿＿＿＿＿＿

实践项目:＿＿＿＿＿＿＿＿＿＿　　　　学　　院:＿＿＿＿＿＿＿＿＿＿

项目十 "方头锤"零件的手动加工

专业班级：_____ 指导老师：_____

实践地点：_____ 实践日期：_____

一、目的和要求

实践目的：_____

_____

实践要求：_____

_____

二、设备、器材或环境（要写明准确的名称和详细的规格型号参数）

设备：_____

器材：_____

三、实训项目内容及要求（详细写明实践操作的项目名称及要求，手工绘制正确的任务零件草图）

_____

_____

_____

_____

_____

_____

_____

_____

_____

_____

四、实践操作工艺流程（根据实践项目要求认真书写工艺流程）

_____

_____

_____

_____

_____

五、工件质量分析与实践过程总结

任务工件质量分析（根据工件评分表对自己加工的工件质量进行描述，特别是要对不足的地方进行自我深入分析）：_____

实践过程总结(对整个实践过程进行总结,从劳动教育、吃苦耐劳、实训室 7S 管理规范、团队协作等方面进行个人或团队总结,并由此谈下个人心得体会):

六、老师批语、实践报告成绩评定

指导老师签名:

年　　月　　日

参 考 文 献

[1] 朱江峰,姜英.钳工技能训练[M].北京:北京理工大学出版社,2010.

[2] 潘玉山.钳工技能项目教程[M].北京:机械工业出版社,2010.

[3] 苏伟,姜庆华.钳工实训与技能考核训练[M].北京:机械工业出版社,2015.

[4] 童永华,冯忠伟.钳工技能实训[M].4 版.北京:北京理工大学出版社,2018.

[5] 段贤能,陆卫娟,王甫.钳工实训[M].成都:电子科技大学出版社,2012.

[6] 何国旗,何瑛.机械制造工程实践教程[M].北京:化学工业出版社,2011.